基于计算机网络技术的语言教学

——设计与评价

翁克山 李 青 著

复旦大學出版社

内 容 提 要

　　本书围绕计算机辅助语言教学的设计与评价展开,共分概述、设计、评价、未来发展等四个部分,通过介绍计算机辅助语言教学的定义、特征、意义、构成要素、技术工具、历史发展、理论框架与应用实践,尤其是设计与评价的原理、实践,向读者展示一幅较完整的计算机辅助语言教学图谱,让读者对 CALI 有更全面、更深入的认识,并从中获取可借鉴的理论指导与实践操作经验。

目　录

第三部分　CALI 的评价

第四部分　CALI 的未来发展

前　言

随着计算机与互联网的日益普及,人类对世界的认知已被拓展到几乎没有界限的程度。新媒体的应用将人类的经历从传统的面对面交际,演变为以虚拟世界为空间并借用视听技术为中介的互动,大量的信息公布、发送、接收与储存都可借助新媒体来实现。在这一深刻变革的推动下,作为将计算机、多媒体技术和语言教学相结合的计算机辅助语言教学(CALI)也成为教育实践者日益关注的领域。

自从上世纪 60 年代以 PLATO(Programmed Logic for Automated Teaching Operations) 和 TICCIT(Time-shared, Interactive, Computer Controlled Information Television)为代表的第一批计算机辅助语言教学项目诞生以来,人类的语言教学开始正式步入计算机辅助语言教学的时代,因此 60 年代也见证计算机辅助语言教学的第一个发展阶段。当时的计算机辅助语言教学模式深受行为主义思想和视听教学法的影响,并且以结构主义为理论基础。这些具有先锋作用的教学项目向世人展示了计算机的魅力,也展示了其在辅助语言教学方面的巨大潜能。第一代计算机辅助语言教学的影响一直延续到 70 年代,直到 80 年代个人电脑的出现,第一代所谓的"发生在语言实验室里的自动化学习"(automatic learning in language laboratories)才正式让位给基于个性化学习系统设计的"自主学习"(self-directed learning),这便是第二代计算机辅助语言教学的开始。而发生在 90 年代中期的互联网革命,更使得一系列语言学习策略能够借助计算机辅助交际(computer-mediated communication, CMC)技术成为现实,计算机辅助语言教学也步入了第三发展阶段。这一阶段的典型技术有会议技术(conferencing technology)、电子公告栏技术(bulletin board)以及基于电子邮件的串联学习技术(tandem-learning technology)等等。当前最流行的计算机辅助语言教学则是基于大容量语言材料数据库的模式。在这种模式中,学生或教师可通过互连网获取这些数据库里的资源,为语言学习与教学服务。卡内基梅隆大学的口头语言档案库(Oral Language Archive)就是具有这种功能的在线数据库。

在过去十年里,无论是在隶属于教育机构的各级学校教学还是在家庭教育领域,人们都对计算机辅助教学(CAI)给予了大量的关注。许多人已经将计算机用于处理文字、发送电子函件、进行数字运算或其他形式的数学运算,科技和商业领域也在大量的使用计算机。但是依然有许多人对计算机所具有的潜能持怀疑态度,这其中不乏一直宣称计算机对语言教学中具有积极促进作用的人。我们必须深刻意识到,当前正处在教学模式发生巨大变革的历史时期。计算机技术不仅从根本上改变了原有的技术和经济面貌,而且改变得如此之彻底,以至于教学技术的应用也深受影响,使教学模式发生了巨变。然而,我们依然面临着很大的挑战。如果我们过度关注技术本身而忽略了技术的有效应用,我们仍然会感到教学手段极其匮乏。可话又说回来,如果忽略了技术的力量,我们的教学模式也难以发生深刻的变革。因此,要想计算机辅助教学或所谓的"电子学习"(e-learning)获得成功,首先得考虑教学所在地的教学管理层与受教对象是否愿意并已做好准备接纳计算机进入课堂。同时我们还必须清楚地认识到,科学技术的发展并不是促使我们采纳计算机辅助教学的唯一动因。

大部分的教育从业人员都已经或多或少接触到一些当今最新的技术,比如用电子幻灯片制作课件演示,使用电子邮件与学生联系或向学生发布作业、通知,设计网页,或者是编辑自己的软件,等等。但同时也有许多从业人员并不能了解这些新技术为什么能够,又是如何能够对教学产生实际效果的,他们对计算机的本质特征并没有很深入的认识。这也就成为他们心存各种疑问的症结所在。他们始终不停地问"我应如何将我掌握的新技术与我的教学联系起来?""技术与学习是否存在着某种联系?""如果将新技术引进我的教学,我的教学会发生变化吗?""我如何在教学实践中充分应用技术?"等等诸如此类的问题。这一切都说明,虽然计算机电子技术已经使整个世界发生翻天覆地的变化,但仍然有许多人对计算机的本质特征及其用途缺乏足够的认识。

为了让教育从业人员充分了解计算机辅助语言教学对语言教学的影响,除了对教师的诠释框架和理论框架进行调查外,还需对学院管理层和教学法因素进行考察研究,因为这些因素都有可能促进或阻碍老师实施计算机辅助语言教学。

当前全世界高校教师都在尝试应用技术于教学实践,在这一大背景下,充分认识教师的角色非常重要。一直以来,教师所承当的角色基本保持不变,都是教育与激励学生,并为他们提供必要的手段,使他们能够建立起稳定的基础,为未来的成功做好准备。虽然老师依然能够非常有效地采用传统的讲授型教学模式进行教学,但是新技术的冲击也使他们面临着许多挑战。当然,光有技术设备还不行,语言教师还必须事先了解技术所具有的潜力,对现有教学方案进行有效的重新设计。研究表明,虽然教学上的革新可以建立在技术进步这一基础上,但是原有教育模式和新教育模式之间的不和谐会产生各种问题,使语言教师在应用新技术时遇到新的挑战。因此,将原先以传统模式教授了多年的课程转化成以技术辅助教授的课程时,教师要面对许多抉择,需要采取许多新的措施。在做出这些抉择并采取行动之前,教师还应对当前教育实践的局势进行仔细分析,以便使所有的抉择与行动都能够成为重新设计的起点。

导　读

作者纂写本书的目的在于,通过介绍计算机辅助语言教学的意义、历史发展、理论框架与应用实践,尤其是设计原理与评价实践,向广大语言教师(尤其是高校教师)展示一幅较完整的计算机辅助语言教学图谱,让他们对 CALI 有更全面、更深入的认识,并从中获取可借鉴的理论指导与实践操作经验。因此,本书的读者群主要包含语言教师、语言技能培训人员、设计语言教学软硬件的人员或其他对 CALI 设计与评价感兴趣的人群。

　　本书共分四个部分,即 CALI 的概述、CALI 的设计、CALI 的评价以及 CALI 的未来发展。第一部分对计算机辅助语言教学的概述中,作者先在第一章对 CALI 的定义、意义、构成要素及 CALI 涉及的领域进行阐述,以便读者对 CALI 到底是何物有个完整的认识。其中对 CALI 意义的叙述将使语言教师认识到以计算机技术辅助语言教学的必要性,文中把应用计算机网络技术于辅助语言教学的原因归为以下几方面:1. 让学生获得体验式学习的经验;2. 增强学生的学习动机;3. 促进学生评判性思维的提高;4. 为学生提供真实的学习材料;5. 提供更深入的互动;6. 实现个性化学习;7. 避免信息源的单一化;8. 促进全球性理解;9. 方便、成本较低等。作者在本章第三节介绍 CALI 构成要素时,借鉴了 Khan(2005)对计算机辅助教学构成要素的划分,即教学设计、多媒体、互联网工具、计算机与储存设备、链接与服务供应设备、编写/管理程序以及企业资讯策划软件和标准、服务设备及其相关应用共计七个类别,并列举出构成各个类别的所有成分。在借鉴 Khan(2005)相关论述的基础上,作者在本章第四节总结了有可能对 CALI 的设计和应用产生影响的八个领域,即机构、管理、技术、教学法、道德伦理、界面设计、资源支持以及评价,并详细介绍了这些领域对 CALI 可能产生的各种影响。通过了解掌握 CALI 的构成要素及其涉及的领域,语言教师在应用计算机网络技术,尤其是应用这些技术辅助设计和教学实践时,所能考虑的问题将更周到,设计才能更完善。

　　第一部分第二章详细介绍了计算机辅助语言教学的发展历程。作者尝试从教学法理论的变化和技术的发展变革这两个对计算机辅助语言教学有重大影响的因素来阐述 CALI 的历史发展进程。从技术发展变革的角度来介绍计算机辅助语言教学的发展经历时,作者特别介绍了对未来 CALI 有重大影响的人工智能技术。

　　在第三章里,读者将了解到计算机网络技术在 CALI 中的用途、在课程教学中的应用模式、计算机网络技术的分类以及常用于 CALI 的技术、工具或系统,即文字处理、课程管理系统、个人数字助理、语料库语言学、基于计算机的交际、网络资源、教学游戏、计算机化教材、数字资源文献等。这些都是语言教师进行计算机辅助语言教学设计时可能用到的技术、工具或系统,同时也是计算机网络技术的主要教学辅助功能所在。经过第一部分对 CALI 的概述,对 CALI 设计和应用感兴趣的教师将对 CALI 有个完整的认识。

　　第二部分是本书的主要成份之一。CALI 的设计是一个复杂的过程,要进行一次成功的设计,无论是基于何种教学思想或采用何种技术进行的设计,必然要牵扯到许多因素。在本书的第四章里,作者详细综述了前人应用计算机网络技术于各种语言技能的教学实践,这其中也介绍了这些语言技能教学设计中用到的相关技术,使读者对 CALI 的应用实践有所了解,对语言教师的教学设计有很大的借鉴作用。

　　强大的理论支撑是成功设计 CALI 的基础,因此在第五章第一节里,作者将从教学法理论和技术应用理论两个方面向读者介绍 CALI 设计过程中经常应用的一些理论,每一种理论对

CALI 设计有何指导意义作者也作了详细的分析。在第二节里,作者向读者介绍了一些 CALI 常用的教学策略。这些教学策略既包含 CALI 领域最常见、最基础的策略,也包含互联网环境下的各种教学策略,如学习合约、讲授、在线讨论、自主学习、辅导、小组活动、项目制作、协作学习、案例分析、非即时论坛、在线主题探索等。这些策略都是开展 CALI 教学活动的基础。在第三节介绍设计原理时,作者专门借鉴了 Rogers 提出的教学系统设计模型(Instructional Systems Design Model, ISD model)。这一设计模型将课程要求、学习目标和学习者的目标、评价、教学策略和教学媒体的应用、教学、学生学习效果的评价、对教学和整门课程的评价、反复修改等要素都含盖在设计中,强调对这些构成要素进行分析的基础上进行设计。有了 CALI 教学策略和教学设计原理的介绍,教师设计者在设计过程就可获得实践性的指导和设计步骤上的参考。本章最后一节将为 CALI 设计者介绍一些设计过程中不可被忽略的因素:教学管理因素;教师的教学法知识和技术应用技能;如何将学习者的个性差异融入到 CALI 教学设计中;技术存在的局限性;以及影响 CALI 设计的整体性因素(如设计本身有没有足够的理论支撑、避免技术中心论等)。作者希望借此为从事计算机辅助语言教学设计的语言教师提供一些有意义的建议。

为了使设计更完善,第二部分的最后一章将重点介绍语言教学从业人员从传统课堂教学向计算机辅助教学转变的过程中有可能出现的一些角色上的变化,从业者应该引以为鉴;此外,还特别向 CALI 设计者介绍一些身为设计者所应具备的基本素质和技术技能,以及管理人员应该为语言教师提供何种培训。

第三部分是本书的另一主要构成,即对 CALI 教学有效性的评价。这是当前计算机辅助语言教学研究领域的一个重大课题,国内还没有有针对这一领域的专著。对 CALI 教学有效性的评价研究可分为定性分析评价和定量分析评价两个类别,当然定量和定性结合的评价研究也不占少数。在第七章里,读者将会了解到定性评价和定量评价的相关准则,为自己的评价研究提供总体性指导。同时作者还在第七章里交代了 CALI 评价研究应关注的对象,即应用于被评价的 CALI 项目(或计划)中的技术软件、学习者对该项目的反馈及其获得的学习成效,以及该 CALI 项目中的任务的有效性。接下来的第八章里,作者将展示当前涉及计算机辅助语言教学评价研究最集中的十三个主题,向读者详细介绍了每一个主题的相关研究背景、研究应关注的变量、研究步骤、数据收集与分析方法等信息(部分主题还提供了可供参考的评价量表)。这十三个主题分别是:(1)对设计者进行评价;(2)对教学内容进行评价;(3)对在线任务进行评价;(4)对在线学习体验进行评价;(5)对在线协作学习进行评价(一)——对在线协作语言学习的评价;(6)对在线协作学习的评价(二)——对在线协作任务的评价;(7)对 CALI 学习效果进行评价;(8)对新生技术的应用进行评价;(9)对通信技术的评价;(10)对信息技术的评价;(11)对综合性学习工具(课程管理系统)的评价;(12)对师资培训进行评价;(13)对学习者的身份进行评价;(14)对网络课程进行评价(一)——对校园网络课程的评价;(15)对网络课程进行评价(二)——对远程网络课程的评价。以上提供的十三个评价主题的信息实际上构成了各个主题评价所需的研究模板,设计者可尝试将这些模板套路用于对自己的设计进行有效性评价,使自己的设计更符合教学需求,更具有效度和信度。

对 CALI 设计与评价进行阐述之后,读者对计算机辅助语言教学应该有了更深入的了解,接下来需要关注的必然是 CALI 未来的发展方向,这样可以使自己的设计与教学跟上时代发展的潮流。毕竟技术对语言教学的影响已有目共睹,越来越多的语言教学从业者将会加入到 CALI 的大潮中去,而现代技术的发展变革速度日益加快,对教育等各个领域的影响也会日新月异,这对教学从业人员来说将会是巨大的挑战。他们既要面对技术应用的抉择与取舍,面对掌握新技术的挑战,同时也要面对如何提高自己的教学法知识,面对如何将新技术与语言教学有效结合的挑战。本书的最后一部分尝试为读者介绍未来可能被引入 CALI 的技术,尤其是未来计算机网络技术可能出现的十种主要变化(其中有些变化在今天已经开始,并且将继续延续下去),以及基于这些新技术可能呈现出的教学设计上的发展趋势,并尝试对未来 CALI 从业者提出具体的要求。

以上内容大部分均参考来自国外的学术专著、学术论文、研讨会发言等,而且多数为新世纪出版的作品,再加上作者多年从事计算机辅助语言教学的实践经验和实证研究结果,所含许多内容在目前国内已出版的 CALI 作品中并没有涉及,因此本书对从事语言教学的教师、研究生或进行 CALI 软件开发的工程技术人员均有一定的借鉴意义和参考价值。

第一部分

计算机辅助语言教学(CALI)概述

第一章 CALI 的定义与意义

第一节 CALI 的定义

要想真正认识计算机辅助语言教学,首先得对其定义及起源有所认识。在语言教学领域,计算机辅助语言教学是指语言教学者或实践者借用计算机技术辅助其语言教学设计与教学过程,实现对语言学习者施与影响,并使其习得某一门语言的过程(Egbert, 2005)。计算机辅助语言教学包含许多因素,涉及计算机应用与语言教学的方方面面,比如计算机的应用环境、计算机与多媒体技术、教学材料的设计、教学法理论、教学模式等等,因此实际上几乎无法对计算机辅助语言教学的使用范围进行界定。

借用技术(尤其是计算机网络技术)辅助的语言教学有多种称呼形式,如计算机辅助语言教学(computer-assisted language instruction, CALI)、技术辅助语言学习(technology-enhanced language learning, TELL)、计算机辅助语言学习(computer-assisted language learning, 或computer-aided language learning, CALL)等。但这些术语基本上指的都是同一事物,而本书所采用的 CALI 这种称呼是北美地区比较流行的一种叫法。

从六十年代起,计算机技术就被正式应用于语言教学,至今已有近五十年的历史。在这五十年的发展过程中,CALI 经历了三个主要的历史发展时期,即行为主义式的 CALI、交际主义式 CALI 以及整合式 CALI。在每一个 CALI 发展阶段中,总有新的阶段产生,因此这三个阶段经常处在一种共存的状态。

计算机辅助语言教学来源于计算机辅助教学(Computer-accelerated instruction 或 computer-assisted instruction,CAI),后者最初被视为教师使用的一种教学辅助设施。计算机辅助语言教学在理论上强调课程要以学生为中心,即允许学生采用结构化或非结构化的互动课程来进行自主学习。这样的课程都具有两个重要的特征:双向(互动)学习和个性化学习。计算机辅助语言教学本身不是一种教学方法,从本质来讲,它是一种能够帮助老师促进学生语言学习过程的工具。同时计算机辅助语言教学也被用于巩固学生在课堂上所学到的内容,甚至可以作为一种补救工具用于帮助语言能力较弱的学习者。

也有些人把计算机辅助语言教学当作是一种外语教学和学习的方法,这种方法以计算机或诸如互连网等基于计算机的资源来呈现、巩固和评价学习材料。当然计算机辅助语言教学并非一定借助互连网技术,凭借一台电脑和一张 CD 光盘也可实现计算机辅助语言教学,至于到底采用何种技术,得由教学设计和教学目标本身来决定。因此,CALI 既可以用于在线环境下实施的互动课程,也可供个人在家里进行自主学习。除了供自主学习使用的软件外,CALI 的根本目的即在于对"面对面"的语言教学模式进行补充,并非取代后者。

就计算机使用环境而言,并非只限于教室、学校的计算机房、语言室等正式的教育场所。事实上将计算机用于语言学习很多时候是发生在家里或图书馆,甚至是在计算机网吧,即计算机辅助语言学习可以在任何时间、任何地点发生。不论学习者是什么样的经济状况、文化背景、政治背景和社会地位,不论学习者有怎样的目标语功底,也不论学习者为自己设定了何种学习目标和标准,他们都可以借助计算机来实现习得目标语的目的。同时,在将计算机应用于语言教学设计时,使用者必须意识到计算机技术并不只局限于台式计算机,而是包含了所有的电子运算技术、芯片驱动技术以及使这些技术得以运行的软件等等,这些都归入计算机技术的范畴。因此,个人数字化助手、具有信息发布和网络搜索功能的手机、笔记本电脑、数码相机、扫描仪、打印机、键盘等外围设备,以及从文字处理系统到影视制作工具等形形色色的各类软件,都是学习者可用于实现语言学习目标的计算机技术。这些技术以视听说、文本、图形等各种不同模式向使用者展示各种不同形式的显性和隐性信息。

语言教学者在使用计算机进行教学设计时,教学内容、教材、教学理论、教学模式以及学习者的个性差异都必须给予充分的考虑,而不只是计算机技术本身。每一个阶段的 CALI 都与某种技术或教学法原理相对应,因为实施计算机辅助语言教学设计时,教学人员必须应用到语言教学法知识,这些知识主要来自于行为主义、认知主义和建构主义等理论,同时也要应用到诸如 Krashen"监控理论"等二语学习理论方面的知识。教学设计所涉及内容也很广,例如从写作教学到远程教育等等。有了成功的计算机辅助语言教学设计,教学活动的内容、结构和组织就能够大大促进学习者语言技能的提高。与此同时,要想发挥计算机辅助教学设计的最大功效,教师设计者必须指导学生如何参与所设计的教学活动,如何进行分组以完成任务,并让学生明确完成任务后所应达到的目标等等。

综上所述,Egbert(2005)认为一项计算机辅助教学设计可被视为是由多个变量相加而成的一个等式:

计算机辅助语言教学设计 = 学习者(包含学习者的思想、行为、动机、经验和理解) + 目标语(目标语的地位与结构) + 环境(包括时间与空间环境,以及来自社会、经济、文化与语言的影响) + 一种或多种工具 + 所设计的任务与活动(涉及任务/活动本身的内容、结构、组织,以及教学法理论、教学模式、学习者的个性差异) + 设计者和学习伙伴(或其他可能影响设计本身或影响任务与活动过程的人)。

这一等式反映了语言学习的整个过程,因此与 Spolsky(1989)所提出的语言学习过程有极大的相似之处。Spolsky 认为语言学习过程应该包含学习者现有知识、学习者的语言学习动机、学习者的语言能力以及学习者可获取的语言学习机会等因素。两者之间的唯一区别是前者将学习者可获得的语言学习机会分割成环境、任务、工具、语言与人员等关键变量。在评价一项计算机辅助语言教学设计的适切性与有效性时,总会根据一定标准对以上这些变量进行分析,看看这些变量是如何产生作用,相互之间又是如何互相影响的。因此对一项计算机辅助设计的教学活动进行评价时,以上两个等式的构成要素都应该考虑其中,以便能做出全面的评价。

第二节　CALI 的意义

使用计算机网络技术来辅助语言教学的语言教师,往往将计算机视为一种可实现多种设想的工具。这些设想虽然有不少仍有待实践检验,但这些设想都隐含着作为一种辅助工具的计算机所具有的许多特点,而且这些特点使计算机辅助语言教学这种新的教学模式有别于传统的语言教学模式,并对语言教学产生了重大影响。概括起来,这些设想包含计算机技术环境下能实现很强的互动性、能适应学习者的个体差异、能促进学习者的自主学习、能提供很强的语言真实性、提供各种帮助与反馈等。其中计算机技术所创造的互动性是计算机辅助语言教学所具有的典型特征。计算机辅助教学环境下所能提供的互动性不仅限于学生与计算机之间,还包含了学生与学生之间以及师生之间的互动,甚至包含了计算机与视听设备的兼容等技术问题。

计算机辅助教学的另一重要意义是它有助于实现个性化教学。确切的说,是有助于实现学习者学习过程的个性化,因为成功的教学设计确实能够使学生根据自己的学习目标学习,根据适合自己所需的进度学习。由于不同学习者的学习风格、学习策略、学能、学习动机、个性、已有学习经验等等都不尽相同,而计算机技术能够根据这些变量的要求,使学习任务与学习材料能够适应不同学习者的不同需求。因此语言教师和教学管理层对计算机技术都给予很高重视。譬如将网络技术引入语言教学,或者应该说"将语言课程挂在网上",给语言教学带来了诸多的好处,至少最明确的一点是语言学习者可以不受时间和空间的制约。首先从灵活性来说,大部分的网络化语言课程都允许学生自定学习的步调。这样的课程不要求学生专门腾出一天,一周,甚至是几个月的时间到传统的面对面课堂里去上课。学生只要登陆到所在课程上去完成相关的课程作业、活动即可,这也成为许多学生,尤其是社会青年选择在线语言课程的主要原因之一。

大量研究与实践表明,计算机能有效促进学生自主学习能力的提高。自主学习,或学习自主性,被普遍认为能有效促进学生语言学习,尤其是与传统的以教师教学为中心的模式相比而言。然而,以建构主义的观点看,学习自主性并不等于无须与他人进行互动和交流的独自学习。依照建构主义理论对自主学习的解释,自主学习既包含个人认知的一面(individual-cognitive perspective of learner autonomy),也包含和他人的交流与互动(social-interactive perspective of learner autonomy)。在传统的以教师为中心的课堂上,语言教师占用了课堂上65%到75%的话语权;课堂上的互动往往以教师的提问开始,然后学生回答老师的提问,再接着老师对学生的回答进行评价,能留给学生进行意义建构的时间就所剩无几了(Nunan,1989)。然而研究表明(Markley,1992),在网络环境下的二语课堂上,学生至少主导着75%的互动,学生之间的交流机会同学生与教师的交流机会基本上是等同的,即学生在主导和参与课堂活动上体现出了很大程度的自主。此外,计算机所提供的自主学习材料为学生提供了良好的机会,使学生能够选择适合自己需求的内容,也可根据自己的实际情况在不同课程模式中进行取舍,在需要的时候还可从中获取帮助。

计算机除了能够提供大量语言学习材料外,还能够提供适时的反馈。无论是在分析错误上,还是对学生提问的解答上,现代计算机辅助语言学习软件都具有提供详细反馈的强大功能。这一功能意味着没有老师在身边时,学生也可获得语言学习过程中所需的帮助。因此,提供详细反馈这一功能很快就被用于支持学生的自主学习。与此同时,该功能与计算机可方便学生获取所需信息的功能相结合,还可促进学生知识结构的变化,帮助学生克服语言学习障碍,最终实现学习目标。

另外一项被语言教师所推崇的设想是,通过计算机网络技术可获取语言学习所需的真实语料,因为计算机可有效提高语言学习环境的真实性,让语言学习者尽可能多地与真实语料接触。语言教学中对学习材料进行了区分,即专门为了练习某些语言点而准备的材料(如阅读文章、听力文本或对话范例)和从现实世界所取的材料,后者被认为是真实性很高的材料。因此,语言教学中的真实性就是指语言教学材料所具有的口头语言或书面语言的自然程度。在计算机辅助语言教学环境下,真实性指的是来自目标语国家的真实语言应用情境的文本材料或视听材料,或者是指一切发生在语言课堂外的语言使用情境。计算机为语言学习创造的互动功能以及让语言学习者获取真实视听材料的功能,正是不少语言教师所倚重的。在计算机环境下,学生可实现真实的、而不是由老师操纵的交际行为,学生犹如获得授权一样,不会在与他人进行接触时感到害怕。学生深信,有了计算机协助的交际,他们就会学得更快更好。同时在这样的环境下,他们可以掌握更多与文化相关的内容。在网络化的计算机环境下,他们就会有一种身为某真实社群成员的感觉。而当他们处在一个所有成员都是某一门外语的学习者的虚拟环境时,他们又会获得一种平等感,学生感到的压力就会很小,从而会有很强的信心学好外语,这部分是因为他们认为自己可能犯的细微错误并无大碍。在即时环境中,由于学生总是能够获得实时的反馈,即时计算机辅助通信(synchronous computer-mediated communication,SCMC)环境下更是如此。而使用电子邮件交流也被证实同样有益于学生的情感,能够增强他们的学习动机。

学生还可利用计算机实现自己作品的创作,并通过网络传送给别人欣赏或评论,而在这些创作者看来,在线读者更具有真实性。同时在网上,除了可得到教师的批改外,他们的作品可得到包括同学、学长、导师等人的评论与建议。毫无疑问,借用计算机网络技术,还可实现群体教学或远程教学,并且有可能让学生跨系、跨校、甚至是跨国接受不同老师和专家的指导、帮助。

　　一般情况下,无论是在课堂内还是课堂外,计算机网络技术的应用都会提高学生的学习兴趣,因此借用技术来培养学生提高技能的兴趣又是语言教师所怀的另一设想。然而,设计上的某些细节也会影响特定技术对学生学习动机的提高。在计算机辅助语言教学计划或教学活动中,提高学生学习动机的一种常用做法就是使信息个性化,例如将学生的姓名或他所熟悉的环境融入到教学计划或教学活动中。其他做法还有将有活力的东西融入到显示屏上、或者提供一些既有挑战性又能引发学生好奇心的实践活动,或者提供某种存在于真实世界却又不与语言活动直接相关的环境。例如,在一项针对中学生的实验中,将使用"CornerStone"(一项促进语言艺术的程序)的学生与不使用该程序的学生进行比较,结果前者在学习语言艺术的效果上明显优于后者。究其原因,是前者使用的"CornerStone"程序将个性化信息、挑战性的任务和富于想象力的练习融合在一种理想的环境中。此外,研究表明,在一项教学计划或一门课程中使用多种不同类型的多媒体设施也可有助于提高学生的学习兴趣和动机。一旦学生的学习动机得到增强,他们就会花更多的时间在计算机辅助的活动上,而"更多的活动时间"则意味着学生的学业成绩将可能获得提高。

　　计算机技术的另一项职能是使学习内容更能够顺应学生的需求。如果没有计算机,学生自己是没有能力改变教学内容原有的呈线性结构。但计算机能赋予教学材料新的角色,使教学内容根据学生的需求来呈现,即学生可根据自己的需求进入所需的章节,而无须照着教学内容原有的结构按章节逐个往下学。因此,顺应学生的需求通常是指学生可以自己掌握学习的节奏,并且能够选择自己所需的学习内容和适合自己的学习方式。这意味着学生可以跳过某些对他来说不必要的章节内容,或在比较难理解的内容上投入更多的时间。研究还表明,学生总是喜欢做那些自己能选择内容的练习,比如对故事、奇遇、谜语或者是逻辑问题进行分析或分解。有了这些,计算机就有了新的功能,即为使用语言提供有吸引力的环境,而不是直接为学生提供他们要学的语言。

　　计算机技术的使用可促进学生评判性思维的提高。将计算机技术引入课堂可有效提高学生的自我概念,有助于实现"以学生为中心"的学习,并且使学生在学习过程中呈现出更高水平的思考技能及更好的记忆力,学生也更有信心主导自己的学习。计算机辅助课堂教学的这些优点不只是出现在语言课堂上,别的课堂上也同样存在。

　　成本低廉是网络化语言课程的一项优势。虽然不同的在线课程的收费会因课时长度、授课教师的优劣及其他标准而异,但与对应的面对面授课课程相比,即使不记面授课程所需交通、食宿,在线课程的收费也明显要低于后者。

　　压力小也是在线课程的一项优势。此外,在线教育的非即时性吸引了许多新的写作者,因为在面对面的环境里,他们往往会因为害羞而不愿与他人分享自己的作品。网络化课程正是凭着其特有的灵活性与非即时性而成为电子商务行业里发展得最快的行业。

　　二十世纪九十年代中期以来进行了许多关于计算机辅助语言教学与学习的研究,从其结果来看,计算机技术确实能够有效提高学生的语言技能、交际技能、自主学习能力和评判性思维,也能促进学生的动机、自信心与满足感。以上所述的种种设想今天都纷纷成了现实。归纳起来,人们之所以采用计算机辅助语言教学,主要是基于以下八个原因:(1)计算机辅助语言教学可以创造体验式学习所需的环境;(2)可以促进学生学习语言的动机;(3)可以提高学生的成绩;(4)可以为学生提供具有真实性的学习材料;(5)可以为语言学习者提供更深入的互动;(6)可以实现个性化学习;(7)可避免信息源的单一化;(8)可以实现全球性理解。而有可能阻碍计算机辅助语言教学实施的因素则可以归纳为以下几个类别:(1)经济困难;(2)相关的计算机软硬件无法获取;(3)教师的相关技术和理论知识水平有限;(4)教师和教学管理层对计算机技术的接受程度不高;(5)作弊和陷阱等问题。

当然,计算机辅助设计的语言课程带来以上优点的同时,也存在着一些缺陷,至少是这些课程在实施起来时会遇到不少的障碍。首先,并不是所有的学生都能够在自己决定学习节奏的环境下有效地学习。对许多人来说,他们需要老师和同学在学习现场,只有这样的环境才能够营造他们所需的授课结构和刺激源,才能够使自己有所产出。因此,计算机辅助设计的语言课程所具有的特征之一,同时也是局限之一,就是要求学员必须具有很强的自我约束能力。其次,在线课程的"在线"并不意味着"即时",比起传统课堂的授课,在线课程有可能会让学员花更多的时间。比如,在传统课堂上,问一个问题或讨论一篇稿件只是几分钟的问题,可是到了在线课堂上,这将意味着要花很长时间来将自己的想法敲打出来,而且虚拟环境下并没有互动各方所依赖的非言语信息,这无疑将增加讨论各方的互动程序和难度。

此外,学员必须具备一定的计算机网络知识是计算机辅助语言教学所面临的一项挑战。根据课程的要求,学习者或参与即时在线交谈,上传作业文档,登陆带有安全控制的服务器,或进行其他在线操作等等,这一切都需要计算机网络技术的支持。如果学习者对计算机和互联网一无所知,将无法进行以上操作,连最起码的寻求在线帮助都无法进行,如此,学习者将无法参与在线学习。

参加在线课程时,学习者在虚拟空间所感觉的孤立感往往会使他们受挫。传统课堂环境下,学生经常被鼓励与他人进行面对面的互动,这样有助于学习者之间保持良好的人际关系。建立并保持这种关系对于写作等课程而言是至关重要的,因为学生需要相互之间以及来自老师的写作支持。许多的在线写作课程虽然可以借助在线交谈和论坛等形式培养虚拟社区,达到促进人际关系发展并消除孤立感的目的,但这些措施始终没能取代面对面的交际,毕竟面对面讨论所提供的那种可让学生产生创造性想法的环境是虚拟世界所无法提供的。

作弊和陷阱是在线课程经常面临的另一类难题。在缺乏面对面交际的环境下,学生可能会找他人替自己考试或做作业。而网络所具有的非即时性也可能使某些办学机构有机会携学生的学费潜逃。如此等等,在线课程为人们带来诸多便利、好处的同时,也有许多潜在的不安全与不利之处。

第三节   CALI 的构成要素

这一节将讨论一项完整的计算机辅助语言教学项目应该包含的要素。要素是一个计算机辅助语言教学系统的构成部分,某一单独的构成要素,或多种要素结合在一起,形成计算机辅助语言教学所具有的某种或某些特征(Khan,2001b)。例如,电子邮件是一种非即时通信工具(同时也是计算机辅助语言教学的要素之一),有助于学生和老师之间的互动,而互动本身对学习活动具有很大的促进作用。因此,只要采用合适的教学设计策略,电子邮件就可以被融入到计算机辅助语言教学项目中,为该项目增添一种学生和老师之间的互动特征。咱们可以想象一下,一位乘坐在一架飞行中的飞机上的乘客也可以使用航空电话(Airfone)与地面上的人进行通信的情景。在这一情景中,航空电话就是整个复杂的飞机系统的一个组成要素,它可以实现飞机乘客与地面人员的即时通信,使飞机系统具有了可支持即时通信的特征。与此类似,有了电子邮件、邮件列表(mailing list)、网络新闻组(newsgroups)和会议工具(conferencing tools)等要素,再结合合适的教学设计原理和设计策略,就能够为参与某一团队项目的小组成员创造一种协作的环境。要想获得有关计算机辅助语言教学的构成要素如何创造各种特征这一方面的资讯,可以参考以下网址上提供的各种 PowerPoint 幻灯片:http://BooksToRead.com/wbt/component-feature. ppt。

Khan(2005)曾经将计算机辅助教学的构成要素划分为七类,即教学设计(Instructional design)、多媒体、互联网工具(Internet tools)、计算机与储存设备、链接与服务供应设备(Connections and service providers)、编辑/管理程序以及企业资讯策划软件和标准(Authoring/Management programs, enterprise resource planning (ERP) software, and standards)以及服务设备及其相关应用。CALI 也是有这七类要素构成,知识某些要素上具有自己的特点。以下将归纳出这七类构成要素的具体内容:

(1) 教学设计
- 学习与教学理论
- 教学策略与教学技巧

(2) 多媒体成份
- 文本与图形;
- 音频流媒体(Audio Streaming),例如实时音频技术(Real audio)等;
- 视频流媒体(Video Streaming),例如视频播放软件(QuickTime,RealOne)等;
- 链接,例如超文本链接(Hypertext links)、超媒体链接(Hypermedia links)、三维链接(3-D links)、影像地图(image maps)等;

(3) 互联网工具
- 通信工具

◇ 非即时通信工具：电子邮件、邮件列表管理器（Listservs）、网络新闻组等等；

◇ 即时通信工具：基于文本的即时通信工具，如 QQ 等文本聊天（Chat）、互联网中继聊天（Internet Relay Chat，IRC）、多用户域（Multi-user domains，MUDs）、多用户目标指向域（Multi-user-domain objective oriented，MOO）；以及音频视频会议技术；

• 远程访问工具（Remote access tools，供进入某一登陆口，实施远距离文档传输），例如远程登陆（Telnet）、档案传输协定（File transfer protocol，FTP）等；

• 互联网导航工具（Internet navigation tool），引导使用者进入相关数据库或网络文件。

◇ 文本浏览器（text-based browser）、图形浏览器（Graphical browser）、虚拟实境标记语言（Virtual Reality Markup Language，VRML）等；

◇ 插件（Plug-ins）；

• 搜索工具，包括各种各样的在线搜索引擎（Search engines）；

• 其它工具，例如计算器等。

（4）计算机和储存设备

• 在计算机平台下运行的"基于图形的使用者界面"（Graphical User Interface，GUI）的操作系统，例如尤尼克斯操作系统（Unix）、视窗操作系统（Windows）、麦金塔操作系统（Macintosh）、里尼克斯操作系统（Linux）；

• 在计算机平台下运行的"不基于图形使用者界面"（Non-GUI）的操作系统，例如 DOS 操作系统；

• 移动设备，例如借用个人数字助理（PDA，也称为掌上电脑）运行的手掌操作系统（Palm operating system）、便携式个人电脑视窗操作系统（Pocket PC Windows）以及其他平台等；

• 硬盘驱动器（Hard drives）、光盘驱动器（CD-ROM）、数字视频光盘（Digital video disc，DVD）。

（5）链接与服务供应设备

• 调制解调器（modems）；

• 拨号服务（Dial-in），例如标准的电话线，整合服务数字网络（Integrated Services Digital Network，ISDN）等；

• 专用服务，例如 56kbps、数字用户线路（digital subscriber line，DSL）、数字电缆调制解调器（digital cable modem，DCM）、E1 线路等；

• 移动技术，例如无线连接（conneted wireless）、无线局域网（wireless LAN）、无线广域网（wireless WAN）、无线个人局域网（wireless PAN）和个人区域网（personal area network）；

• 应用服务提供商（Application service providers，ASPs）、主机托管服务提供商（Hosting service providers，HSPs）、网关服务提供商（Gateway service providers，GSPs）、互联网服务提供商（Internet service providers，ISPs）等。

（6）编辑/管理程序以及企业资讯策划软件和标准

- 脚本语言(scripting languages),例如超文本标识语言(Hypertext markup language, HTML)、虚拟现实建模语言(virtual reality modeling language, VRML)、可扩展标识语言(Extensible markup language, XML)、丰富站点摘要(Rich site summary,一种基于文本的 XML 类型)、可扩展样式语言(Extensible stylesheet language, ESL)、可扩展超文本标识语言(Extensible hypertext markup language, XHTML)、层叠样式表(Cascading style sheets, CSS)、无线标识语言(Wireless Markup language, WML)以及 Java 应用程序开发语言(一个由 Sun Microsystems 开发的可读 Java 文件的浏览器)等等。

- 学习管理系统(Learning management system, LMS)和学习内容管理系统(Learning content management system, LCMS);

- 超文本标识语言转换器(HTML converters)和编辑器等;

- 创作工具和系统(Authoring tools and systems);

- 企业应用或企业资源策划软件(Enterprise resource planning software),这种软件可提供解决某些电子学习问题的方法,在以下网站里可以获得如何应用 EPR 软件与电子学习的有用信息:http://www.thinq.com/pages/white_papers_pdf/ERP_%20Integration_0901.pdf);

- 互通性(interoperability,即软硬件在多种品牌机器上实现有意义的沟通)、可访问性(accessibility)以及可重复使用标准。

(7) 服务设备及其相关应用

- 超文件传输协定服务器(HTTP servers)、超文本传输协议守护软件(Hyper Text Transfer Protocol Daemon Software)等;

- 服务器端脚本语言(Server side scripting languages)、网页控制技术(JavaServer pages, JSP)、动态服务器网页(active server pages, ASP)、ColdFusion 组件、超文本预处理器(Hypertext Preprocessor, PHP)、通用网关接口(Common gateway interface, CGI,一种与 http 服务器或网络服务器相连的接口,可以实现影像地图和填写形式的运作);

- 无线应用协议(Wireless application protocol, WAP)网关,用于将用户输入的二进制模式的需求转变成超文件传输协定(HTTP)需求,并将其发送到网络服务器上。

以上就是计算机辅助语言教学可能涉及的所有要素,有教学法的,有软件的,有硬件的,也有应用领域的,从中可以看得出计算机辅助语言教学要涉及的要素有许许多多,这既为语言教学人员的语言课程设计带来了一些技术选择上的困难,同时也为他们在设计过程中遇到各种难题提供了多种解决的方案,尤其是在技术的选择与应用上。

但是随着计算机辅助语言教学的教学方法和所用技术的不断变革,以上的构成要素也会发生变化。为了获得这方面的最新信息,教研人员可以从以下网站获得参考:http://BooksToRead.com/wbt/component.htm。同时教研人员还必须清楚,光凭技术要素是无法实现有意义的计算机辅助语言教学的,必须要融入合适的教学设计,并将其视为计算机辅助语言教学最重要的构成要素之一。

第四节 CALI 所涉及的学科领域

之所以谈论计算机辅助语言教学所涉及的学科领域,是因为语言教师不得不面对这样一个问题:要为特定范围内的语言学习者提供灵活的学习环境,语言教师需要掌握哪些方面或哪些领域的知识技能? 唯有掌握这些领域的相关知识,设计者才能够创造出有意义的学习环境。实际上这不仅是语言教师一方要涉及的问题,也是学习者、培训人员、管理者、提供技术与其它支持等服务的人员都应该关注的问题。

一直以来我们都习惯于传统的教育体系,习惯了老师占据课堂上的主导地位,也习惯了面对面的传统课堂教学形式。但计算机辅助语言教学代表着一种模式的转变,无论是学习者,还是教师、培训人员、管理人员、技术人员,甚至是整个大学,都面对这种模式转变。就其根本性质而言,计算机辅助语言教学可认为是一种经过改进的教学模式,其目的在于使教学能够适应不同学习者的需求,尤其是在那种老师、学生和技术人员都无法面对面的网络语言教学环境而言。毫无疑问,这种新的教学模式与传统课堂上的面对面教学模式有着很大区别:传统课堂上的教学发生在一个相对封闭的系统内,例如在某个固定的教室范围内,在校园里,或户外教学(field trip),等等。这些都体现出传统教学系统的封闭性;而电子学习则往往是在一个开放的空间里发生,即学习发生的边界已经延伸到一种开放而灵活的空间。在这种空间里,学习者能够根据自己的意愿决定何时何地进行学习。在这样一种开放、灵活、分散式的学习环境中,学习者的学习需要及时的关注和反馈,以便学习过程能够持续进行下去。因此,应用计算机网络技术的语言教师应该为学生提供最好的支持系统,使他们在基于计算机网络技术的新学习环境中不会有太强的陌生感或孤独感,确保他们在新的教学环境下依然能够保持较强的学习动机。

由于我们都已经习惯于封闭系统内的教学与学习,计算机辅助语言教学环境所具有的开放性对我们而言将是一种新的挑战。但为了提供适合各种类型学习者的有效学习环境,我们不得不跳出原有封闭系统下的设计思维,这意味着我们将不得不改变自己的思维模式,即思维模式的转移(paradigm shift)。为了能够顺应这种转移的需求,有必要将计算机辅助语言教学的整个框架整理出来。整理出这样一个框架将有助于计算机辅助语言教学设计人员在设计过程中知道应该将那些要素考虑进去。图 1 就是计算机辅助语言教学所涉及的八个领域(Khan, 2005),针对每一个领域,本节将详细列出 CALI 设计者在设计过程中应该考虑的问题。这些问题涵盖了设计者设计的一堂课,一门课程,甚至是整个项目。

创造一个有意义的学习环境有赖于许多领域里的各种要素,这些要素系统地联系在一起,并且相互依赖,设计者只有系统而深入地了解这些因素才能创造出有意义的学习环境。Khan把这些因素归纳为八个领域:机构、管理、技术、教学法、道德伦理、界面设计、资源支持和评价。这八个领域里的因素都是在综述前人研究的结果之上产生的(如 Goodear, 2001; Khan,

Waddill & McDonal, 2001 等), 而这些研究又都是在回顾计算机辅助语言教学项目资源和工具的基础上进行的。

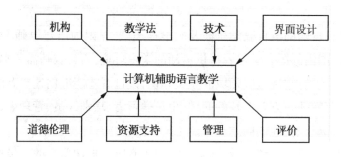

图1　构成计算机辅助语言教学涉及的八个领域(Khan, 2005)

　　图1框架内的每一领域之下还有下一级的分支(详见表1), 每一个分支又是由各个项和各种问题构成, 每一个项和问题都涉及计算机辅助语言教学的某个具体方面, 所有这些项和问题是设计人员在设计时需要认真考虑的。接下来将对每一个项和问题展开详细介绍。

　　每一个计算机辅助语言教学项目都应该是独一无二的, 而要做到独一无二, 设计人员在设计时必须弄清楚自己的设计中有哪些地方是与框架中的项和问题相关的。为了尽可能理清自己设计中涉及的问题, 一个最好的办法就是将所有相关人员(例如学习者、教师、提供支持的团队等)都放到框架内考虑, 并沿着这八个计算机辅助语言教学所涉及的领域提出各种问题。通过这种方法, 设计人员就能够尽可能多地识别自己设计中可能涉及的重要问题, 这有助于设计人员根据自己的教学对象创造优异的教学环境。通过在不同相关人员身上重复以上过程, 设计人员还可发现更多自己的计算机辅助语言教学项目应考虑的问题。

表1　影响计算机辅助语言教学各个领域的构成要素

计算机辅助语言教学涉及的领域	描　述
机构	机构领域涉及与计算机辅助语言教学有关的管理、学术以及学生服务等相关问题。
管理	对计算机辅助语言教学的管理是指对学习环境的维护以及信息的分发。
技术	技术领域涉及在技术上对计算机辅助语言教学环境的基础设施进行监察, 这包括基础设施的策划以及对软硬件的检查。
教学法	教学领域涉及教学和学习方面的问题, 这个领域主要关注内容分析、观众或听众分析、目标分析、媒体分析、设计方法、组织以及学习策略等方面的问题。
道德伦理	计算机辅助语言教学设计要考虑的道德伦理问题涉及社会影响和政治影响、文化差异、偏见、地理差异、学习者差异、数字鸿沟(Digital divide)、礼仪以及法律等方面的问题。
界面设计	界面设计指的是计算机辅助语言教学项目的整体外观或给用户的整体感觉。界面设计领域一般涉及网页和网站的设计、内容设计、使用指南、可访问性和可用性等方面的问题。
资源支持	计算机辅助语言教学所涉及的资源支持领域主要考察能够促进有意义学习的在线支持和资源。
评价	计算机辅助语言教学评价既包括对学习者的评价, 也包括对教学和学习环境的评价。

表 2　计算机辅助语言教学涉及的领域详细划分

计算机辅助语言教学涉及的领域	各领域的构成
机构	管理事务;学术事务;学生服务。
管理	人、过程与成果的连续体;管理团队;对计算机辅助语言教学内容开发的管理;对计算机辅助语言教学环境的管理。
技术	基础设施的策划;硬件;软件
教学法	内容分析;观众/听众分析;目标分析;设计方法;教学策略;组织;混合策略。
道德伦理	社会和政治差异;偏见和政治态度差异;地理差异;学习者差异;数字鸿沟;礼仪;法律问题。
界面设计	网页和网站设计;内容设计;使用指南;可获取性;可访问性;可用性。
资源支持	在线知识;资源。
评价	对内容开发过程的评价;对计算机辅助语言教学环境的评价;在项目和机构层面上对计算机辅助语言教学进行评价;对学习者的评价。

　　为了说明以上领域对计算机辅助语言教学的影响,我们以课程的时间安排是否能够满足来自不同区域(甚至是不同时区)的学生需求这个问题为例进行说明。这是计算机辅助语言教学设计人员进行设计时,在地理差异这一环节上不得不考虑的问题。毕竟在很多情况下,聊天、讨论等在线即时交际是很难在来自不同地域的在线学习者中实现的,因此设计者在设计时应该对各项事件进行安排,并事先通告学生具体的时间,让学生能够选取适合自己时间的讨论项目来参与。这就意味着设计者在设计教学计划时,一定要把道德伦理领域下的地理差异考虑进来。

　　之所以要求设计者在设计中尽可能多地考虑框架中的各个领域及其涉及的各种问题,就是为了设计人员能够设计出较为完善有效的作品。随着越来越多的学校都开展计算机辅助语言教学,设计者也会通过交流,了解更多与计算机辅助语言教学八个领域所涉及的新问题。

　　这一节所提供的计算机辅助语言教学框架所能适用的语言教学范围很广。这里所说的范围指的是一个连续体,该连续体是由语言教学中技术应用的程度决定的,即从不涉及任何计算机多媒体技术的传统面对面教学到纯粹的基于计算机网络技术的语言教学。设计过程中到底应侧重该框架中的哪一个领域,或是某一领域下的某个或某些分支,或者是这些领域或领域分支的某些项或问题等等,都是由语言教学范围决定的。以下将以具体例子来对这个连续体进行描述,以展示计算机辅助语言教学活动所涉及的类型与范围,以及语言教师的设计是如何与该框架的各个领域联系在一起的。

　　在该连续体的"微观"一端,计算机辅助语言教学活动和信息资源能够支持面对面教学模式的教育或培训(例如混合式学习活动)。我们可以通过以下的例子来进行说明:在某高校的物理学课堂上,老师应用模拟冲击波的形式来支持数据分析、概念可视化和操作模型等认知活动。为此,该老师不得不设计一些活动,为创设一个基于网络的高度可视化模拟过程提供必要的环境。在一门基于面对面课堂的传统课程里,以上计算机辅助语言教学框架中的机构和管理两个领域所占的分量就远远不及该框架教学法领域下的学习策略这一分支所占的分量,因为后者更有助于将模拟融入到课程中。

　　沿着该连续体进一步往下走,为了完成学术课程或训练课程,老师必须进行综合性更强的设计。在这种设计中,课程内容、活动、互动、辅导、项目制作和评价都必须用上计算机网络技术(Petersons. com 网站提供了大量这类课程的链接,这些课程的原始设计就是基于网络而建的,该网站的资源库网址是:http://www. lifelonglearning. com)。以上计算机辅助语言教学框架的许多领域都有助于这类课程的设计。

　　该连续体的另一端就是"宏观"端,即语言教学将彻底地基于网络进行(如远程成人教学项目),成为一种真正意义上的远程教学项目或虚拟大学,没有任何面对面的教学或学习成份,表 1 中的整个计算机辅助语言教学框架将服务于这类教学设计。Petersons. com 网站也为几十项这类课程项目提供了链接(其中也包含提供该类课程的学校的链接)。例如某一位老师在给来自世界各地的英语教师设计继续教学项目进行时,他得将该框架中所有领域的每一个细节都要考虑进去。这将是一项大工程,因为他要与计算机程序设计人员、测试方面的专家、安全防务方面的专家、课程内容方面的专家以及英语教学方面的专家等各种领域的专业人士进行合作,或向他们咨询,这样才能保证该继续教育项目的成功设计,他不得不将系统注册安全到文化与语言差异等等方面都考虑进去。

　　随着计算机辅助语言教学设计的范围不断扩展,所设计的项目也从原先仅有一人就能够完成的简单项目转变成必须有一整个团队参与才能完成的复杂项目。有了本节所讨论的计算机辅助语言教学框架的指导,不论项目设计所涉及的范围有多大,也不论有多复杂,都可确保设计过程中不会遗漏任何重要的因素。

　　设计者也许会问,是否有必要把八个领域下的所有分支都考虑到设计中去。虽然在设计实践中确实需要考虑许许多多的因素,但是关键的问题是设计者在设计过程中需要突出哪些因素。当然,这又与设计本身所涉及的范围有密切关系。进行计算机辅助语言教学设计时,以框架中的机构领域为起点开始着手,然后从其他领域来考虑所有与自己的设计相关的问题,这是每一个设计者都要做的。为了弄清楚这种做法在操作实践中是否会遇到问题,有必要对设计进行一次综合性的准备情况评估(Readiness assessment)。但是在设计单一的一堂计算机辅助语言教学课时,机构领域下的某些分支就不见得也很相关了,例如管理、财政支持等。

　　毫无疑问,为来自世界各地、各方面差异都很大的一批学习者设计开放的、灵活的、分散式的在线系统将是一件极具挑战性的事。但实际情况并不见得那么令人担忧,因为越来越多的高校开始为全国或全世界范围内的学习者提供各种类型的在线学习项目,这样就为设计者提供了可借鉴的经验,知道什么东西可以行得通,什么问题应该在设计时考虑进去。设计者应该根据以上八个领域提出各种关键性的问题,以尽量满足不同学习者的需求。当然,针对不同的在线学习系统所提出的问题也不可能完全相同。设计者沿着八个领域提出的问题越多,他就越有可能设计出有意义的、能够支持学习者的学习环境。面对自己的具体环境时,设计者不一定能够沿着框架中的八个领域找到所有必须解决的问题,但是应该顾及"尽可能多"的问题。

第二章　CALI 的历史发展

Warschauer 与 Healey 曾在 1998 年将计算机辅助语言教学的发展历程划分为三个阶段,即在六七十年代占主流的行为主义式计算机辅助语言教学,七、八十年代的交际主义式计算机辅助语言教学和九十年代中期后出现的整合式计算机辅助语言教学,其中第三个发展阶段代表着网络技术和信息技术在 L2、EFL 教学中的应用。此外,还有学者认为,流行于当前二十一世纪的智能化计算机辅助语言教学也可视为计算机辅助语言教学的第四发展阶段。

语言教学法在最近几十年呈现的创新与变革既反映了语言教学的发展变化,也体现了技术领域的发展变化。伴随着计算机辅助语言教学的诞生,计算机知识和技能也成为语言学习过程的构成部分。六十年代到七十年代初是计算机辅助语言教学发展的第一个十年,当时的典型代表就是 Plato 计划。受行为主义理论的影响,这一计划以反复的实践和操练为主要操作模式,语法讲解和翻译测试在操练中占据着主导地位。在第二个十年占据主导地位的交际主义式计算机辅助语言教学是基于认知学习理论的,这种理论强调解决问题和检验假设。因此,在第二发展阶段里,语法教学从行为主义阶段的显性教学转变为隐性教学。第三个阶段的计算机辅助语言教学则明显受到了社会认知理论的影响,将听、说、读、写等语言技能的学习与教学视为发生在我们所生活的社会环境里,而这样的社会环境是具有互动和整合特征的。智能化阶段的计算机辅助语言教学除了受到各种思想理论的影响外,最主要的是受到了技术创新的影响。以下将叙述对计算机辅助语言教学最具影响的教学理论和技术两个要素的发展及其对计算机辅助语言教学的促进作用,以此来详细阐明计算机辅助语言教学的各个主要发展阶段。

第一节　基于教学理论发展的 CALI 发展历程

五六十年代出现的程序设计代表着计算机辅助语言教学的第一发展阶段,并在二十世纪六、七十年代盛行。其特点是具有明显的行为主义理论痕迹(Kern & Warschauer, 2000; Warschauer, 1996a),即把结构语言学的教学方法和视听教学法搬到计算机应用领域,旨在借用计算机实现学生语言习惯的形成。因此"模仿"成为当时语言实验室的常用教学策略,计算机辅助语言教学程序也基本上是由操练与练习构成,并且被视为课堂教学的辅助手段,但不是替代品。然而,即便是二十一世纪的今天,仍然有许多供词汇学习和语法练习的软件。要使用这类软件,用户必须经常用这类软件提供的练习材料进行操练,这仍然是促进目标语习得的有效途径之一。当然,今天所见到的这类软件不但具备提供适时反馈的功能还能照顾到学习者个人的学习进度,具有很大的灵活性和开放性,十分有利于语言学习者自主学习能力的培养(Chapelle,2001)。

由于第一阶段的行为主义式计算机辅助语言教学利用反复练习的方式进行教学,所以这样的教学模式被归类为计算机辅助教学(computer-assisted instruction,CAI)的一个分支。此外,由于这一阶段的计算机辅助语言教学建立在行为主义学派的学习理论之上,于是计算机在这种语言教学模式中扮演着可靠而又不倦怠的"机器家教"角色。行为主义式计算机辅助语言教学最初是借助大型计算机来设计并实施的,最广为人知的 PLATO 系统就是一套当时可以依靠自身硬件设备进行运作的教学系统。PLATO 主要是用来进行文法教学与练习,也用于不同语言之间的翻译工作。因此,PLATO 可被视为传统语言教学法与行为主义学习理论的综合产物。

到了七十年代末,行为主义理论受到了交际主义理论(communicative approaches)的挑战,后者更重视语言所携带的意义,而非语言的形式(Richards & Rodgers,2001)。随着交际主义理论在语言教学领域的影响不断加深,也对计算机辅助语言教学产生了巨大影响。其实,交际主义理论的影响在五十年代已出现(Reiser,2001),最初由热衷于视听教学法的语言教学实践者首先尝试将这一理论应用于语言教学实践。当时常用的模式是借用交际通道(即媒体)来发送信息,以此来建立起信息发送人与接收人之间的交际。这种模式的实践者关注的往往是交际过程及构成交际过程的所有要素,而不只是发送信息的媒体本身。五十年代到七十年代末这段期间,用于实现交际的常用媒体有录音机、电视机、收音机、投影仪和电影等视听设备。

进入七十年代后期,大部分的语言课程都以交际教学法为理论指导。这种教学理论强调语言的产出必须要关注语言的语法功能,并提出要将语言理解为互动的理念。受 Canale & Swain 的交际能力综合理论(integrative theory of communicative competence)的影响,语言的教学将发展学生的交际能力放在了首位。交际能力综合理论认为学习者必须具有基本语法原理的综合知识,具有一门语言是如何在社交环境下实现其交际功能的知识,以及如何根据会话原则将话语与其语法功能结合起来。此外,交际教学法还关注学生的交际需求,鼓励学生应用已经在母语中习得的各种交际技能。受交际教学法理论影响的在线语言学习材料能够以各种方式来实现 Canale & Swain 所提的大部分原理。尤其是纯正的语言教学和学习材料的获取使得网络成为实施交际任务的理想环境,其中在线检索和与其他学习者之间的电子邮件往来就是互联网所能创造的诸多机会中的两个典型。网络环境甚至为语言学习者提供机会,使其能够与目标语学习水平较高的学习者进行有意义的交际互动。

在七十年代后期到八十年代早期之间,出现了交际主义式的计算机辅助语言教学,这是一种新兴的语言教学模式。Warschauer & Healey(1998)认为,无论是在理论方面,还是在教学方面,交际主义式计算机辅助语言教学都摒弃了以往的行为主义学习论。交际主义式计算机辅助语言教学借鉴认知学派的理论,将语言学习视为一种融合了"发现、发表、发展"的创造性的个性化过程。于是,能够进行独立作业的个人计算机就取代了大型计算机。计算机辅助语言教学的软件可以安装至个人电脑上,或是拷贝到 CD-ROM 上,让学习者自行使用计算机播放。一般的计算机辅助语言教学软件包含(1)文本重建程序(text reconstruction programs),让学生以个人或小组的方式来决定语言使用的形式并了解其意义,及(2)模拟范例,让学生以两人一组或小组的方式操练,以促进学生对语言原理的讨论与理解。对交际主义式计算机辅助语言教学持支持态度者强调,计算机辅助语言教学的重点在于如何进行语言教学,而不是如何将教材呈现给学习者。如此一来,教师不能只是一台从事文法分析语言教学的行为机器,而是能充分鼓励学生开口说目标语来参与沟通的引导者。

在第二阶段的交际式计算机辅助语言教学活动中,教学中心转移到了学习者身上。这个阶段里主要以认知主义理论来指导教学活动(Kern & Warschauer, 2000)。换言之,学习者需要以他们现有知识经验为基础,通过探索、问题解决、应用软件或具有互动功能的 CD-ROM 等模式,来实现新知识的建构(Kern & Warschauer, 2000)。然而,到了九十年代早期,许多语言学家开始指出计算机辅助语言教学并不是一种明智的语言教学手段。不过,在如此短的时间内,计算机辅助语言教学很难发展到能够评价语言使用者写作与会话内容的适切性,或者在一些交际性的回应中做出明智的选择。

虽然交际式计算机辅助语言教学有效改善了行为主义式学习的缺陷,但仍有其自身的局限,它被批评为未能以连贯的方式使用个人电脑,并且无法对语言教学有很大的贡献(Kenning & Kenning, 1990)。自八十年代开始,采用交际教学法的教师,转而采用具有社会认知观点的教学模式。而这样的教学模式强调学习者必须在有意义的社会环境中真正地使用目标语进行交际(Warschauer & Healey, 1998)。采用社会认知观点的计算机辅助语言教学则融入了基于任务、计划、内容的教学原则,以实现语言技巧的学习与技术的有效结合。

同时,自从二十世纪八十年代微型计算机(personal computer)诞生以来,围绕着如何将这一新技术应用于教学的尝试也不断涌现。以美国为例,1983 年 1 月进行的一次统计表明,40% 的美国小学以及超过 75% 的中学已将这一技术应用于教学目的。这一期间涌现出了大量有关计算机辅助语言教学的专著,比如 Higgins & Johns 的 Computers in Language Learning (1984)、Underwood 的 Linguistics, Computers and the Language Teacher (1984)、Ahmad、Greville、Rogers 和 Sussex 合著的 Computers, Language Learning and Language Teaching (1985)等。还出现了许多专门从事计算机辅助语言教学研究的机构,比如美国的计算机辅助语言教学协会(CALICO)和欧洲的计算机辅助语言学习协会(EuroCALL),它们还各自出版了具有很大影响力的 CALICO Journal 和 ReCALL 两本期刊。微型计算机诞生后不到几年的时间就在普通民众里得到普及,这意味着语言学习者之间的大量互动也随之成为可能。语言教师也开始借助诸如 HyperCard(一种近似于名片整理的程式,可用来纪录人物与相关事物)之类的软件进行教学设计。这类设计不像行为主义时代的那种呈线状的设计,它们更强调互动,而互动则是未来促进互联网发展的重要理念之一。由于这些软件都强调语言的动态交际使用,而不是将其视为静态的独立形式来进行掌握,因此这个阶段的计算机辅助语言教学软件大部分是以交际语言教学理论为指导设计的(Kern & Warschauer, 2000;Warschauer, 1996a)。许多设计都将计算机用于语言游戏、阅读与写作操练、文本的重组、完型填空测试以及猜谜语等。然而,这些当时很流行的设计并没有摆脱将计算机当作是"机器里的老师"这一缺陷,使得有些研究人员在评论这一发展阶段的计算机辅助语言教学时,都怀疑计算机技术能够创造出交际语言教学所需的情景这种想法。

由于之前的计算机辅助语言教学设计都具有机械练习的限制,缺乏给学生必要反馈的功能,针对这一缺陷,九十年代初期的设计出现了截然不同的风格,即将计算机当作一种刺激源(Kern & Warschauer, 2000;Warschauer, 1996a)。新出现的这些设计都注重语言学习中的认知因素,关注学生的学习动机、批判性思维、创造性和分析技能,而不仅仅是获取正确答案或被动地理解意义。受这种思潮的影响,计算机被当作促使学生成为积极学习者的工具(Levy, 1997)。这一阶段开发的软件,比如文字处理软件、拼写与语法检查软件、写作软件和搜索软件等,都不是给学生提供语言学习活动的,而是促进学生对目标语的理解和应用的(Warschauer, 1996a)。

到九十年代中期为止,尽管计算机辅助语言教学表现出了很大的潜能,但对教学的影响似乎还并不是很大。1995年的一系列调查表明,尽管美国学校的计算机拥有量已达到了每9名学生使用1台电脑的密度,但据老师反映,将计算机用于教学目的的案例仍然极少,同时对计算机的语言教学用途也没有出现明显的进步。小学老师主要将计算机用于语言练习和训练目的,而中学里计算机在很多情况下都是用于训练学生的文字处理能力(word processing)等与计算机应用技能相关的目的。毕竟计算机普及率的不断提高并不意味着计算机的教学应用率也在不断提高,这一时期的计算机软件驱动能力有限也是造成计算机教学应用率不高的主要原因之一。

到了九十年代中后期,随着台式计算机功能的不断增强、局域网和互联网的普及以及多媒体和超媒体技术的发展,计算机辅助语言教学进入第三发展阶段,即整合式计算机辅助语言教学阶段(Warschauer, 1996a)。当前,典型的多媒体语言学习软件可实现学生用目标语进行阅读、查阅字典、练习发音、学习语法、获取有助于阅读的相关资料、将目标语阅读材料翻译成学生母语、观看与阅读材料相关的影视片段以及针对阅读内容进行理解测试并马上获取反馈等等,所有的这一切都是在同一个软件中实现的,实现了多技术、多功能的高度整合。这是一种十分强调互动并高度个性化的设计,其重心在于通过不同模式来指导学习者掌握不同的技能(Kern & Warschauer, 2000)。这类软件大都以Vygotsky的社会文化语言学习理论为指导进行设计,这一理论强调互动对意义构建的重要性。因此,人与人的互动成了这一时期计算机辅助语言学习活动与教学活动的最显著特征。局域网功能的提高使其具有了支持互动写作教学的潜能,也能够支持学生之间、班与班之间、甚至是学院之间的电子邮件往来。此外,多人参与的角色扮演游戏、具有很强互动功能的 MOOs 在线共时学习情境以及多人参与的模拟游戏等也渐渐成为可能。而互联网的普及则促进了信息的获取,导致了计算机技能(computer literacy)这一术语的出现——即数据获取、批判性解释、在线会话社区的参与等技能的发展(Warschauer, 1999)。"自主学习"也成为了当前计算机辅助教学设计最为推崇的理念之一,是设计者所极力实现的发展目标。

整合式计算机辅助语言教学也称为网络语言教学,强调人与人之间的交流,并且借助区域性或全球性网络进行通信。因此从个人电脑到既具有支持多种师生交流模式又能够协助出版的超媒体计算机,都是可以运用于网络语言教学的技术。整合式计算机辅助语言教学在促进学生语言学习的同时,还能够提供学生应用不同网络化计算机工具的技巧。语言学习者可以通过这种计算机辅助语言教学中具有合作式、互动式的学习活动,以单独(人机)或小组的方式进行口语练习。这种极具吸引力的工具可以使学生的学习置于一种具有丰富信息的社会、文化环境中,同时学生也有权决定自己的学习速度、方式与途径。更重要的是,在整合式计算机辅助语言教学中,学习者有机会选择与培养自己的学习策略,有效提升学习兴趣与能力。具有社会认知性质的教学原则将学习者和计算机之间的互动提升为计算机协助的人与人之间的互动。随着理论与科技的发展,这一教学与研究领域也得到促进:在理论方面,更强调在现实社群中进行有意义的言谈互动;在科技方面,随着计算机与网络的发展,计算机成为促进人类互动与沟通的媒介(Kern & Warschauer, 2000)。

整合式计算机辅助语言教学的发展过程中还出现了另一特点,即从使用软件或光碟进行语言学习转向使用网络资源进行在线语言学习。这样的语言学习活动使学习者能够根据自己实际需要去灵活获取信息(Lin & Hsieh, 2001;Warschauer, 1999)。因此,教师和学生都渐渐将计算机和计算机辅助语言教学视为通向某个终端的手段,例如创造真实语言学习情境、在线进行有意义的交际等,而不再是仅仅将它们视为语言学习的工具。

第二节　基于技术革新的 CALI 发展历程

在上一节叙述的计算机辅助语言教学的三个发展阶段中,计算机作为教学与学习工具的功能不断地演进。根据 Warschauer & Healey (1998)的说法,最先被采用的是能够提供有效回馈的大型计算机,其后流行的是提供更多个性化选择与应用的个人电脑,而目前所使用的则是带有互动与合作性质的多媒体网络计算机。由此得知,计算机辅助语言教学既受到教学思想理论的影响,同时也受到不断诞生的新技术的影响。当然,也有不少新技术是应教学需求而诞生的。

计算机用于语言目的始于二十世纪四十年代的大型机(mainframe)时代。当时的导弹导引控制系统和密码系统都逐渐使用大型机,因此见证了计算机用于语言目的的最初发展阶段。整个五十年代,计算系统和语言编程软件得到了进一步的发展与完善。到了六十年代,语言学家开始将计算机用于文本分析。但在微型电脑诞生并普及之前,语言学习者只能借用大型机先将语料数据打到卡片上,接着运行程序,然后等计算机提供反馈。这类操作既简单又没有互动过程。尽管当时的大型机仍然存在很多局限性,但用于语言训练及测试的计算机辅助语言教学软件却早在五十年代就已经出现,进入六十年代后更多的先行者则针对计算机的语言教学用途提出了许多的设想与计划(Levy,1997;Chapelle,2001)。他们所设计的程序往往是要求语言学习者从两个被选答案中选出正确的一项,计算机在分析提交的选项是否正确后给出评分。这种呈线状的程序设计就是第一代计算机辅助语言教学软件,无论科研人员还是教学人员都看得出这种软件的局限性。因此科研人员和语言教师所面临的挑战是如何使计算机具有导师一样的互动功能,能够对学生进行分析与评价并有针对性地为学生提供语言学习活动,这才是计算机辅助语言教学的功能与特色所在。

应用于计算机辅助语言教学的技术有简单的,有复杂的,也有综合性很强的。计算机辅助语言教学的最终目标就是要提供一个可供个性化使用的虚拟课堂,以实现任何时候、任何地点、对任何人都可提供一个可替代真人的、称职的模拟教师。为了实现这一点,人机界面(human-computer interface,HCI)的设计很重要,以至于必须要开发包括语音技术等模拟自然的语言技术。许多企业开发的课件系统只能够实现使用者进行简单的选择题或填空题等操练,这样显然不能够满足用户进行语言学习的要求。在这样的背景下,开发新一代智能化水平更高的语言学习系统成为一种必然,以实现除了进行简单的填空、选择操作外,还能够允许学习者进行自由的输入,甚至无须用户进行键盘输入就可进行语言操练。除了受到教学法发展的影响外,随着技术的不断进步,计算机辅助语言教学也呈现出发展的阶段性特征。

有关计算机辅助语言教学应用的一些基础性的技术在本书第一章第三节以及整个第三章都有详细介绍,以下将重点叙述九十年代后出现的网络技术和智能技术发展,尤其是受此影响而出现的计算机辅助语言教学发展。

将语言课程网络化一直都是语言教师很感兴趣的事情,其最初的目的主要是实现在线非即时互动(Warschauer,1997)。而最近出现的技术已经使能够学生和老师在虚拟环境下"见面",即借用视频或音频会议技术(Audio/visual Conferencing technology)将师生双方同时"凑到"一起来。这样的即时会议技术可支持多用户同时出现在共同的虚拟空间,既消除了空间上的限制(对远程教育而言),也能够营造一个虚拟的社群,因此对语言学习和语言教学而言具有很大的价值。

显然,最新的技术已经打破了原来师生只能进行非即时互动的限制,学生之间和师生之间已经能够在远距离上进行即时的互动。在1995年的一项实验中,Kern研究了即时书写会议技术(written conferencing technology)环境下学生用户会话的数量和特征。研究结果表明,在该即时环境下,用户之间有了更多的话语轮换权以及更多的话语输出,用户之间的协作也更为密切并且有更强的语言实践动机,交际焦虑进一步减少,同时学生的写作能力甚至是口语能力也得到了提高。Chun在1994年也进行了一项针对即时技术的实验,该实验旨在探讨一德语班学生在即时环境下的互动技能习得情况。实验结果表明,计算机辅助课堂讨论(computer-assisted class discussion, CACD)技术为学生提供了实施和发起对话的机会,因此不但能够实践话语在不同情境下的功能,也使学生能够在组织会话时发挥更大的作用。尽管有诸多优点,以上这些即时书写计算机协助通信(synchronous written computer-mediated communication)也面临着许多的挑战。比如,在线课堂的管理与传统面对面课堂的管理有很大的区别。在话语转换权的实现和管理上就有很大的不同,要求老师一定要协助学生应对在结构上有很大不同的会话,因为这种会话呈平行的对话链,与呈线状的传统对话有很大的不同。

　　非即时技术出现后好长一段时间内,会议技术的模式都很单一,还不能实现让学习者训练口语的目的,而且很多人都在质疑语言技能是否很容易就能够从一种模式(写)被转化为另一种模式(说)。2003 年,纳什维尔 Vanderbilt 大学西班牙语和葡萄牙语系的 Tennessee 做了一项研究,探讨在促进口语词汇和书面词汇的习得上,在线手写即时计算机协作通信是否能够产生与面对面磋商同样的效果。实验结果显示,两种模式都可以促进词汇的习得,但在口语词汇的习得上,虚拟模式和面对面模式两者的促进作用并没有显著差异。该项研究还发现,尽管即时书写环境确实是一种能够为学习者提供口头语言训练的媒体,并且也因此能够促进学生口语技能的发展(Weininger & Shield, 2003),但是学生的口语技能依然需要一种专门训练口语的环境才能够得到增强(Payne & Whitney, 2002; Warschauer, 1996a)。

　　随着视听会议技术的大量应用,当前即时口头互动已成为可供语言教学选择的策略之一。今天采用的语音会议技术已经是一门可靠的技术,可输出或传递音质很高的声音,这使得语音操练有了可以信赖的技术。1999 年,Erben 以 Central Queensland University 的 B. Ed. 学位教学项目为基础进行了一项研究,该项目 80% 以上的课程都是以日语授课。研究结果发现,声像技术(audiographic technology)不仅成功地应用于引入浸入式教育(immersion education,即以第二语言为教学语言的教学),而且对教学实践也有很大的促进作用。虽然某些声像会议系统可允许多个用户同时互动,而且为用户提供了诸如声音、书写文本、图形等大多数日常交际使用的模式,但是要想实现这些模式的应用,用户必须具有计算机媒体和相关电子工具的应用技能。同时,借用技术实现的这些模式毕竟与面对面环境中的类似模式有所不同,用户在使用这些模式时,既要面对使用一门外语进行交际的问题,同时还要面对着如何使用有关技术来实现这些模式的问题。因此,学习者在使用声像技术的优势来实现交际所需的这些模式时,也可能面临着比面对面交际环境更大的挑战。另一个影响声像环境下进行教学的因素是,这种环境下不可能实现肢体语言的应用,但肢体语言却是语言学习和教学过程中进行互动所不可缺少的一种模式。这种缺少肢体语言的教学环境对课堂管理和学习者焦虑会产生不利影响。Open University 曾进行过一系列针对声像会议技术的实验,结果显示外语水平只达到初级或中级的学习者在应用声像会议技术时,所遇到的困难比预期的大得多。因此,在应用声像会议技术进行教学的过程中,老师必须提供包含技术指导在内的更多指导。

　　由于声像会议技术的应用遇到了以上问题,因此实践者将新技术应用于语言教学时,也须对技术进行有效性评价。Wang(2004)提出了四项评价视频会议技术有效性的标准,即质量、可靠性、使用便利性和效费比。如果视频会议技术在以上四项标准上能够达到与音频会议技术相同的标准,则视频技术将可能成为语言课程的最佳技术选择。然而,当前缺少宽带互联网连接的音频会议技术还不能够有效满足语言学习的需求。时间上的滞后和链接速度上的不足都有可能导致嘴唇运动即时性的缺失,这对需要跟上嘴唇动作才能达到模仿效果的初学者来说,将是一大弊病。

Coverdale-Jones(2000)曾进行过两项初步研究,尝试以视频会议技术将学德语的英国学生和学英语的德国学生联系起来。实验将视频会议技术所创造的真实准确性与真人进行即时交际时具有的进行对比,以此了解视频会议技术在语言学习中所具有的优势与不足。结果发现因语音信号和视频信号的失真而导致的技术障碍使学生无法看清嘴唇运动和面部表情,因此无法有效模仿发音。她同时也指出了视频会议技术所存在的时间滞后问题,这对实践中需要非常谨慎的话语权轮换会产生不利影响,而且经常出现的话语中断现象在面对面交际环境中也很少出现,这必然会导致畸形交际的出现。在研究中她还发现,就人际交往而言,使用视频会议技术进行的交际会导致学生自我感觉的缺失,学生似乎总是使自己"远离"他人。就学习者个人而言,她发现如果视频中含有学生本人的图像,他们就会对自己所制造的视觉效果有更深的意识。最后得出的结论是,老师有必要减少对媒体的依赖,同时必须设计相关的协作活动供学生参与,让学生通过参与活动实现某一共同目标,并从中获得最佳的交际效果。

智能式计算机辅助语言教学的基本原理是借助计算机的智能力量来实现学习者与被学习材料的互动最大化。因此人们设计智能化程序的主要目的在于为学生提供有意义的反馈和指导。要实现这些目的,必须借助多种媒体技术向学生呈现各种可理解的信息,以满足学生不同的学习风格,并鼓励学生进行超越计算机显示屏的交际。除了诸如计算机协助通信和被当成"互动图书馆"的互联网等程序资源外,其他包含智能"代理人"的程序也是典型的智能化程序资源。

在1999年为英国文化协会做的一项研究中,Atwell对言语与语言技术(Speech And Language Technology, SALT)进行了调查。调查结果被认为是对Warschauer & Healey(1998)所提的"智能化计算机辅助语言教学"概念进行了有意义的延伸。Atwell的这项"语言机器"(language machine)调查探讨了未来二十年英语语言教学(ELT)的要求和对未来授课模式有影响的技术发展。在他所展望的未来"语言机器"里,包含了以下八项基于计算机的工具(即"智能代理人"),这些工具被视为对未来计算机辅助语言教学能够产生重大影响的智能技术:

- 词类标记和分词类析技术;
- 基于信息检索服务的语义分析技术;
- 嵌入知识管理系统中的信息提炼技术;
- 机器翻译技术;
- 语音识别技术;

- 将文本转化为言语的技术；
- 说话人身份识别与认证技术；
- 嵌入办公文档管理系统中的创作技术；

Atwell 之所以展望未来可能出现或被应用的智能技术，主要是为了探讨它们对未来英语语言教学所具有的潜在作用，并且为 ELT 教师如何在未来的教学实践中使用这些技术提供建议，而不是明明白白地告诉大家这些就是现成的具有教学用途的技术。对当前以及未来可预见的未来计算机辅助语言教学计划而言，Atwell 所提到的这些智能技术可以根据功能用途归类为：

（1）句子和文章层面上的分析、理解技术。要想让一台机器能够"理解"语言，这台机器必须具有正确分析的能力。未来的技术要具有在单词、句子、篇章等层面上分析文本的能力。老师在熟悉这类技术的工作原理及其可能造就的成果后，可以先试着将这类技术用于分析自己输入的文本，以检测其分析不同层面的文本所具有的准确性，这对判断何时可将这类技术用于辅助教学也可提供有价值的参考。

（2）言语识别与将文本格式转化为言语对话格式的技术。在一门外语的学习和教学过程中，学生所能获得的书面学习材料一般都会远远多于口语材料，而且比后者也更容易获得，因此供学生实践并发展阅读技能的材料总是很丰富。而口语对学习者来说却是一项很难进行训练的技能。对 CALI 来说，专门为训练口语而开发的计算机语言工具是一种很有潜在使用价值的工具。

（3）人机互动技术。Atwell 曾谈到，经常有语言教师拿有关"语言操练机器"的问题向他咨询，即学生如何用日常英语口语同计算机进行谈话。尽管模拟现实的虚拟技术已取得很大的发展，但是这种人与机器对话的情形还不可能在短时期内就实现，当前的程序只能实现基于文本的人机对话模式。

小结

表 3 是 Warschauer & Healey（1998）二人对计算机辅助语言教学发展历程的历史划分，同时他们还强调，每一个阶段并非在一个特定的历史时期独立存在，即一个新的发展阶段出现时，前一个发展阶段依然与之共存并继续发挥作用。因此他们认为，今天的计算机辅助语言教学处在三个发展阶段融合在一起的状态下，主导着三个阶段的理论思想在当前语言课堂上的计算机应用中都有影子。就拿今天常见的计算机辅助语音教学软件包来打个比方，这样的软件依然带有典型的六七十年代的结构主义特征，依然强调反复模仿与操练。当前开发出来的大部分计算机辅助语音教学软件包依然以牺牲学生口头表达的流利性和会话结构的篇章性为代价，来保证学生语音的准确性，具有明显的结构主义风格。因此 Seferoglu（2003）曾经说到，许多计算机辅助语音教学软件包所具有的主要缺陷之一，就是这些软件包总是局限于展示或操练语言的音段（segmental aspects），而不是语言的超音段（suprasegmental aspects）或具有相互联系的话语。此外，许多商家开发的软件包受到广泛批评，这其中既有设计上不符合语音教学

指导原则的原因（Pennington，1999；Warschauer & Healey，1998），也有可能是因为设计过程中不能够采取教师、语言学家、语音专家等多方面参与的多学科方法（Cole et al ，1998；Price，1998）。从以上这些关于语音训练的设计中可以看出，即便是进入了新世纪，具有六七十年代特色的设计依然存在，体现了当前不同阶段计算机辅助语言教学和不同教学思想同时并存的局面。

表3　计算机辅助语言教学发展历程

发展阶段	1970s-1980s： 结构主义式计算机辅助语言教学	1980s-1990s： 交际主义式计算机辅助语言教学	21世纪： 整合式计算机辅助语言教学
技术	大型电脑	个人电脑	多媒体与互联网
英语教学模式	语法翻译法和视听法	交际语言教学法	基于内容的教学模式，专门用途英语教学或学术英语教学
语言观	结构主义（将语言视为一种形式的结构体系）	认知主义（将语言视为由思维构建的体系）	社会认知主义（关注交际互动在语言技能习得中的作用）
计算机的主要用途	提供操练与实践	提供交际练习	提供真实性的会话
主要教学目标	培养语言的准确性	培养语言的准确性和流利性	培养语言的准确性、流利性和学习者的能动性

计算机技术自上世纪六十年代起就已经被应用于语言学习和教学目的，过去十年里计算机在语言学习和教学领域的重要性也被越来越多的人认可。三、四十年前，仅有少数语言专家尝试把计算机引入语言课堂；而今天，随着多媒体技术和互联网的发展，计算机在语言教学领域的作用已经被世界范围内的许多语言教师所认同。今天当我们回头去看看计算机辅助语言教学的发展历程时，我们会发现，自六十年代以来，计算机辅助语言教学的方方面面都已发生了变化。如同表3所示，对语言的看法以及因此而产生的语言教学模式，CALI所采用的技术类型，CALI所能够提供的语言教学活动，CALI的学习和教学目标等等，都发生了变化。

第三章　CALI 应用的技术

第一节　技术在 CALI 中的主要用途

技术是计算机辅助教学诞生与发展的基石。技术在语言教学中的应用改变了语言教学的手段、内容、模式,为语言教学创造了前所未有的教育环境,为学生提供了丰富的学习资源和极具互动性的语言环境,也有助于教师更新教育观念,提高自身的综合素质,使外语教师由"专业型"向"一专多能型"转变。归纳起来,技术在计算机辅助语言教学中主要充当三种角色:第一种角色就是管理与信息传播;其二是促进交际;其三则是充当知识构建的工具。

技术在计算机辅助语言教学中的首要作用,同时也是最常见的作用就是充当管理与信息传播工具。在语言教学与语言学习实践中,它的这一角色主要分配在:

- 展示课堂教学内容的单元结构或电子教案的内容(如课堂上通过 PowerPoint 课件展示授课内容,或课堂上老师借用麦克风讲授等);
- 对学生及其表现进行管理,并建立起相关档案;
- 对学生小组及其活动进行管理,并建立起相关档案;
- 协助语言教师的教学设计;
- 对学生的学习表现和老师的授课等进行评价;
- 实施每周一次的小班辅导任务(tuteshop),这是一种辅导与研讨(workshop)的结合体;
- 创设语言教学情境,提高学生的感知效果(例如实现抽象概念的具体化、静态情境的动态化,并增加教学的趣味性等);
- 制作个人网页或网站,发布信息、博文等。

在语言教学领域里,技术还是促进交际与通信的主要工具。技术具有的灵活性和开放性为创设真实的团队任务和团队评价提供了可能性;同时也创造了更多机会,使协作、组织、创造、监控、评价、知识公布、交际等团队活动成为可能。老师应该将技术理论和学习理论融入到设计过程中,因为两者对语言教学具有同等重要的指导作用。技术理论使学习者能够获得所需的音频、视频等格式的内容演示和讲授,并实现在线交际等;学习理论则为电子学习环境的设计提供了理论框架,使未来的语言教师能够更好地充当自己的角色(Sherry & Gibson, 2002),一种语言教师在未来新信息通信环境下面对新一代语言学习者应具备的角色。在未来新环境下,语言教师也可利用技术这种辅助通信的用途,成为基于技术的学习和资源的积极建设者兼消费者。由于技术的促进,各种机构给技能、知识的提升所造成的传统障碍将被大大削弱,老师可以获取、分享更多的知识、信息,学生也有机会从各种不同来源、不同专家那里,或者是通过在线聊天等形式习得知识(Rudestam & Schoenholtz-Read,2002)。技术所具有的支持、促进通信的用途可通过以下形式来体现:

- 将新信息告知同伴,即借用通信技术,将个人信息对外宣传或传播;
- 向同伴、师长提问,或提要求;
- 实施即时在线聊天,如使用聊天室等;
- 实施非即时的交流,如在线论坛等;
- 使用音频或视频会议技术进行交流;
- 参与维文(Wikis)的创建等。

技术在计算机辅助语言教学中充当的第三种主要角色就是充当知识构建的工具。Jonassen & Carr(2000)认为,如果只用一种单一的形式来展示学习者懂得的东西,则只能展示出他们认知技能中很少的一部分,同时也限制了他们对所学内容的理解。学习者不但希望获取各种技术来展示他们已学或正在学的知识,而且也希望老师要求他们使用各种技术来呈现他们的知识。当学生将技术作为知识构建的工具时(即将技术作为一种思维工具),学生不再是知识的被动接受者,而是充当起了自己个人知识的解释者、组织者和设计者(Jonassen & Carr,2000)。作为知识构建工具,技术提供了"有结构的、有逻辑的、有因果关系的、系统的或具有视觉空间的结构,使各种不同类型的思考和知识呈现都具有脚手架效应"(onassen & Carr,2000,P.167),并且能够使学习者以之前未曾用过的方式进行思考。互联网就是一种基本的空间,学习小组的所有学习活动都可以在其中实施。工具协助知识构建的功能可体现在以下方面:

- 设计测试;
- 设计幻灯片;
- 创设思维图、语意图、概念图;
- 创作网页;
- 在线检索;
- 文本处理;
- 多媒体整合等。

第二节　CALI 技术在课程教学中的应用模式

不同计算机技术在教学过程中的应用程度各不相同,而这种应用程度上的区别一般是由这些技术所具有的属性决定的。表4总结了不同技术的所属范畴、属性、含义及具体应用环境。计算机技术的属性可以从即时性、学习者所在位置、独立性和模式几个维度来分类。一门计算机辅助语言教学课程的构成要素一般都具有表中每一个维度上的两种属性中的一性。

计算机辅助语言教学课程可分为即时(实时)课程与非即时(时间上有很大弹性)课程两种。即时性课程一般都应用视频/音频会议(video/audio conferencing)、电子白板(electronic white board)等技术(Romiszowski, 2004),并且要求所有注册学生在同一时间上课。非即时课程一般都包含已编程好的教学和辅导内容,让学生根据自己的学习进度和时间安排来进行学习。大部分的在线课程都采用非即时的模式(Greenagel, 2002)。在这种模式下,学生要么以远程学习的形式在不同地点参加学习,要么利用群体支持系统(group support system)在同一地点(比如教室)一起完成老师所布置的任务(Gunasekaran et al., 2002),但无论采用何种模式,时间上都必须是灵活的、非实时的。

除了即时和非即时的区别外,不同技术在计算机辅助语言教学上的应用还具有支持学生之间相互协作程度上的区别。有些技术只能支持教师在传统课堂上的授课,如投影仪、PowerPoint 课件等;有些技术则有利于学生完全独立的自主学习,如大学英语课本配套的 CD-ROM;而有些技术则明显是为了配对学习或群体学习而设计的,例如班级论坛和聊天室等。

此外,不同技术对课程教学的支持还有授课模式上的区别。授课的模式既可以是完全在线的模式(老师可有可无),也可以是一种混合式的模式(即一门课程既有在线教授的时候,也有在传统课堂上进行的时候)。当前的大部分课程都采用了混合式的教学模式,因为这样可以充分应用各种不同授课模式的优点(Jack & Curt, 2001)。

表 4 技术的向度、属性、概念与教学案例

维度	属性	解释	教学案例
即时性	非即时的	学生学习授课内容的时间各不相同	以电子邮件形式向学生发送授课内容
	即时的	学生在同一时间学习授课内容	以网上直播(web cast)的形式向学生传授授课内容
学生学习地点	相同地点的	所有注册学生在同一物理地点学习授课内容	在面对面课堂上,老师用图形支持软件(Graphic Support Software, GSS)来解决问题
	不同地点的	学生在不同物理地点接受授课内容	在不同地点使用图形支持软件来解决问题
独立性	个人的	学生自主完成学习任务	学生自主完成电子内容的学习
	协作的	学生以协作的形式一起完成学习任务	学生参与在线班级论坛,分享彼此的观点
授课模式	纯粹在线的	所有的授课内容都是以计算机技术来传送,没有任何的面对面成分	以远程教育技术来授课
	混合的	以在线授课作为传统课堂授课的补充	在传统课堂上老师用计算机、投影仪来展示授课内容

必须说明的是,一门课程的某一成分只会具有以上某一维度上两种属性中的一性,而不可能两方面都同时具备。例如,如果某一门课程是要求学生在同一地点进行的,则不在同一地点

的学生将无法接触到授课内容。当然一门课程也可以包含许多成分,而每一个成分却可能会具有不同的属性。例如,某一门课程的部分成分可以采用即时的形式传送,而其他的成分则可以采用非即时的形式传送,或者是一门课程可能包含部分在线成分,也包含着部分课堂成分。

第三节　CALI 的技术分类

在应用"技术"一词于语言教学领域时,老师往往都会遇到很大困惑。到底什么是技术?技术包含哪些东西? 教学领域里的技术又有哪些? 在当今世界上,人们一般都认为教学中应用的技术就是普通的计算机(Brooks et al., 2001),并往往将技术化分为两个领域,即小型电脑(与大型电脑相比而言)为主的专业工具(professional tools)、基于计算机而建的通信系统(communication systems)以及各种多媒体工具。

1. 专业工具

许多研究表明,图形计算器(graphing calculator)等小型计算机和功能强大的软件(如高阶数学及符号运算软件 Mathematica、分子结构分析软件等)都可应用于教学,都是具有教学功能的专业工具。大学生使用图形计算器时,对"功能"一词的理解远远胜过使用传统教学手段施教的控制班(Pressley & McCormick,1995)。如果教学软件只是简单地在传统讲授型课堂上用来展示一下教学内容,学生不会有太大的学习收获,甚至是根本就没有收获(Klein,1993)。例如 Cassanova(1996)的研究结果表明,在化学课堂上,如果老师只把分子结构分析软件用作协助其展示教学内容的工具,而不是供学生进行实践或为学生提供反馈,学生可能很快就会否决这种软件的作用,甚至带有抵触心理。但是如果相关专业工具是供学生实践,而且老师也对教学程序进行了修改,将一些能够展示软件优势的活动也融入教学中,那么学生的学习收获往往会很大(Cooley,1995)。此外,如果使用更新的专业工具辅助教学时,只要老师能够采用有助于学生积极学习的教学策略,学生的学习总是能够获得理想的收获。

然而,使用专业工具辅助教学意味着老师必须要做出一定的调整,同时老师还得努力实现学科要求和技术界面细节之间的平衡(Runge et al.,1999)。

2. 通信工具

互联网本身就是一种典型的通信系统,所有专业的教学都以几乎相同的方式使用这种工具。最有意义的学习经验莫过于那些能够使学生以有意义的方式来进行学习的经验(Brooks, et al., 2001)。这样的学习经验不但能够促进学生的积极学习,而且还为学生提供一种能够培养学习动机的现实环境。真实世界的活动毕竟是有限的,相对于日常的学校教学而言,这种活动就更稀少了,老师不得不拼命地在课堂上或实验室里创造各种有效的积极学习环境。但创造这类环境过程中,老师会遇到很大的挑战,即如何将积极学习的原理融入到基于互联网的学习中去。由于具有教学功能的系统(如 Blackboard、WebCT)一般都是具备支持全球通信的工具,因此能够促进学生积极互动、学习的新机会也随之出现。研究发现,如果借助互联网来设计非常具有挑战性的学习活动,则学生的学习收获将可大大提高(Sauder et al.,2000);在大班上使用以问题为导向的在线学习活动也可有效促进学习成效(Poe,1999)。

3. 多媒体工具

多媒体技术是多种媒体技术的总称。多媒体技术与媒体技术是一对相对应的术语,媒体技术仅仅是指诸如印刷材料或手工制作材料的应用,而多媒体技术则是结合文本(Text)、图形(Graphics)、静态图像(Still images)、动画(Animation)、声音(Sound)、视频(video)和互动等内容形式,并通过计算机进行综合处理和控制,能支持完成一系列交互式操作的技术总称。借用信息内容加工设备(如计算机化设备和电子设备),多媒体材料可以被录制、播放、演示或下载,同时也可成为一场现场表演的组成部分。富媒体(或称多元媒体,rich media)可视为互动性多媒体的同义词,超媒体(hypermedia)则是多媒体的一种特殊应用形式。

从广义上讲,多媒体技术分为线性与非线性两个类别。线性多媒体技术常用于内容演示和播放(如电影播放),这种演示或播放一般都无需为观看者提供任何向导性控制(navigational control),只管一路从头到尾演示下去。而通过非线性多媒体技术展示的内容则必须具备"用户—内容"互动功能,以控制演示或播放的进程,如电子游戏或基于计算机的自主学习。超媒体内容也是一种典型的非线性内容。用多媒体技术演示内容时,可以采用现场实时模式,也可以是录制的非实时模式。录制的演示内容一般都可以通过向导性控制为用户提供"用户—内容"互动。而实时多媒体内容的演示经常可提供观看者与演示人或表演人之间的互动。

在三十多年前,能够用于语言教学的多媒体技术只有简单的幻灯片、超8电影(super-8 film,一种会动的图画)或电视等,或者将这几样技术结合着使用。在今天的多媒体技术中,最重要的莫过于计算机技术。计算机技术能够承载和传送文本、图形、图片、电影、动画、声音或音乐等等,并且能够提供人类几乎所有官能都用得上的互动(当然味觉和嗅觉除外)。网络技术则是一种在功能上远比文本加彩色图片那种演示技术更强大、更进步的技术,因此被视为一种综合性的多媒体承载与传送系统。

基于多媒体技术的教学已经赢得了绝大多数教师的信赖,在他们看来,这种教学具有明显的表面效度(face validity)。许多老师都认为,以多媒体技术辅助的教学设计可用于教授自己所授科目的方方面面,而且能够大大扩展学生的视野,使学生对教学内容有深刻的印象。多媒体技术的应用还可以实现对所有现象进行视觉和听觉上的有效描绘,这样子老师就不用再过多顾虑原有教学中常遇到的学生通过回忆脑海里的已有意象才能够理解老师的口头讲述这种困境。

但我们必须意识到,多媒体技术本身并不会自动生成我们想要的教学效果。实际上,就促进学生学习的程度而言,基于多媒体技术材料的教学还不如传统的文本材料(Brooks, 2001)。许多研究人员都尝试比较各种媒体对学生学习的促进效果来解释积极学习成分的差异,但不少研究结果(如 Clark & Salomon, 1986; Heinich et al., 1996)都显示各种媒体对学习效果的影响不具有显著差异。

虽然将教学内容转变成多媒体格式的做法很有意义，也很受老师欢迎，但这种做法本身并不意味着学生能够获得良好的学习收益。Salmon（1984）的研究报告中提到，不同学生应用媒体时，熟练程度各不相同，这就导致学生学习过程中付出的努力也各不相同。随着计算机功能不断增强，以及设计和传送多媒体内容的成本越来越低，越来越多的人都觉得在大班授课的情况下大量使用多媒体内容有利于教学质量的提高。比起传统的"粉笔教授"模式的教学，学生更喜欢有多媒体技术辅助的教学，这很有利于提高学生的学习兴趣。由于学生更喜欢这种教学模式，老师的教学热情也远比传统课堂上的要高。比较传统的"粉笔教授"授课模式与由多媒体技术辅助的授课模式可得知，Salmon 的研究结果在不同场合都适用，因此可以认为这种结果也具有明显的外部效度。

然而，迄今为止，由多媒体技术辅助的教学所带来的学习效果仍然很让人失望。当然这并不意味着我们应该质疑态度在学习中具有重要作用这样的观点，而是要特别强调，态度与学习的关系并没那么简单。有研究专门比较了各种不同媒体辅助下的学习成果，结果表明，学生往往选择使用那种只要求他们掌握很少学习内容的媒体（Clark，1982）。当然这种研究结果不是说只要老师让学生有点不开心，他们就会学得更好。恰恰相反，这样的研究结果说明了只要学生学得更开心，他们就能学得更好。打个比方，如果一位语言教师手中的教学内容是由书本和其他媒体携载的材料，他可以先向学生展示授课内容，也可先让学生参与活动以提高他们的学习兴趣。但是经验表明，如果这位老师先是激发学生的学习兴趣，然后才展示教学内容，这样往往能够收到更好的教学效果。但如果学生都是自我调节能力很强的好学生，都已经有很强的学习动机，则这位老师可以直接进入教学内容。

在多媒体技术日益普及的今天，人们也在尝试着将其用于促进学生的积极学习。这方面的多媒体技术应用可举 Stanley Smith 等人的研究成果来说明。从上世纪 60 年代开始，他们尝试大规模应用多媒体技术于开发、设计学习系统，并取得显著效果（Smith & Jones，1989）。他们设计的互动式程序成功地应用到 Apple II 硬件上，这是一种从影碟演变而来的程序，并且以交互式 CD-ROM 材料的形式呈现。这是一个典型的多媒体技术在学习系统中应用的例子，同时 Smith 把学习系统描述成需要学习者积极参与的系统。当然，要想判断多媒体技术对 Smith 的研究结果有多大的影响，得将多媒体技术与积极学习分割开来。但是这种分割是很难实现的，因为事实上没有一种现实的方法能够在不借助多媒体技术的情况下创造出 Smith 那样的学习系统。但如果将 Smith 的学习系统当作老师授课用的工具（非学生用的学习系统），采用老师大声讲授，学生在下面用心倾听的模式老进行授课，其结果又会如何？可以想象，学生会给这种授课模式好的评价，但学生可能不会有好的学习收效。毕竟 Smith 的学习系统是供交互式学习用的，并不适用于传统教授式课堂。

Pence（1993）的研究结果显示，学生对多媒体技术的应用持积极的态度，而且这类技术的应用有可能促进学生的学习效果。但在他的研究设计中，每次都是先有简短的演示，紧接着让班上学生以配对的形式开展合作学习活动。在这种环境下获得的任何显著学习成果，不仅仅是由多媒体技术的应用本身带来的,更主要是由于多媒体技术与积极学习策略两者的合理结合带来的。

设计学习研究并不是件容易的事,即便是在最好的情况下,具有协助教学功能的多媒体技术也必须要融入到一定的授课背景下,而且简单地以一种媒体取代另一种媒体是很难的做到的。通常情况下,一套系统在某一环境下非常有效并不见得在另一环境下也同样有效。例如由 S. N. Posthlewaite 设计的声音自学系统(audiotutorial system)在普渡大学用于教授具有介绍性质的植物学课程时,表现出了极其高的使用效率。但是当别的老师在别的学校用同一系统时,却往往达不到这么好的水平。

Keller Plan 课程是上世纪六、七十年代也很受欢迎的课程(Keller & Sherman, 1974)。这是一种提倡个性化教学的课程,所有的学习内容都以单元的形式展示,学生觉得自己已经学好了某一单元的内容时,就可以进行相关测试,然后再过渡到下一单元。这种教学模式可允许学生以快于传统教学模式的速度进行学习。尽管这种模式在当时获得了很大成功,今天却已很少有人再去教授这些课程了。在今天看来,学习 Keller Plan 课程意味着要花很多时间精力,因此没有几个老师或学生愿意去上这类课程。但是通过应用今天的最新技术,仍然可以使这些课程继续受到人们的欢迎,老师可以使用通过互联网传送的材料来来保持 Keller Plan 课程昔日所具有的魅力,这也是现代多媒体技术促进传统课程的典型。

小结

以上是 Brooks 等人对应用于 CALI 的技术所做的分类,这种分类法侧重于技术的功能。事实上,不同学者会从不同角度来对 CALI 技术进行分类,例如 Hiltz 等人(2004)就从媒体的模式将 CALI 技术分为七类,即动态视听媒体(audio-motion-visual media)、静态视听媒体(audio-still-visual media)、半动态可听媒体(audio-semi-motion media)、动态可视媒体(motion-visual media)、静态可视媒体(still-visual media)、可听媒体(audio media)和印刷媒体(print media)。

第四节　CALI 的常用技术

常用于计算机辅助语言教学的技术有以下这些软件、工具或系统:文本处理器(及其他微软办公软件)、电脑教育游戏、语料库、计算机协助通信、互联网、课程管理系统、计算机化教材、个人数字助理(或称掌上电脑)等等。

1. 文本处理器(word processors)

文字处理技术既可指用以制作文档的文字处理软件技术,也可以指因某种特殊场合需求而诞生的高级速记技术,后者往往需要配备特别设计的打字机。大部分计算机在出售时都安装有某种版本的文字处理软件包,这些软件的主要用途是编辑文本,其中的拼写和文法检查工具是文字处理所必须配备的标准工具。在这类文字处理软件包普及之前,语言学习者只有一种方式可以检查其写作中出现的拼写错误，那就是使用词典。如今随着越来越多的学习者在写作过程中应用计算机，他们经常会选择计算机上配备的拼写检查工具来对其文章中可能出现的错误进行检查，而不会选择词典。

文本处理通常是指一些能够自动生成以下内容的功能：

- 使用信件模版和地址数据库来成批处理邮件（即信件列印功能）；
- 生成关键词及其所在页页码的索引；
- 生成带有章节标题及其所在页页码的内容目录；
- 生成带有标题和页码的图表；
- 生成带有章节或页码的交叉索引；
- 生成脚注编号；
- 根据模型数量、产品名称等变量生成一份文件的新版本等。

其他的文字处理功能还包含学生或语言学习者最常用的拼写检查功能（根据文字处理软件里已储存的词汇表判断该词的拼写）和文法检查功能（该项功能只能针对比较简单的语法错误进行检查），以及为使用者提供同义词和近义词查找的"词库"功能。由于大部分语言的文法都比较复杂，因此文字处理软件里的文法检查工具所给出的语法检查结果一般都不可信，而且检查过程一般都要借助随机存取记忆体（random access memory，RAM）。各种文字处理软件一般都还会具有协作编辑、评论与注解以及支持图像、表格和交叉索引等功能。

文字处理器（word processor），或称为文件编写器，是计算机配备的基本软件之一，可用于制作任何类型的可打印材料，制作过程一般会应用到创作、编辑、格式设置以及打印等程序。那些七八十年代很普及，如今已显过时的单机型办公设备（stand-alone office machine）也可视为一种文字处理器，因为这类处理器也同样具有今天电子打印机（出于编辑文本的需要，这类打印机一般都与专用计算机连在一起）的键盘文本输入和打印功能。文字处理器诞生后很长一段时间里，基本上都是以单色显示器显示内容，并且都以储存卡和磁盘储存文件。随着新技术不断被应用以及不同商家开发的机型各不相同等原因，不同文字处理器的特征差异也就随之增大。随后出现的款式都引入拼写检查程序，增加了可编辑的格式功能，并应用了点阵式打印技术（dot-matrix printing）。但是随着个人电脑的普及，将计算机与独立的打印机相结合的模式也被越来越多人所接受，七八十年代的那类文字处理器也就随之消失了。

文本处理器的最初形式是文本格式化工具（text formatting tool），也称为文本调整工具（text justification tool）。文本处理技术最初也是办公电脑的基本用途之一。早期的文字处理器使用标签式标记（tag-based markup）来处理文件的格式，而现代的处理器大都是通过图形使用者界面（graphical user interface）提供"所见即所得"式的文本编辑功能。今天大部分文字处理器都是功能很强大的系统，其包含的程序已经具备处理图像、图形和文本等各种媒介的能力，甚至具备了排版（type-setting）功能。

微软公司的 Microsoft Word 是当今世界上应用最普及的文本处理工具。据该公司估计，今天全世界共有至少五亿人使用含有 Microsoft Word 的微软办公软件包。除 Microsoft Word 之外，WordPerfect 也是商业领域里比较成功的文本处理器，该处理器占据着上世纪 80 年代中期到 90 年代早期的市场主导地位。此外 Abiword、KWord、LyX、OpenOffice. org Writer 也是近些年越来越受欢迎的软件，而 Google Docs 则是一种在线文本处理器，属于一种新颖的文本处理器。

文本处理器的拼写检查功能确实有助于提高学习者写作的流利度，因为他们不必过度担心写作过程中所犯的拼写错误。有时候由于对所写单词是否拼写正确没有把握，或者是因为某些单词的拼写受到了老师的评论和修改，学习者就会查用传统词典或者在线词典来对这些单词进行纠正，这一过程有助于学生习得新的词汇。而且通过使用字典每一页开首提供的引导词，学生可以提高应用字母的技能以及扫描多个单词条目的技能，有时候还会通过所给例句习得所学单词的近义词以及与该单词有关联的词汇。这虽然是一个缓慢的学习过程，却也是一个影响深远的过程。

文本处理程序也提供语法上的支持，只是这种支持的价值有时也会受到人们的质疑。以 Microsoft Word 为例，该工具具有检验文本中被动语态是否使用正确的功能，虽然有些时候会有正确的被动语态使用被检验为使用错误的情况，但类似被动语法检查的功能对学习者来说也提供了不少的帮助，毕竟学习者本身无法意识到自己犯的所有语法错误。

然而，大部分的文本加工程序并非专门为学校教学而设计，因此设计过程中并不考虑教学法因素，而是主要考虑该程序的商业应用环境。在这样的商业环境中，学习并不是设计人员所优先考虑的，甚至完全无须考虑。在商业领域，人们关注的无非就是如何完成任务，这一点可从某些程序的设计上明显看得出来。这些程序里虽然设置了拼写校正功能，却没有对拼写矫正做出相应的解释。学习者在使用这类文本加工程序时，往往是一有拼写错误就选择该程序提供的第一种校正建议，却很少考虑这一建议是否合适。同时这类文本加工程序并没有针对学习者所犯拼写错误进行记录，因此也不能为那些习惯于反思自己所犯错误的学习者提供有用的反馈意见。更糟糕的是，这类拼写检查程序的词典功能允许学习者将本身就存在拼写错误的新词加入到词典中去。

2. 电脑教育游戏（Educational computer Games）

教育游戏是出于某种教学需求而设计的活动，其目的可以是为了让学习者更好地掌握某一教学主题，概念延伸，促进发展，了解历史事件或文化，也可以是为了协助学习者掌握某项技能。教育游戏一般包括黑板游戏（board game）、卡片游戏（card game）及视频游戏（video game）。其中视频游戏经常被人们视为一种"寓教于乐"的教育娱乐游戏（edutainment），因为这种游戏很好地融合了教育和娱乐两种功能。与教育娱乐游戏紧密关联的则是严肃游戏（serious game）。

电脑教育游戏经常被定义成为某一特定学习者群体设计的游戏，它既能够为使用者创造一种真实的游戏环境，又可实现施教者想要的教育效果。由于相关研究结果表明计算机游戏有显著的教育意义，因此研究人员认为可以把电脑游戏作为学校教学课程的有效组成部分。

例如英国研究人员发现，像 Sim City 和 RollerCoaster Tycoon 这类要求玩家进行模仿和探险的游戏具有很大的教育价值。玩这类游戏的过程中，玩家要么创造社会，要么建造主题公园，这些都是对孩子的策略性思考能力和策划技能有促进作用的操作。此外，具有教育性质的游戏为老师提供了良好的机会，使其有机会将兼有教育和游戏成分的内容融入到学习环境中去。有了计算机辅助的学习程序，老师就可以有效促进学生的交际技能，例如评判性学习、基于知识构建的交际和有效的人际交往技能等，这些都是传统教学模式所难以实现的。

随着计算机游戏进入教育体系，人们渐渐关注游戏内容的分类与管制。之所以对游戏内容进行管制并使其规范化，是因为这类游戏是作为有效学习工具而设计的，不再是仅供娱乐的工具。因此开发商在开发这类具有教育和学习性质的游戏时，必须对使用这类游戏的年轻人有充分而全面的了解，尤其是他们的特殊交际需求和学习需求。与此同时，开发商还必须平衡好娱乐和教学大纲要求两者之间的关系。

大部分的教育游戏(或用于某种教学目的的游戏)都采用"颠覆性教学"(subversive teaching)的模式，即这种基于游戏的教学模式与具有很强严肃性的传统课堂教学模式截然不同。因此学习者往往对教学目标都没有很强的意识，甚至参与游戏的目标与老师为游戏设定的目标完全相反，前者将游戏视为一种娱乐，而后者则将其视为一种教学工具。这也难怪，对学生而言，他们很难明白这样一种本来就为了娱乐而诞生的活动背后的学习因素和学习目的。因此将游戏应用于教学的过程中，研究人员一直都很关注"迁移"(transfer)的问题，即借助游戏，学生的技能能够获得多大程度的提升。不少人都认为寓于游戏中的学习收效甚微，但其实它的收效可能远大于某些为了一定教学目标而专门设计的教学项目。因此最好的教学游戏就是那些隐含了教学目标，让学生看起来只是一种游戏，却又不妨碍老师实现既定教学目标的游戏。此外，视频游戏还有助于学习者与学习对象和多种变量互动，因此能够促进学生各种技能的发展。在课程教学过程中，老师可借助视频游戏来教授各种技能或解决教学中的问题，即便是某些设计相对简单的视频游戏，也可用于帮助学生回忆某些事实内容。

应用电脑教育游戏时还可能遇到另外一种情况，某些在老师看来并不具有任何游戏性质的学习材料却被学生当成是游戏。因此，基于计算机的某种教学活动或程序是否具有游戏性质，在于学习者(或使用者)的观念、开发商的描述以及老师的观念和教学模式。

当前计算机最为普及的用途之一就是充当街头电脑游戏(arcade-style computer games)的平台。虽然计算机的这种娱乐用途有助于年轻人计算机知识技能的提高，使他们对计算机有多的了解和接纳，但依然存在一个人们无法回避的问题：这些年轻人能在多大程度上将他们的计算机技能和他们对电脑游戏的那份激情转移到其他技能的学习上？较普遍的一种假设是，当这些年轻人对计算机的可能用途很了解之后(尤其是计算机的娱乐用途)，他们就难以忍受具有学习性质的计算机游戏，因为这类游戏与那种具有很强刺激性的街头游戏毕竟有着相当大的区别。

当然，基于计算机的学习材料中带有一定的刺激成份是有必要的，尤其是对缺乏学习动机的年轻学习者而言,毕竟年轻人很难有足够的远见去考虑学习或不学习可能造成的后果。对年轻学习者也许可以借助考试的威胁"诱使"他们学习,但他们不可能轻易的就能够对期末学习成绩的重要性做出正确评价,也不可能正确评价遥远的毕业和未来就业所具有的重要性。在这样的情况下,可通过计算机将学习组织成像游戏一样的模式,就能够促进学生在课堂环境下的学习动机。

3. 语料库语言学(Corpus linguistics)

语料库语言学是对来自语料库样本(即语料)或来自真实情景的文本进行语言分析研究的一门学科。由 Henry Kucera & Nelson Francis 两人在 1967 年合著的 Computational Analysis of Present-Day American English 一书标志着现代语料库语言学的诞生,该书以分析布朗语料库(Brown Corpus)为基础,而布朗语料库则是对各种不同来源(报刊杂志、网站、日常对话、影视等)的当代美式英语进行提取的基础上形成,共有近百万字。这门学科以一种近似于"消化"的方式提取出隐含在语言中的抽象规律,这样的规律能够说明一门自然语言如何运做,又如何与其他语言相关联。语料库语言学中的语料库指的是大量的文本,这些文本由各种不同的书面或口头语言样本构成,或两者结合而成。语料库语言学不但是应用语言学的重要组成要素,同时也是一种有效的、基于计算机的学习和教学工具。就规模而言,语料库既有由针对某个话题的简单而短小的文本构成的语料库,也有诸如英国国家语料库(the British National Corpus)这类泱泱百万字的语料库。最初的语料由手工制作生成,现在有了计算机的辅助已经实现了自动生成。就形式而言,语料也可以是由单个单词或结构组成的非格式化的文本。一般情况下,使用计算机进行简单搜索就能显示出不同单词和结构的频率。

语料库语言学所采取的分析手法与 Noam Chomsky 的截然不同,前者强调用于分析的语料必须来自真实的世界,而后者分析的语言则是来自于严格控制的实验室,因此后者更关注较小言语样本的分析。语料库语言学废除了 Chomsky 的那种对语言能力和语言运用进行区分的做法,其支持者认为可靠的语言分析必须以现场取样的样本为语料,强调自然环境的重要性,并尽可能不受实验的干扰。

语料库的获取和有效应用必须以了解和掌握语料库索引程序(关键词上下文排序的程式)为基础,这种程序可用于分析语言的结构、模式。语料库索引器(concordancer)是一种计算机辅助工具,专门用于分析单个单词(即节点)或单词组合,并将这些词或单词组合在他们现有上下文中列出。一般情况下,索引器可分析彼此相连的七八个单词,在某些情况下也可分析整个句子中的每个单词。关键词居中索引(key word in context,KWIK)是进行该类分析最常用的术语。

在教学中应用语料库就是将语料库索引程序用于找出语言使用的模式与区别。老师可以收集一系列的学生作业,然后用语料库索引程序分析这些语言样本,以寻找学生所犯错误的典型模式。学生写作过程中犯的系统错误可作为开发学习材料的基础。此外,老师可以将学生的语言使用样本与基于母语使用者的文本建立起来的语料库进行对比,在数据库中找出学生语言使用过程中可参照的样本模式,并将其作为学习模仿的模型呈现给学生,或将这些模式融入学生的练习中,使之成为学生操练的对象。

对语言学习者而言,可对其进行使用语料库基础知识和语料库索引程序使用方面的培训,使他们能够用这些工具对自己的语言使用样本进行分析,并形成一套属于自己的语言使用规律,以引导自己正确使用语法、谚语,并培养诸如区别"look"与"see"的用法这样的一般语言使用能力。这种教学模式一般被称为数据驱动学习(Data Driven Learning,DDL)。

4. 计算机辅助通信(Computer-mediated communication)

计算机辅助通信是指任何借助两台或两台以上联网计算机进行的通信交流。尽管这一术语习惯上用于指基于计算机的通信模式,比如即时信息、电子邮件、聊天室等,但该术语也适用于其他基于文本的互动形式,比如手机短信、公告栏、讨论板等。计算机辅助通信有即时(synchronous)和非即时(asynchronous)两种模式。在即时通信过程中,所有通信参与人都是同一时间在线,而非即时通信则没有时间上的限制。因此计算机辅助通信一般包含电子邮件、电子公告栏、在线聊天及多用户目标指向域(Multi-user domain, Object Oriented)、视频/音频会议技术(video/audio conferencing)、文本会议技术(text-based conferencing)、即时信息、列表服务器(listserv)、多人在线网络游戏(MMOG)等。随着新技术的发展和应用,以上这些通信模式正在发生快速变化。网络博客(Weblogs)也在逐渐普及,网络博览(RSS)数据的交流也使许多用户有机会成为自己作品的"出版商"。

研究人员经常对计算机辅助通信的效果进行研究,并将其与其他媒介支持通信进行对比。对比的方面往往是各种通信形式都普遍具有的特征,比如即时性(synchronicity)、持续性(persistence)、匿名性(anonymity)和可录音性(recordability)等。不同的通信形式在这些性质上具有很大的差别,例如即时信息(instant messaging,如 QQ 文本聊天和手机短信等)是一种典型的即时通信形式,但这种通信形式并不具有持续性,因为只要通信一方关闭对话框就会失去所有的交际内容,除非通信人建立起个人的信息日志(message log),或动手将对话复制粘贴下来。电子邮件和留言板都是典型的非即时通信形式,因为接收邮件和信息的一方都不是立刻就给发信方回复的。但这两种形式的通信都具有较强的持续性,因为发送和接收的邮件和留言都被保存起来了。此外,短暂性(transience)、多模态性(multimodal)以及相对缺乏操作上的管理代码(governing codes)也是将计算机辅助通信与其他媒体区分开来的重要特征。同时,计算机辅助通信能够克服其他通信模式所固有的物理限制和交际限制,即前者可允许互动双方不在同一物理空间出现。

对计算机辅助通信的研究主要集中在计算机技术所能够提供的交际效果上,而当前最新的研究重点则集中在基于网络并由某种软件支持的社交网络(social networking)。

计算机辅助通信通常用来指基于计算机的讨论,这种讨论过程中并不一定有学习发生。当然,从计算机辅助通信本身具有的属性来说,它也是一种天生的良好学习工具,尤其是学习者与来自目标语国家的本族语者进行意义协商时,甚至是与同样把目标语当外语来学习的同龄人之间进行意义协商时,这些做法都很符合社会建构主义理论的相关原理。基于计算机辅助通信的教学策略之一是,由来自不同国度的老师为自己的学生设计任务,使这些来自不同国家的学生借助通信工具,一起用同一种目标语进行互动,交流、收集有关彼此感兴趣或研究的信息。

由于计算机辅助通信能够为学习者提供语言操练的机会,因此被广泛应用于语言学习领域(Abrams, 2006)。例如 Warschauer(1998)曾经在不同语言课堂上进行过一系列使用电子邮件和讨论板的实验,并声称信息通信技术"为会话与写作之间的分离状态架起了具有历史意义的桥梁"。因此,他认为随着互联网的大范围快速普及,越来越多的人将热衷于二语阅读与写作领域的研究。

以下是几种常见的计算机辅助通信形式,也是经常被教师和研究人员用于语言教学和研究的通信形式。

4.1　电子邮件

收发电子邮件是发生在互联网世界最为普及的活动之一,同时也是一种对语言学习有促进作用而且很方便的学习方式。其最大的优势就是收发邮件双方的电子邮件都可以被记录保存下来。通过电子邮件,语言学习者能够与自己的同伴、老师或来自目标语国家的人进行联系。把电子邮件用作学习工具时,可以将其设置成任务的形式,要求学习者发邮件索要或分享与任务有关的特定信息(尤其是对采用拼图模式的任务),也可以要求他们提交个人想法,或向老师提问。当然,同来自目标语国家的人进行邮件通信往往是一件难度很大的任务,除了邮件中所包含的重大拼写和语法错误之外,语意学和语用学方面的错误都有可能使交际陷入困境。有些以电子邮件为媒介的教学项目为学生配备了能够鉴别基本拼写错误的工具,但对那些非常关注学生写作质量的老师而言,他们更愿意鼓励学生先在文本处理软件中将信息编辑好,然后再将信息复制拷贝到发邮件的工具中去发送。

4.2　在线聊天(Chatlines)

在线聊天指的是实时网上交谈(Internet Relay Chat, IRC),一般是聊天双方(或多方)在自己的显示屏上输入信息,然后按发送键将信息发送到公共显示界面或主显示屏,让对方可看到这边所发信息。所发信息一般都以链状的形式挨个出现,并且双方都是同时参与交际,具有实时性。在某些较老的系统里,交际双方还要按下重新载入键或刷新键,才能够更新信息,使交际能够继续下去。这种计算机辅助通信形式与电子邮件一样,都是借助文本进行交流,因此同样有助于学习者实践语言应用,对他们的写作技能、基于文本的交谈(text-based conversation)能力以及协作互动技能都有很好的促进作用。

4.3　电子公告栏(Bulletin board)

电子公告栏(也称为 pinboard、pin board 或 notice board)是一个供用户向公众留言的在线空间,所留言的信息可以是要买卖的某件商品的广告,也可以是向他人宣布某一事件或提供有关信息。公告栏原先是由软木制作而成的一块木板,进入电子世界后,公告栏逐渐成为一种工具,人们可以添加或删除供他人(老师或学生)阅读的信息。诸如 Blackboard、WebCT 等学习平台一般都设置有公告栏工具。比如在 WebCT 平台上,用户既能够上传或删除信息(或帖子),也可对他人上传的内容进行评论,其结果是一条原始信息下面往往会出现一连串的评论,这就是公告栏的基本工作原理。相对于电子邮件而言,电子公告栏的最大优势是栏内的信息可被更多的人共享,同时由于不受时间的限制,反馈者可以对原始信息做更深入的反馈或评论。此外,在原始信息的带动下,随着更多人阅读该信息或阅读他人对该信息的回应,公告栏就能够构建一个虚拟的在线社区。当然,随着两个或两个以上的人对同一原始信息进行积极回应,公告栏也就更像是在线聊天。

4.4 目标取向式多用户对话(MOO)

Moo(Multi-user object oriented),MUA(Mail User agent,邮件客户端)、MUD(多用户网络游戏)、MUSH(Multi-User Simulated Hallucination,角色扮演游戏)、MUG(Macintosh User Group,麦金塔用户群)其实指的基本上是同一样东西,都是指一种由可移动的目标来代表某种事物或人物的在线环境。其中的目标取向式多用户对话(MOO)是一种基于文本的在线虚拟实境系统,具有同时将多名用户(或玩家)联系起来的功能。目标取向式多用户对话有两种截然不同却又相互联系的模式。一种是直接源自原始 MOO 服务器的程序,另外一种是指任何使用目标指向技术来组织目标数据的多用户网络游戏。多用户目标指向对话中的目标可以是具有真实感的三维操作模型,也可以是两维平面图形。多用户目标指向对话所创造的环境是一种实时的在线多用户空间,即几个参与者同时将自己的个人基本信息或特征显示在计算机显示屏的同一情景内,使参与者之间所实施的在线行为处在一种实时的状态。这些情景就是所谓的空间,能够提高用户在视觉上的兴趣。例如,可以把"空间"设置成一片海边风景,里面有灯塔,有令人向往的海边生活情景;这是一幅所有用户都难以拒绝的风景图,给他们带来很不错的视觉感受,大大提高了他们参与在线活动的兴趣。多用户网络游戏(MUD)是 1978 年由当时还是 Essex 大学的学生 Roy Trubshaw 发明的,旨在为用户提供在线游戏和在线交际的平台。随后 Richard Bartle 对这种游戏进行进一步的改良,使之成为一种能够供全球用户参与的游戏。该游戏的其中一个版本可在商业网站 Computerserve 上获取。

许多 MOO 环境实际上是一种功能得到增强的聊天室。随着 MOO 技术的不断普及,人们很快就将其用于学术或学习目的。以下是由 Pavel Curtis 在 1996 年设计的一次基于 MOO 环境的语言学习过程的程序:

(1)向学生介绍有关 MOO 的基本知识,然后以小组的形式将学生带到某个 MOO 环境中,让他们进行相互通信,以此来熟悉这种新颖的学习环境;

(2)收集学生某次写作的初稿,稿件可以是纸质的,也可以是电子邮件的格式。让学生带上自己的稿件,可以是打印好的纸质版也可以是显示在个人窗口上的电子版;

(3)由老师为学生建立起在线会议室,并要求每个学生都将与自己写作有关的三个问题带到在线会议室来;

（4）在 MOO 空间与每个学生"会面"，讨论他们的初稿，尤其是关注他们所带来的三个问题；

（5）借用肢体语言鼓励学生参与"交谈"；

（6）在会议结束时引导学生清楚地说出在对初稿进行修改过程中都关注些什么；

（7）让学生将所有在 MOO 环境下发生的对话记录下来，建成日志，并储存在自己的硬盘或软盘里，或由老师亲自进行这项工作，然后把日志通过电子邮件发送给学生。

这种 MOO 环境对语言学习的好处是学习者能够有机会进入一个只使用目标语的环境里，在那里他们将"被迫"对他人说的话和实施的行为做出反应。尽管将这种环境应用于语言教学的难度很大，也让很多老师和学生都望而却步，但 MOO 环境仍然被视为非常有发展空间的技术环境。

5. 网络资源（WWW resources）

在网络世界里，资源一词最初出现在网络虚拟建筑领域，用于对该领域里的基本要素进行定义。最初引入资源一词是用于指统一资源定位器（Uniform Resource Locators）的目标，渐渐地该词的含义被延伸至统一资源标识符（Uniform Resource Identifier）和国际化资源标识符（Internationalized Resource Identifier）的指示对象。在语义网领域，经常用基于资源描述框架（Resource Description Framework，RDF）的语言来描述抽象的资源及其语义特性。在互联网的早期发展阶段（1990-1994），资源一词很少被人们使用。但随着互联网的发展，"资源"一词的概念也在不断发展延伸，从最初可命名的静态文件或文档，到更通用、更抽象的概念，如今资源一词已包含网络世界里或任何联网的信息系统内的一切可识别、可命名并有网络地址的事物或实体。

由 Dave Sperling 在加州建立的语言学习网站是一个深受用户喜爱的网站，从 1995 年开始，这个被称为"Dave Sperling ESL Cafe"的网站为语言学习者提供各种授课项目。在他本人及其学生的不懈努力下，越来越多的语言学习者参与了这些授课项目。这些参与者所提的问题渐渐演化成为信息的来源，如今这一网站已成为一个登陆口，语言学习者可登陆该网站并通过该网站提供的链接进入大量其它的计算机辅助语言教学网站，因此每月都有上百万人次拜访该网站。Dave Sperling ESL Cafe 网站之外，还有许多类似的网站为语言学习者提供各种不同的学习机会、信息及资源链接。互联网是一个高效的平台，为许多商业网站实施在线英语学习和教学提供了机会。这类网站根据学习者的年龄、水平或者职业提供各种具有不同侧重点的授课项目，例如为提高商业写作水平而设置的课程项目就很受用户的欢迎。但大多数这类网站都具有一定的商业目的，用户要么需要交钱报名才能够接受在线课程，要么就得忍受各种关于图书出版、语言学校函授课程或语言测试方面的商业广告。也有不少出版商通过创建自己的网站，既为语言学习者提供所需的资源，同时也在宣传自己的产品。

另外一类主要在线资源是由学习者或老师创建的。这类资源既有授课讲义内容（主要以 PowerPoint 格式出现），也有自创的各种软件。这类资源和软件的质量、数量和水平程度各不相同,但都有一个明显的好处,那就是学习者一般都可以借用搜索引擎免费使用或下载。此外一些由政府部门和非赢利性组织(如绿色和平组织的 www. greenpeace. org)创建的网站也可以为学生和语言学习者提供一些有价值的资源,这其中不乏对老师有用的免费专业性材料。

6. 课程管理系统(Course management system)

课程管理系统(course management system, CMS),也称为学习管理系统(learning management system, LMS)或虚拟学习环境(virtual learning environment, VLE),是一种为了支持教育环境下的教学与学习而设计的软件系统。在美国等国家,LMS 一般是指专门供公司等机构实施培训项目的系统,CMS 经常被学校等教育机构所接受,而 VLE 往往侧重于指由系统创建的虚拟环境。与强调对学生得学习进行管理的管理学习系统(managed learning system, MLS)不同,课程管理系统能够为学习者提供更大的自由空间,更有利于学生的自主学习。课程管理系统依网络而建,即借助相关服务器运作既能够支持和管理教学过程,又提供共享学习资源和各种学习工具。虽然课程管理系统最初是为远程教育而设计,但事实上这种系统既可用于实施远程网络教学,也可用于支持校园内教学,如今则主要用做传统面对面课堂活动的补充,也就是所谓的混合式学习(Blended Learning)。课程管理系统具有评价、交流、上传资料、同伴互评、学生小组管理、收集与管理学生成绩、问卷调查、追踪学生学习进展等功能,Blackboard、WebCT、LeanringSpace、eCollege 等都是当前全球最流行的 CMS。最新开发的课程管理系统还带有维客(wikis,即网页共同创建)、博客(blogs)、三维虚拟学习空间等功能。从所提供的工具来看,CMS 既有供老师向学生传送大纲、作业、阅读材料、通知等信息的静态工具,也有供生-生、师-生进行实时和非实时交流的互动性工具(Malikowski et al., 2007)。由于自身具有各种功能与工具,CMS 的最大优势在于能适应教师不同的教学目标和学习者不同的学习目标(Malikowski et al., 2007)。因此,CMS 被各高校大量用于实施网络教学及管理学生的学习。

越来越多的高校或从事高等教育和继续教育的机构选择课程管理系统主要是由于这种系统具有以下显著优势:

(1)提高教学人员的时间使用效率,这一优势对既从事教学,同时也从事研究和管理工作的人员来说尤其重要。虽然引入教学管理系统后,教学人员的时间利用率与原先在传统课堂上的粉笔教授型教学的时间利用率孰优孰劣尚无定论,但对于计算机网络技术较娴熟的老师来说,使用课程管理系统确实能够节约很多时间。

(2)课程管理系统的应用能够使学生逐渐养成良好的习惯,经常将互联网作为一种获取信息和资源的自然媒介;

(3)课程管理系统的应用能够提供收集信息所需的标准工具,确保质量控制标准得到满足;

(4)课程管理系统的应用能够促进远程教学与校园教学的融合,或不同院校的教学融合;

课程管理系统最基本的功能是课程设计者能够通过单一、稳定且直观的界面向学生提供某一课程或培训项目的所有内容。因此课程管理系统一般都包含以下要素：

一门课程的教学大纲；

（1）该课程基本的管理信息，例如授课地点、选修课程、必修课程、学分信息以及如何获取帮助等信息；

（2）用于提供最新课程信息的告示牌；管理学生注册及学习进程记录的工具；

（3）基本的教学材料，以及讲义稿、作业、活动要求等，如果系统是用于远程学习目的的，还应该为学习者提供完整的教学材料；

（4）额外资源，如阅读材料、通向图书馆资源或网络资源的链接；

（5）能够自动评分的自评测试；

（6）正式的评价程序；

（7）支持电子通信的工具，如电子邮件、链式讨论、聊天室等；

（8）具有级别差异的教师、学生访问权限；

（9）与课程相关的文献和数据制作（制作一般要根据要求的格式来实施，以满足学校管理和质量控制的要求；

（10）为系统使用者创建所需文档而提供的具有便利性的编辑工具；

（11）所有以上要素必须实现系统内链接；

除了以上要素之外，一套课程管理系统还具有能够支持多门课程在线实施的功能，因此同一个学院内、跨学院、跨校的学生和老师能够保持始终使用同一界面，就不至于造成课程更改时遇到太多麻烦。

7. 计算机化教材

除了用于语言学习的专门材料外，有许多材料经过加工处理也可服务于语言教学。许多本身并非用于语言学习而是具有娱乐性质的游戏和仿真经过改编后，也可作为语言学习材料使用，尤其是对高级语言学习阶段的学习者而言，因为他们更能够接受具有真实性的语言。

互联网上的许多材料经过简单的改编就可用于课堂学习，而且这类材料来源丰富，都是具有真实性的文本、图形、声音或视频。例如某人为了将日语学好，他可以到漫无边际的网络世界去寻找与日本文化相关，同时又能满足自己兴趣爱好的主题信息，也可以浏览在线的日文报纸以实现与他所学习的目标语有更多的接触。

虚拟寻宝活动（Virtual treasure hunt）是一种不错的在线学习活动，这种活动由老师设计主题，让学生以任务的形式在线收集各种与该主题相关的图形或解释。例如一位西班牙语教师可以为学生提供一些暗示或建议，让他们到网上去寻找关于一座坐落于科尔多瓦的著名西班牙清真寺的图片，并对该寺进行描述。当然，这些学生最终找到的可能远远多于老师要求的东西。其实，虚拟寻宝活动的目的并不是找到老师所给问题的答案，而是为了让学生在寻宝过程中能够更多的接触目标语。

8. 个人数字助理（或称掌上电脑，personal digital assistant）

个人数字助理是一种便携式电脑（hand-held computer），也称为手掌电脑（palmtop

computer)。新开发的个人数字助理一般都具有彩色显示屏和发音功能,因此可为用户提供诸如手提电话(智能电话)、网络浏览器和便携式媒体播放器等服务。许多个人数字助理都能通过无线网络(Wi-Fi)或无线广域网(Wireless Wide Area Networks,WWANs)接通互联网、内部网或外联网。同时许多个人数字助理还应用了触摸屏(touchscreen)技术,大大方便了用户的使用。

世界上第一台个人数字助理是 GO Corp. 于 1983 年 5 月开发出来的 Casio PF-3000,该公司也因此成为该领域的领头羊。但"个人数字助理"这一术语的首次使用确是在 1992 年 1 月 7 日的内华达州的拉斯维加斯电子消费产品展览会上,当时苹果公司的首席执行官 John Sculley 将这一名称授予了苹果公司开发的苹果牛顿(Apple Newton)个人数字助理。诺基亚公司于 1996 年开发了第一台具有完全个人数字助理功能的手机,即 9000 Communicator,该产品很快就成为全球最畅销的个人数字助理,并由此引领了智能手机的潮流。今天的大部分个人数字助理都是智能手机,每年都有一亿五千万以上的销量,而单机型的个人数字助理(stand-alone PDA)仅有三百万的年销量。RIM 公司的"黑霉"系列、苹果公司的 iPhone 系列和诺基亚公司的 N 系列手机都是当前全球有名的智能手机。

除了供数据输入的触摸显示屏技术外,当前典型的个人数字助理还备有插卡槽供数据储存,并有红外线(IrDA)、蓝牙(Bluetooth)或无线网络等至少一种进行对外链接的设备。当然,也有不少的个人数字助理(尤其是那类仅具有基本电话功能的个人数字助理)并不具有触摸显示屏,而是使用诸如软按键(softkey)、方向手柄(D-pad)、数字键盘(numeric keypad)或拇指键盘(thumb keyboard)等作为数据输入工具。此外,个人数字助理一般都有赴约日程表、待办事宜表、联系地址簿、电话号码簿等软件工具供使用者联系或提醒用。联网的个人数字助理还具有发电子邮件等网络支持功能。

个人数字助理实际上也是一种可供下载和储存文件、数据库、日历条目等信息的便携式电脑。虽然它的功能不比台式电脑或笔记本电脑的功能强大,但比后两者要便宜,携带也更方便。个人数字助理的便携性一般是通过减掉键盘并将显示屏的尺寸尽可能缩小来实现。由于使用了诸如 Palm、Microsoft 或 Linux 等不同公司开发的不同软件系统,导致了当前市场上流行的个人数字助理有几种模式。

随着移动通信技术的日益普及及其对教育领域的影响不断加深,有些教育机构开始尝试将个人数字助理应用到教学实践中去,因此就出现了所谓的移动学习(M-learning)。学校(尤其是高校)一般都允许学生将个人数字助理及类似的便携式设备带到课堂上,进行数字式笔记(e-note)。学生可以借助这类设备对自己的课堂笔记或电子笔记进行拼写检查、修改或补充。有些老师还借助这类设备的联网功能或红外传输功能来传送课程材料。书籍出版商也开始发行各类电子图书,或电子课本,这些材料都可以直接上传到个人数字助理,因而大大减少了学生所携带书本的数量和重量。

但是个人数字助理不断普及的同时也为学校带来了不少的问题。学校开始担心学生会利用个人数字助理的联网功能进行考试作弊,或在课堂时间内聊天,因此有些学校也不得不相应地提升自己的计算机电子技术使用规范或对某些电子技术(或无线技术)的使用进行监控。Scantron 等软件公司则开发出既能够支持电子考试,同时又能够使个人数字助理的联网功能和红外功能丧失的设备,这类设备能够大大减少学生在考试过程中互传答案的可能性。虽然存在着以上的问题,但是作为技术进步的一种标志,学生使用个人数字助理仍然被许多学校所提倡,某些商业机构的工作人员、护理人员和医生助理等甚至还要求必须使用个人数字助理。

　　虽然目前个人数字助理还未被广泛应用于教育领域,但是它所具有的便携性和相对低廉的价格可能使它们在课堂上受到欢迎,个人数字助理的另一项优势是它能够很方便地被用于支持个人电脑,只要简单的一键同步操作(one-button hotsync operation),用户就可以将个人数字助理里的文档进行同步处理和升级,并转移到台式电脑或手提电脑上。将个人数字助理与可折叠式键盘、数字摄像机和调制解调器(供联网和收发电子邮件用)等设备结合在一起使用时,就更具有教学使用价值了。个人数字助理所配备的红外端口使用户之间能够共享信息并接收课堂笔记、图片或规模较小的软件传输等。当然,个人数字助理一般只能应付经过特别处理的文档。

　　未来个人数字助理要想获得更大的成功,关键在于对人声进行可靠而又方便的识别,并始终在价格上保持对笔记本电脑的较大优势。

第二部分

CALI 的 设 计

第四章　CALI 与语言技能教学

第一节　CALI 与写作技能教学

计算机网络技术可用于辅助听、说、读、写和语音等语言技能的教学,但到目前为止进行的最多的计算机辅助语言技能教学研究和应用当属计算机辅助写作技能教学。自从计算机用于辅助写作教学以来,已有许多工具、软件被先后应用于写作教学目的。这些工具有专门为写作教学而开发的,也由原先就存在,但却是用于其它目的的。与此同时,也出现了大量针对各种写作工具使用效果的研究。

1. 文字处理工具(word processor)与写作教学

迄今已有大量针对文字处理工具使用效果的研究。例如 Bangert - Drowns (1993)的元分析发现:在写作教学项目中,文字处理工具的运用对学生的写作产生了相对积极的影响。Cochran-Smith(1991)指出学生对文字处理工具应用持有积极的态度,但计算机对学生写作质量和写作过程的影响取决于教师应用文字处理工具的策略及其课堂组织策略。MacArthur (1988)探讨了学困生使用文字处理工具的潜在优点和隐藏的问题,并且综述了少量针对这类学生的未定论的研究。同时,许多研究结果(如 MacArthur et al.,1995)表明文字处理工具和有效写作教学的结合可以提高学困生的写作质量。

文字处理工具具有几项影响写作过程的性能。首先,打字与手写在本质上有所区别,尤其是对手写有问题的学生而言。打字可以减少认读难或书写潦草的问题。作为一种精确的输入过程,打字在本质上比手写更为容易,而且娴熟的打字要比手写速度快得多了。但另一方面,由于打字不属于课程规定的内容,有时也会成为一种障碍。许多学生虽然都学过打字,但打字速度比手写速度还要慢,有些学生甚至还带有边打字边看键盘的习惯。除非学生熟练掌握了打字方法,否则文字处理工具只会成为他们写作输入的负担。迄今为止,还没有研究表明在文字处理过程中,打字速度与写作质量存在着必然的联系。但是,手写速度与写作质量之间存在的相关性却说明了打字速度很可能具有重要作用。如果学生经常使用文字处理工具,他们只需相关指导就可以达到熟练打字的程度。例如在一项教学项目中(MacArthur et al., 1995),教师对正确打字指法提出了目标要求,结果学生每分钟只打出了十个单词,随着时间的推移,学生的打字娴熟程度将不断提高,其打字速度也会不断提高。

其次,文字处理工具给学生提供了工整且错误修改也很方便的书写。台式计算机配置的的出版程序使编辑各种专业文章的格式变得非常简单,例如简讯、图解书籍、字典、商业信函、标语、广告或其他格式的文体。与此同时,快速发展的互联网给学生提供了出版电子图书的大量机会。有关过程写作法(process approaches to writing)的文献也强调学生发表写作对提高其写作技能具有重要作用(Calkins, 1991)。因发表个人作品而产生的写作动机对那些还在犹豫是使用文字处理工具还是手写的学生说很重要,因为出版不仅激发了他们写作的动机,也给学生带来了意义非凡的成就感。

此外,文字处理工具的编辑功能使作者能够经常修改文本而无需重新抄写。使用这种工具编辑初稿时,学生应把注意力集中在写作内容上,无需关注文本处理的运作机制(如眼睛无需盯着手指和键盘,只需关注显示屏),这是减轻学生工作记忆负担的有效方法之一。只要学生意识到有了文字处理工具就无需重新抄写,他们就会经常使用以上策略,这对于手写存在问题的学生来说非常有用,因为在每次重新抄写时他们又会出现新的错误(MacArthur et al., 1991)。当然,光有文字处理工具来帮助编辑还不足于让学生写出高质量的作品来(MacArthur & Graham, 1987)。

如果在教学生如何对写作进行修改的过程中结合文字处理工具的使用,则有助于学生对写作进行有效修改,并提高他们写作的整体质量。Graham & MacArthur(1988)曾经向有小学学困生介绍一种修改议论文的方法。该方法注重实质性修改,比如清楚表达观点、摆证据并对其进行解说、加强文体的连贯性以及以总结性论述结尾等。MacArthur 及其同事(MacArthur et al., 1991)则尝试在教学中要求学困生使用文字处理工具互相修改文章。在以上两项研究中,结合文字处理应用的教学策略不但促进了写作的实质性修改,也提高了作文的整体质量。

从以上对文字处理工具的应用研究中可以发现,这种工具的应用为学习写作编辑和修改提供了很大便利,虽然仍没有研究数据能够确切说明这种工具的应用能够提高学生的写作质量,但种种迹象表明,将这种工具用于辅助学生的写作仍不失为一种值得提倡的策略。

2. 拼写检查工具与写作教学

与文字处理工具不同,拼写检查工具是用来对写作进行校正的最为普及的工具。尽管拼写检查工具在某种程度上对多数写作者都会有所帮助,但对于拼写有困难的学生来说显得尤为重要,这是因为拼写检查工具不仅可以提高他们的拼写质量,而且可以提高其写作动机,从而鼓励学生扩大词汇的使用范围。

拼写检查工具尽管有用,但还是有着较大的局限性。Gerlach 等人(1991)对拼写能力较好的小学高年级学生运用便携式拼写检查器(hand-held spelling checker)的情况进行了研究,结果发现这些学生仅能够对自己 41% 的拼写错误进行修改。MacArthur 等人(1996)对具有中度至严重程度书写障碍的中学学困生运用文字处理工具和拼写检查工具的情况进行研究。参加研究的 27 名学生先写完文章,然后分别在使用和不使用拼写检查器的情况下修改自己写作中的拼写错误。这些学生拼错了 4%—35% 的单词,结果,没有使用拼写检查器的学生仅改正了 9% 的拼写错误,而使用拼写检查器的学生则改正了 37% 的错误。从这项研究中可以看出,拼写检查工具对减少学生写作中的拼写错误能够起到较大的作用。

而针对学生运用拼写检查工具的情况的进一步研究也表明拼写检查工具确实有局限性（MaCArthur et al., 1996）。拼写检查工具一般都具有两大功能，即对错误进行标记和提出更正建议。但标记错误功能也存在两个典型的局限。首先，拼写检查工具会把某些专有名词和专业术语标为错误拼写形式。研究人员对中学学困生进行了研究，结果发现这些学生很少因这类问题犯错误。其次，如果用户将某些单词误拼为与之形似（或同音）而义异的词时（例如back 被拼写为 backe，whet 写成 went 等），拼写检查工具是不能够识别的。以中学生为实验对象的一项研究发现，学生犯的拼写错误中有 37% 是属于这种类型，而拼写检查工具并没有标记出来，这一数据占据了未改正错误的 50% 以上。其它针对学困生和青少年（如 Mitton，1987）的写作研究也得出了相同的结果。

拼写检查工具的拼写更正建议功能也存在两个潜在的局限性。首先，拼写检查工具对许多有拼写错误的单词（尤其是存在严重拼写错误的单词）并不能提出更正建议。MacArthur 等人（1996）的研究发现，拼写检查工具为 58% 能够辨认出来的错误拼写提供了更正建议（占全部错误的 37%）。但不同检查工具所具有的更正建议功能各不相同。通过对十台拼写检查工具进行对比研究（MacArthur et al., 1996），研究人员发现这些机器分别为 46% 到 66%（占能够辨认的错误拼写的比例）拼写错误给出更正建议，对于存在严重拼写错误的单词，则分别能够指出 16% 到 41% 的错误。其次，尽管拼写检查工具提出了更正建议，但学困生还是很难从所给建议中选择出正确的单词。同样是 MacArthur 等人（1996）的研究，他们发现学生能够从拼写检查工具提供的更正建议中选出正确单词的几率是 82%。

McNaughton 等人（McNaughton et al.,1997）曾经试图使用各种方法来克服拼写检查工具存在的局限性。例如，教会中学学困生如何使用拼写检查工具并应用相关校对策略，同时运用这些校对策略解决拼写检查工具存在的问题。如果在建议单词列表上找不到所要的单词，学生可以提出额外的建议，例如使用语音拼写。此外学生还学习在纸质文本中寻找"错误"单词，例如寻找因同音（或同形）异义而被拼写检查工具漏掉的错误。

总之，无论是对学习能力很强的学生，还是对有学习障碍的学生，拼写检查工具都非常有用。如果学生只用笔写字而不用文字处理器，那么可以用便携式拼写检查工具来协助检查拼写错误。在选择拼写检查工具时，教师应选择那种能根据语音提供拼写建议的拼写检查工具，而不只是根据印刷错误（例如提示 sed 是 said 的错误拼写）来给提示做出提示的那种。

在拼写检查工具不能提示正确单词的情况下可以教学生尝试使用语音拼写。拼写检查工具的主要局限在于不能对同音异义词的使用上出现的拼写错误进行识别，因此学生有必要掌握辨认这种错误的策略。拼写检查工具存在的另一个问题是它们能否帮助学生提高他们的拼写技能以及直接弥补拼写之不足。一种提高学生拼写意识的有效教学方法是让学生在使用拼写检查工具前，在纸质文本上找出有拼写错误的单词，并用圆圈把它圈起来。如果工具不能提供正确单词的提示，上面所提到的使用语音拼写的策略来寻找同音异义词也能培养学生的拼写能力。

3. 语法检查工具与写作教学

语法检查软件突破了单一的拼写检查功能,具备对句法、句子结构、标点符号、大小写以及写作风格进行检查的功能。但研究人员并不认为这些软件所提供的建议有助于大学生或成年作者写作的提高(Kohut & Gorman,1995)。同时,这种工具对小学生和写作能力差的人而言也没有太大用途,这主要是因为语法检查工具虽然能够成功地检测出语法和文体上存在的问题,却很少能够正确解释这些错误的缘由。在一次非正式述评中(MacArthur,1994),研究人员分别用三种语法检查工具来校对小学学困生的十篇作文(初稿),然后对已经在拼写、标点符号和语法方面进行过修改的这十篇作文(修改稿)进行第二次校对。结果所有三种语法检查工具都未能在未经修改的文章上成功地辨别主要的语法错误,而且在已经修改过的文章中还错误地指出了多处语法使用。虽然这些工具还是指出了一些存在问题的地方,但提供的修改意见却往往让人无法理解。

4. 语音合成工具(speech synthesizer)与写作教学

语音合成工具可以将用户输入的字母和单词转换成话语。它所转换出来的话语不如数位化话语那样有自然的语音,但它却具有读出任何文本的优势,例如 Google 词典(http://www.google.com/dictionary)给每个单词都配备了英式和美式的读音,用户只需点击喇叭状图标就可获得所需单词的读音。语音合成器有望成为学生能够听到自己所写内容的工具,并用自己的总体语言感官来监控自己的写作是否适切,例如学生会注意到表达不完整或不恰当的句子、拼错的单词或用错的语意。

有学者已经研究了使用语音合成器来提高小学生或学困生写作质量的可能性。Borgh & Dichson (1992)对二年级和五年级非学困生进行了研究。他们对有语音合成器协助的情况下使用文字处理工具和没有语音合成器协助情况下使用文字处理工具做了比较。结果两种情况下文字处理工具都表现出了一种特殊的提示功能:每次表明整个句子已经结束的句号出现时,屏幕上就会出现提醒学生再次阅读句子和考虑修改的提示。使用语音合成器的学生每写完一个句子就会比另一组做更多的修改,而针对完成后的文章所做的修改则比后者少一些。然而,在文章的长度和质量上没有发现两组学生有大的区别。

Raskind & Higgins(1995)对大学学困生使用三种修改条件进行了比较:使用语音合成、大声朗读以及不用任何辅助方式。在使用语音合成条件下,被试使用了最先进的语音合成器和一套实时将被读内容显示在屏幕上的程序。在大声朗读条件下,让一个学生对着纸质稿朗读文章,同时另一个学生则对着纸质稿跟读。如有必要,跟读的学生可以要求朗读者重读任何一段文字,同时可以在任何情况下对稿件进行修改。研究结果表明,总体上学生在使用语音合成器时发现的错误最多(达到所有错误的35%),其次是人工朗读(32%),最后是无任何辅助手段的校对(25%)。使用语音合成的优点在于它能够在电脑屏幕上把单词一一醒目地显示出来。但研究没有提供实际被修正的错误数量,只是提供了所发现错误的数目,也没有对语音合成器和标准的拼写检查工具进行比较。使用语音合成器的情况下,学生能够找出自己拼写错误的 48%,这个数字可能低于使用拼写检查器所能找出的错误(MacArthur et al., 1996)。

总之,仅凭几个与语音合成器使用有关的研究,所得的结论肯定具有一定的局限性。由于语音质量问题,针对语音合成器使用的研究及其使用的普及进展都很缓慢。使用昂贵硬件的高性能语音合成器基本达到讲话录音一样的可理解程度,但是配置低廉硬件的语音合成器在理解方面就存在严重的问题(Mirenda & Beukelman, 1990)。今天随着计算机功能的不断增强,配置低廉硬件的语音合成器的质量也得到了很大改善。在评价语音合成器的质量时,用户无需看文本,只需认真听即可,评价学生的理解能力时也要做类似处理。有意让学生使用语音合成器的老师应该首先给学生提供听话语的机会,因为研究表明,理解能力可以随着学生对话语的熟练程度的提高而提高(Rounsfell et al., 1993)。

语音合成器如果同其他辅助手段同时使用可能会更有效。例如,语音合成可以弥补拼写检查器的主要不足,也就是说,拼写检查器不能辨认的错误一般都来自同形异义词,而识别这类错误却是语音合成器所擅长的。老师可以教学生边听语音合成器边用拼写检查器来辨别错误的单词。语音合成器还可以帮助学生在拼写检查器所提供的建议列表中辨别出所需的正确单词。与此同时语音合成器也是单词预测程序的重要组成部分。

5. 单词预测工具(word prediction tool)与写作教学

单词预测系统最初是为身体有缺陷的人群设计,目的在于减少他们敲击键盘的次数。然而,在拼写、标点符号和句法上存在严重问题的学生也可从这种工具获得帮助。以下是有关一项文字预测程序的简单描述,读者可以从中了解这类程序的基本功能。Writer 是开发商在1992 为 Macintosh 计算机配备的商用程序,它能够支持任何文字处理工具的单词预测功能。用户在文字处理器视窗的顶端输入文字时,只要一敲入字母,程序就会预测出用户可能输入的单词,并为用户提个各种长度不一的备选单词。如果可能使用的单词出现在此列表中,用户可以输入或指向该词的序号,并用鼠标点击即可把该词插入句子中。如果要找的单词没有出现在列表中,用户可以继续输入下一个字母,如此反复下去,程序就能为用户提供所需的单词。由此可见单词预测是根据拼写、句法以及用户之前使用过的单词来实现。语音合成器可用来朗读建议列表上所提供的单词并完成句子。句子一结束,就会转存到文字处理工具。

手写和打字有困难的学生可以从文字预测系统中受益。Lewis 等人认为,计算机写作经验并不丰富的学困生在使用配备有单词预测工具的文字处理器时,写出的文本要比仅靠键盘输入的速度要稍快,但却比手写速度慢得多。但如果让这类学生多多练习键盘使用,这些研究结果或许就不一样了。

除了身体有缺陷或精细运动能力有问题的学生之外,有严重拼写错误的学生也可从文字预测软件中受益。相关个案研究表明,文字预测软件可以提高拼写能力,提高写作的数量和质量,并可激发各种有缺陷的学生(包括学困生、语言发展迟缓者和有生理缺陷者等)的学习动机(Zordell, 1990)。

　　与拼写检查器相比,单词预测工具既有潜在的优势,也有一定的局限性。当学生无法通过拼写检查器修改一些严重的拼写问题时,可以求助于单词预测系统。由于文字预测系统并不要求用户打出完整的单词,所以用户只需记得单词第一到第三个字母就足以正确预测出许多单词。但是,文字预测程序并不是专门为拼写而编写的,在没有声音替代时,用户必须正确拼写出单词的前面部分。另外,用户必须在建议的单词列表中辨认出所需单词的正确拼写形式,或使用语音合成器读出单词。用户还必须一直关注单词列表,因为每输入一个字母该列表都会发生变化。如此一来,单词预测系统无形中就会增加用户的工作记忆负担。

　　尽管存在以上局限性,单词预测系统仍然有望成为有严重拼写问题的学习者(当然还有那些生理缺陷者)最有用的工具。具有一定写作能力的学生使用拼写检查器时,写作效果可能会更好,因为它可以让学生在写作时只关注写作内容,然后再纠正错误。而对那些由于拼写问题而不愿写作的学生,他们更愿意接受逐字逐句的支持。对于那些字迹十分潦草,以致于作者本人或极富同情心的老师也无法辨认其字迹的学生来说,文字预测系统则给他们提供了一个不可或缺的选择。

6. 计算机协助通信技术(CMC)与写作教学

　　尽管迄今已有不少与计算机辅助写作教学有关的研究,但基于局域网(LAN)或广域网(WAN)的写作教学研究却还不多,可这类研究却代表着计算机辅助写作教学的未来发展方向。Bridwell(1989)是最早尝试将网络技术应用于写作教学的研究人员之一,他认为计算机网络和基于远程通信技术的协作将为未来的计算机辅助写作教学提供有价值的框架。今天基于局域网或广域网的写作研究在不断增多,W-CMC(writing using computer-mediated communication,基于计算机辅助通信的写作)一词也越来越多地被人们提到。

　　W-CMC 确实具有许多优点。Pearce & Barker(1991)发现 W-CMC 可以使写作行为成为一种社交协作的方式。其中最重要的发现之一就是 W-CMC 可以使读者这一概念变得更真实。众所周知,读者在写作中扮演着重要角色,而且通常写作任务总是与特定的读者相联系的,这样写出来的作品才能有实用价值,才是真正基于读者的写作。老师可以为学生安排一些真实的读者,让这些读者对学生的写作进行反馈,这样有助于学生培养写作过程中的读者意识。Hall & Hall(1991)的研究发现,他们的学生作者比较关注文章的写作风格,以便读者能够更好地理解他们的作品。他们的研究还发现,由于读者所提供的反馈,学生作者会更积极地对自己的文章进行修改。

　　Spaulding & Lake(1991)的研究发现,W-CMC 对写作能力较低的人更有利。Hartman 等人(1991)的研究得出的结论是 W-CMC 可使写作能力较低的学生应用电子通信比应用非电子模式的交际还要频繁。同时 Hartman 等人还发现,教师与写作能力较低的学生之间的交流更为频繁。在 Monahan(1994)的研究中,学生作者的作品在 W-CMC 环境下受到更多读者的关注,进而提高了作者的议论文写作能力。Burley(1994)则发现,使用电子会议技术时,学生能够写出更好的文章,文章的组织结构和逻辑条理性都有所提高,唯一的不足之处是老师必须要教会学生如何用好网络系统,因此 Scovell (1991)认为学生需要更多的培训才能实施网上写作。Hall & Hall(1991)认为,学生在学习过程中的许多行为都是很简单、很肤浅的,并将这种现象称为新手效应。也就是说,学生只对能够产生变化的行为(即对 W-CMC 这种行为)感兴趣,而对变化是否应该产生并没有太大兴趣。

另外一种基于计算机的未来写作教学发展方向就是把写作当作一种学习模式。这种学习模式促成了这样一种理念的诞生:通过写出相关内容,学生可以更有效地对写作内容进行加工,并使之个性化。这恰好符合建构主义的理论框架。Strommen & Lincoln (1992)认为:"学生不能仅仅采纳老师向他们传授的东西,或者通过大量重复的机械性操练来内化老师传授的东西,建构主义理论认为孩子们事实上在创造着自己的想法(p. 486)"。针对这种说法,Poteet (1991)提出了这样的看法:如果计算机能够充当教师的角色,学生则可以成为更积极的学习者,因为他们可以不断地提供信息而不是被动地接受信息。Snyder (1994)也发现,在基于计算机的写作教学中,教师对课堂的控制较少,因此学生变得更独立。总体来说,这些研究结果和理念构建了一种可以促进学生积极学习的框架,即学生可以通过写作来传达他们对既定话题的理解。

Reed & Wells(1997)在他们的"哈姆雷特"研究项目中尝试将互联网和超媒体结合起来使用。他们从明尼苏达大学的电子图书馆上下载了《哈》剧的电子版,然后将该剧输送到超媒体卡系统中,并对该剧的第一幕设置了按钮,点击这些按钮就可以弹出剧本内容的词义和翻译,播放声音并且可以显示不同形式的视觉效果。他们要求学生以小组为单位,采用与第一幕相同的操作将《哈姆雷特》剩余的剧幕转变为超媒体程序。

通过将《哈姆雷特》剩下的剧本转变为超媒体,学生不但习得词汇,也运用了探索技能,提高了批判性思维,并学会了一种"创造语言"的技术。互联网在这项研究中的应用就是下载文学作品(否则学生就得承担输入该戏剧的繁琐任务),电子邮件则用于联系研究莎士比亚的学者,然后使用相关邮件列表管理器(Listservs)收集其他信息。显然,该研究中大部分能够体现建构主义理论的活动都是与写作有关的。

总之,未来的计算机辅助写作教学都与远程通信和构建主义理论紧密联系在一起。远程通信技术的应用使学生的写作能够接受更为真实的读者的评价与反馈,同时也预示着文学作品不会只停留在静态的纸质形式上。

第二节　CALI 与阅读教学

借用计算机网络技术进行阅读已是当前司空见惯的事情,在线浏览新闻、使用 CD-ROM 阅读文章、接收与回复电子邮件、欣赏博文、浏览帖子并进行回复、教师使用 PowerPoint 演示授课内容等等操作都会涉及到应用计算机网络技术进行阅读。迄今为止已有大量针对计算机辅助阅读教学的研究,有涉及机辅阅读与学生情感(含动机、兴趣、焦虑等)的、有机辅阅读与传统阅读对比的、有机辅阅读对词汇习得的促进的、有机辅阅读对学生阅读速度的促进作用的，也有机辅阅读教学策略的，等等。这一小节只选取部分国外较新的机辅阅读研究焦点进行回顾综述，供计算机辅助阅读设计者进行设计和研究时参考。

1. 屏幕可读性（Screen readability）与阅读教学

一般认为焦点话题（focus topic）、单词、句型和图形布局等都会影响文本的可读性。由于课文中的文本所具有的复杂性几乎是由作者决定的，因此对教师来说主要困难在于如何进行阅读教学。但老师可以在电脑屏幕上轻松地对图形布局进行设置。在计算机辅助阅读环境中，屏幕可读性将直接影响读者如何领悟屏幕上的文本。

从相关的屏幕可读性研究中可以看出，许多与图表有关的因素对屏幕可读性都有影响（Wilkins et al, 2001），但对其中一些研究结果还很难做出解释。Dyson & Kipping（1998）认为，在读者认为是良好的阅读条件和研究所发现的良好阅读条件之间可能存在着一定的矛盾。他们的研究结果表明机辅长句阅读的效果要比阅读成串的短句更有效。而事实上多数读者都认为机辅短句阅读的效率要高于长句阅读。针对这个问题，Harrell（1999）认为读者可以根据自己的喜好调整屏幕的布局，这样可以迎合读者的不同阅读习惯。对于有阅读障碍的学生，要对其特殊需求给予足够的重视，同时电脑软件必须程序化以便学生可以根据自己的阅读能力调整屏幕的布局。

另外一个给初学者和有阅读障碍的学生增加阅读难度的因素来自阅读过程中难于保持"随时跟踪"（keep-on-track），阅读经验有限或阅读技能低往往会导致他们阅读过程中出现跳读现象。计算机软件可以缓解这个问题：通过对软件进行编程，实现简单的点击键盘就可提高文本中的单词或句子的亮度，同时根据学生的要求指出阅读的具体位置和阅读内容，这样既有助于学生避免"跳读"，也可保持他们的注意力集中。

2. 言语反馈（Speech feedback）与阅读教学

计算机辅助阅读相关研究表明，如果能够为有阅读障碍的学生提供言语反馈，他们是能够对文本内容进行有效解码的（Van Daal & Reitsma, 2000）。此外，大部分有阅读障碍的学生还有必要加强篇章理解能力。Lundberg（1995）认为，言语反馈既可以加强学生的阅读交际能力，又能够提高学生的成就感并激发学生的学习动机。

如果将提供言语反馈和提高单词亮度两种方法结合使用，就可以大大加强字母-语音的编码过程，因为这种做法实际上等于既提高单词的亮度，又大声将单词读出来（Wise et al., 2000）。与此同时，这将有助于读者在大脑里建立起单词的拼写表征（orthographical representation）并促进视觉词汇的记忆。

3. 学习动机与阅读教学

阅读兴趣对于存在阅读障碍的学生来说，跟其他学生一样重要。情境化阅读（contextual reading）是否有意义是学者一直都在争论的话题（Levy, 2001）。Martin-Chang & Levy（2003）的研究发现，阅读能力较差的四年级学生和阅读水平一般的二年级学生在参与情境化阅读项目后,其阅读水平要比习惯逐个单词进行阅读的学生高。这一研究结果表明,基于学生自主选择的情境化阅读是一种有意义的阅读策略。此外,阅读结束后要求学生写短评可以进一步加深对文本的理解,而且总体上还有助于阅读存在障碍的学生提高其基础读写技能。

4. 超文本与母语阅读教学

超文本基本上跟普通文本一样,具有可储存、可阅读、可搜索及可编辑的特征;但超文本内具有通往其他文件或资源的地址链接,同时通过使用嵌入文本里的链接,学习者可以无需连续阅读文本或写作,而是从文本的某一处直接跳到另一处去,这就是超文本的非线性特征(non-linear)。尽管交叉引用链接(cross reference link)由作者本人设定,但是使用者可以有选择地阅读文本的内容。因此超媒体可视为超文本和多媒体的结合体,具有声音、图片、电影和动画等功能(Behrens et al., 2000)。

一些研究人员(如 Rouet & Levonen, 1996)指出,超文本环境下的母语阅读过程包涵了一系列基本的认知过程和策略,并提出有必要进行相关实证研究,以探讨这些认知过程是很。他们还探讨了当前有关超文本运用过程的认知问题。在传统的媒体中(如书本、收音机、电视等),信息是呈线性结构的,也就是说,信息单位是根据预设的顺序排列的。但是在超文本里,由于信息单位具有关联性和非线性特征,因此超文本内的信息单位又是联网的,使用者可按不同的顺序来处理信息。读者无需根据事先排列好的顺序来浏览文本、图片或者图表,而是可以在文本中自由地浏览,选择自己喜欢的浏览顺序或阅读链接节点顺序。

Rouet & Levonen (1996)提出了一个疑问:"超文本对读者获取信息和处理信息有多大作用?"(P10)。在回顾几个使用在线帮助来促进文本理解的研究后,他们提出用计算机呈现文本的最大好处就是文本的非线性特征所带来的使用便利性。但是也有一些研究却得出了相反的结论,即超文本给读者增加了认知负担,因为阅读超文本过程中,读者不但要弄清楚自己的阅读位置,决定接下来的阅读内容,而且还要记录下自己的阅读进度。

在大量综述前人研究结果的基础上,Dillon & Gabbard(1998)发现"这些研究结果不足以说明大部分超文本的使用目的是为了提高学习者的理解能力"。尽管他们所得出的结论还未能说明学习者使用超媒体主要是为了提高阅读能力,但是他们综述的结果却说明了超文本主要适用于一些需要大规模搜索的阅读任务,但这种阅读任务一般并不常见。他们建议研究人员应该把研究重点放在这些重要的变量上,尤其是那些适合用技术来支持的学习要素上。Mayer (1997)对此做出了积极地回应,并提出有必要研究何时使用多媒体、由谁使用多媒体才能最有效,这其中将涉及学习中的个体差异问题。

这一部分主要针对超文本环境下的母语阅读研究,下一节将特别概述超文本环境下的二语阅读研究。

5. 超文本与二语阅读教学

Roby (1991)曾经对基于两种不同文本呈现模式(纸质模式和电脑模式)的阅读和基于两种不同词义注解(字典和注释)的阅读进行了研究。研究对象分四个小组:(1)使用纸质字典的学生;(2)使用纸质字典和单词注释的学生;(3)使用电子词典的学生;(4)使用电子词典和单词注释的学生。研究结果表明,同时使用字典和注释的学生二语阅读所用时间比仅仅使用字典的学生要少得多。研究同时发现,使用电子词典的学生查阅词典的次数远比使用纸质字典的学生要多得多,但是这两组在阅读理解策略的应用上没有什么差别。在另一项对比研究中,Aust et al.（1993）发现以西班牙语为二语的学生查阅电子词典的次数比查阅传统纸质字典的次数要多一倍。该研究还发现学生使用超文本参考书的频率比使用传统字典的频率还高出许多,但在阅读理解能力方面两者并没有多大差别。

随后进行的一项有关二语词汇注释及其对阅读理解的影响的研究中,Lomicka（1998）对三种不同条件下的法语学习者进行了对比:A 组学生阅读课文时没有任何注释的支持;B 组学生阅读时有法语解释和英语翻译的支持;C 组则不但可以得到法语解释和英语翻译,而且还可以获取意象、参考资料、提问以及读音的支持。试验要求所有被试者都读一首法语诗,同时用英语进行有声思维,查阅注释,并说出他们对文章的理解。尽管被试者在实验过程中使用得最频繁的是传统的注释(即使用英-法词义解释),但是能够使用尽可能多种类型注释的学生(如使用法语解释、英语翻译、意象、提问),比那些只能部分使用或完全不使用注释的学生使用因果推理的次数要多得多。因果推理的应用能够解释有声思维过程中,学习者如何在局部或全域层面上将文本中的事件联系起来,从而达到理解文本的目的。因此 Lomicka 认为,带有各种类型的注释的计算机化阅读,比没有使用任何注释或仅使用传统注释的阅读更能加深对文本的理解。后来 Roby（1999）引用了 Blohm(1982)的观点来进一步强化 Lomicka（1998）的研究结果:使用注释的学生比没有使用注释的学生所能记忆的文本内容要多得多。

在一项关于个体能力差异的二语学习研究中,Knight（1994）发现,言语能力较强的学生在阅读时要比言语能力弱的学生学到更多单词,但是后者却比前者从字典查阅中获益更多。此外,从所查阅单词的数量和所记忆的单词数量之间的相关性数据中,Knight 得出这样的结论:言语能力较弱的学生比言语能力较强的学生更依赖词汇方面的知识;同时,她认为查字典不会影响阅读者的短时记忆,反而有助于提高阅读理解能力。

在 Yeung 等人(1997)进行的一系列实验中,有两项是针对不同能力水平的学生。其中一项研究的对象是以英语为二语的能力较低的八年级学生。研究发现在文章中加入单词解释(即整合模式,integrated format)要比单独列出词汇表(即分离模式,separated format)更能提高阅读能力;但是对于母语学习者来说,将单词解释融入文章的做法却反而会降低学生的词汇学习能力。在另一个实验中,他们发现,在文章中加入单词解释会降低高学能二语学习者的阅读能力,但能提高他们学习词汇的效果。因此他们认为,文本呈现的模式可能促进,也可能阻碍二语学习者的阅读表现,具体影响则因学习者的阅读技能水平而异。

学习风格是另一种个体学习差异。许多学者研究了处于学习风格连续体上的两个极端的学习者特征,例如整体型与分解型、言语型和空间型、接受型和冲动型或者探索型和被动型的学习风格。Plass 等人（1998）针对使用超媒体学习二语的学习者的言语能力和空间能力进行了研究,结果发现,图表信息对视觉型学习者的二语词汇习得有促进作用;同时研究还发现,如果学习者获得的不是以自己喜欢的模式呈现的信息,则二语词汇习得的表现就会很一般。Pouwels（1992）研究了视觉词汇辅助如何影响听觉型和视觉型的语言学习者。他发现视觉型学习者在词汇测试的图-词辅助测试部分有很好的表现,两者之间呈现正相关,这表明图片和词汇相结合最适合视觉型学生的词汇学习。但是到目前为止,对听觉型学习者的信息呈现方式还没有进行深入研究。

第三节　CALI 与听说教学

1. 语音教学

自从八十年代交际教学法在语言教学领域得到普及后,将计算机技术应用于语音教学的想法逐渐受到重视。一门语言（或其变体,如方言）所具有的语音模式（或叫做语音体系）是这门语言的口头模式所具有的表面形式（Pennington, 1999）。因此语音能力（phonological competence）对一门口头语言的每一个方面（如词法、句法、语义、语用）的产出和接收都具有很大影响。语音不但是说话人和听话人在交际过程中所依赖的媒介,同时也是个人将自己展示给别人的一种主要媒介（Pennington, 1999）。它能够体现个人的性别、年龄、国别或地理出处、所属社会文化群体以及其他已获得的或想要获得的从属关系。一个说话人的发音包含了发出单个音、语音切分或韵律,这其中还包含语音和语调（发单词或更大的语言单位时带有的音高模式）、重音（发音时使用的力度）和节奏对发音（时间和频率的控制）。

还在儿童时期,我们所学习的母语的语音模式就已经具有很明显的生理学特征（"硬连接"）和心理学特征、社会文化特征（"软连接"）,这种特征是根深蒂固的（Pennington, 1999）。儿童发展时期是我们的语音以及生理、心理、社会与文化等特征的重要发展时期,过了这一具有特殊意义的发展时期后,无论做多大的努力,都无法改变一个人的发音模式以及与此相关的行为。青少年和成年语言学习者一般都会在学习一门新语言（或其变体）的过程中,在一个相对较早的时期（中等阶段）达到"语言僵化"（fossilization）或"收效递减"这样的节点。从这一节点开始,如果不接受显性教学（explicit instruction）,成年语言学习者在这门语言的学习上是几乎无法再提高自己的产出性和接受性语音技能的（Pennington, 1998）。

计算机辅助发音系统（Computer-aided pronunciation system, GAP system）为学习者提供了了解自己和他人发音情况的媒介,使他们能够将注意力集中在语音上,以获取新的发音模式。在学习某一门语言（或其变体）的发音过程中,这种做法有助于青少年和成年语言学习者的产出性和接受性技能的提高。

计算机辅助发音学习系统可用于执行和展示语音切分单位和韵律方面的分析结果,这种系统借用麦克风输入或录音样本来实现语音分析,可用于提高二语（或其变体）的发音质量,在市场上一般都有出售。虽然有些计算机辅助发音系统要求有特殊的硬件配置,但大部分的配件都是基于标准的个人电脑工作的。电脑的许多功能,如图形、仿真、照片、视频和音频等,也可用于支持这些系统的分析功能。

迄今为止已有不少专门论述与二语语音分析相关的教学法理论(含实际应用案例)的研究,例如 Anderson-Hsieh (1992)、Pennington (1989a)及 Pennington & Esling (1996)等人的研究。其中 Anderson-Hsieh (1998)对计算机辅助发音系统等一系列与语音分析相关的技术设备的功能和潜能进行了详细的分解,并且评价了这些系统对语音教学所具有的实际操作价值和潜在价值,而 Read (1992)等人则对当时已有的语音分析系统的技术进行较详细的回顾综述。

尽管大部分的计算机辅助发音系统都是相对独立的个人机器,但这类系统的语音分析功能已经被融入语音实验室这样的环境中,这样一方面学生可以独立在个人终端上练习自己的发音,而另一方面老师又能够从教师控制端监控到每个学生的操练过程。这种监控功能使老师能够为学生个人、小组或全班设置各种具体的语音任务,查看计算机对学生语音练习的分析结果并以此来评价学生的语音表现,与此同时将语音分析从一个终端移到另一个终端的做法还可有助于学生进行相互比较。在这种语音实验室里使用计算机辅助发音系统进行语音学习,既能够允许个人使用该系统练习,并且能够将自己的表现与别人的进行比较,同时也可允许老师为学生提供指导和反馈,这意味着这种系统能够用于各种模式的教学,如全班教学、小组教学、配对教学或个人教学等。表 5 中列出了以上所综述的计算机辅助发音教学系统的功能。表中第一列展示的是计算机辅助发音系统所具有的一系列对语音教学有潜在促进作用的功能。

此外,计算机辅助发音系统还有助于提高语言学习者的学习动机,使其投入更多努力去提高自己的语音,因为这种系统既可以大大提高各种不同语音输入的质量和可获取性,同时也能够提高学习者的意识,并有助于他们理解不同语言及其变体的语音所具有的关键特征,最终实现他们个人语音技能的提高,因此这类系统实际上能够提高语音的可学习性,非常有助于学习者渡过语音学习的关键时期。

通过为学生提供可操练语音的媒介,计算机辅助发音系统有助于学习者提高某一门外语(或其变体)的语音准确性,提高发音练习的自动化程度,甚至可提高语音的韵律及说话的整体流利度。通过为学习者提供个人的学习空间以及各种学习工具,计算机辅助发音系统也有助于学习者在提高语音技能和鉴别目标语(或其变体)的语音或语音模式时,树立起个人信心。

表 5   计算机辅助发音系统的优点、特征及其局限性

优　点	特　征	缺　点
提高动机 促进动力 提高意识 增进理解 增强可学习性 提高自动性 提高准确性 树立信心 提高技能	快速性 可重复性 准确性 可靠性 权威性 显著性 多模式性 个性化 变异性	只限于语音的某些特征； 全班同时使用时有较大限制； 分析过程必须根据不同声音不断进行调整； 对学生的语音表现没有可接受的基线； 课程性较差； 关注非语境化的发音机制。

2. 基于 CALI 的听说教学活动

与收音机、书本等其它媒体一样,计算机网络技术在听说技能教学中的应用主要有两种用途:(1)计算机网络技术能够创造有助于互动的环境;(2)计算机网络技术能够提供言语产出和言语感知方面的培训。同时,计算机网络技术与其它媒体一样,能够在语言课程中对学生的言语表现进行测试和研究。计算机网络技术在语言教学中的部分角色与其它传统媒体也别无二致,因此就这部分角色而言前者并不见得比后者有多少先进性。但是计算机网络技术所行使的某些角色却比传统媒体所能提供的要有很大改进,甚至具备某些传统媒体所无法提供的角色。以下将通过计算机网络技术在听说技能教学中所能支持的各种听说活动类型来说明 CALI 在听说教学中的意义。

能够直接用于促进学生听说技能的课堂活动一般可分为五种类型(Pennington,1989),计算机网络技术在听说技能教学中的应用主要就是从这五种活动中得以实现的:第一类是自由对话(free conversation);第二类是指导性讨论(directed discussion),即基于问题解决、信息鸿沟活动以及配对活动或小组活动的意义讨论和意义协商;第三类是情境模拟(situational simulation)或角色扮演;第四类是基于对话的高度结构化活动(highly structured conversation-based activities),例如完成对话,这种对话可能要求进行实质性的听说活动,但也可能是书面练习;第五类是各种基于会话的非互动性活动(non-interactional speech-based activies),例如齐声仿读(choral repetition)和个人仿读(individual repetition)、独白、演讲(被录音并用于语言分析或作为听力材料)。其中第五类与其它四类不一样,其它四类都是建立在双向对话互动基础之上的,而第五类是一种单向口头活动。这五种听说活动之间具有表 6 所示的关系。

表 6   听说课程五种活动类型相互关系

	是否存在听说互动	对活动的外部控制程度
1. 自由对话	是	无
2. 指导讨论	是	很弱
3. 情境模拟	是	中等
4. 基于对话的高度结构化活动	可能	很强
5. 基于会话的非互动性活动	否	很强

一位用户使用文字处理工具时，我们可认为发生了这名用户与电脑之间的"自由对话"。但是以上的这一借用计算机网络技术进行的所谓自由对话并非真正意义上的对话，甚至借助即时信息工具建立起的两人之间的即时文本通信也不能视为真正的对话。但是当一个用户通过音频/视频会议技术、网聊工具等计算机网络技术与另一用户进行联系时，这时候发生在两人之间的就是一种真正的自由对话形式，而且这种自由对话发生的环境是由计算机网络技术创造的，这就是这种技术对听说技能的重要贡献之一。这里探讨的并非人机对话模式，也不是借助文本通信技术的人与人之间的交际形式，而是一种借助各种计算机网络技术实现的人与人之间的口头对话模式。今天的计算机网络技术已成功地实现了人与人之间的自由对话，因此自由对话也成了当今语言课堂上用于训练学生听说技能的主要教学活动之一。

至于指导性讨论、情境模拟、基于对话的高度结构化活动这三种听说活动，计算机网路技术也可为之创造互动的环境，成为这类以习者为中心的活动的刺激源(de Quincy，1986)。当然，有些时候书本、图画等传统媒介也能够创造出这种环境，但是由于计算机网络技术所具有的某些特殊功能，它们所创造的这种互动环境更有效。Pennington(1986b)把计算机网络技术的这些功能描述为"不但能够使输入更可理解，而且更容易记忆"。如今的技术已经可以使成对或小组的学生都凑到电脑边上，然后以各种方式进行互动(即时或非即时互动、两两互动或小组互动等模式)，共同解决问题、完成项目或任务。例如学生一起设计一项联合项目(joint project)时，他们可以利用电子表格程序制作图表，利用文字处理工具完成集体写作，利用绘画工具绘出各种现实中的或想象出来的物体，而制作这一切时学生无需凑到一起，他们可通过各种即时会话工具在虚拟空间进行交流、协作，这时候就会发生听说互动，出现了典型的基于对话的高度结构化活动。教室里配备的计算机也可为情境模拟和角色扮演活动创造某些传统媒介不能创造的环境。在计算机网络技术的协助下，学生可以扮演企业家、工程师或历史学家，以小组的形式到虚拟世界里去获取数据、调查真相、开展实验或创造世界，这些都无需他们到现场去。

虽然今天的计算机还不能实现与用户进行自由对话，智能程度还不够高，但是计算机能够为开展基于对话的高度结构化活动(例如控制性对话)创造机会。即便是纯粹供语法练习与实践的软件也能提供一定程度的"交际促进"。在对一种被用户广泛应用的二语语法练习与实践程序进行研究时，Pennington(1984)发现这类软件有一些明显的特征：这类软件能够融合具体而且相关度很高的反馈；具备通过挑战性游戏、图形和颜色等要素来增强语法呈现与语法操练的功能；同时这类软件非常关注跨文化因素，也很关注内容与互动。以上这类特征说明二十多年前本来供语法练习用的软件也具备促进人机对话的功能，今天智能程度已经很高的整合式计算机辅助语言教学中，这种人机对话在内容和深度上都得到了加强，许多学习系统甚至装有人机对话互动(一种高度结构化的对话练习)的工具，甚至具备识别用户声音输入，并将其与储存在数据库里的相关对话内容进行对比的功能，以此来判断用户的口头输出是否准确(含发音的准确性和内容的适切性)。

　　到了今天,如果为以上 Pennington 所用的语法练习软件增加即时录音带、数字化技术或合成器合成技术,这类软件能够提供的就不仅仅是显示在显示屏上的与用户的"对话",它们甚至具备为用户提供语法操练的同时,还能够为他们提供听力理解练习。即便是该软件上传统的选择题练习模式,如果答案是以语音的形式提供的,则这种练习模式也可提供一种非口头式的语言交际环境,为用户提供口头语法、语言功能、文化适切性和对话策略等操练。如果将这种传统选择题模式应用于互动式视频,通过视频情境为用户提供提示,并要求用户从音频答案选项中选出文化上很适切的选项,那么这种练习就具有能够增强学生听力技能的潜能,而且这种潜能是在考虑文化适切性的条件下实现的。

　　这种参入了语音模式的听力理解选择题也可供学生进行与交际情境相关的练习,即要求学生推断出诸如对话的话题、说话人之间的关系、对话发生的时间和地点等与交际情境相关的主题。这种推断可基于几种从音频信号提取出来的信息,例如对话人使用的句法结构、各种表达的应用、对话人的声音质量和语调等。计算机的应用可以使这种听力练习成为一种个性化的练习,具体做法有更改各条练习的时间或更改会话长度等。这种听力练习说明对话语机械特征进行各种操作有助于解释和构建意义。

　　以上所说的种种可能性在今天已成为现实,这就是今天整合式 CALI 的典型特征,一个软件上整合了几乎所有的听说读写技能。早在二十多年前 de Quincy(1986)就将计算机在各种软件中具有的促进作用进行了归纳和预测(见表 7)。表中每一种情况里,计算机都为可记忆性输入、互动和交际练习提供了一种环境(尤其是互动性环境)。所有计算机承担的这些角色都与听说课程有关,而每一个程序类型经过修改后都可用于听说技能的训练。事实上几乎所有基于计算机的活动都可成为训练听说技能的活动(Pennington,1989),只要有两个或两个以上的学生使用同一终端一起学习即可。再加上语音提示,表中几乎所有的程序都可提供关注相关主题的听力训练。

表 7　计算机在不同活动项目类型中的作用

(其中●代表非常适合,○代表可能适合)

程序类型	计算机的作用(促进者或激励者)					
	阻碍者	任务设置者	操控者	推动者	模拟者	环境提供者
操纵	●	○				
解决问题	○	●				
文本重新构建		○	●			
文本构建			○	●		
模拟					●	○
探险					○	●

　　计算机能够促进语言课堂上的各种互动这一职能早已为从事 CALI 的教师或研究人员所认可(如 Stevens,1986),当前需要关注的是如何投入更多的精力去设计旨在促进语言学习者

互动和反馈的软件。到目前为止成绩最为斐然的软件设计领域是引出或训练各种互动(例如基于人物的活动)或语言形式的程序设计。此后人们又将更多的设计和研究精力投入到计算机的外围设备中去,使语言课堂都具备了训练听说技能所需的各种多媒体设施。今天的语言课堂更是实现了网络化,这意味着无限的虚拟世界已经被引入到语言课堂,为语言课堂创造了各种即时、非即时的交际互动环境,各种模式的听说技能训练活动(既有个体模式的,也有群体模式的活动)成为可能,个性化、高度协作化的听说教学与学习也成为可能。

第五章 CALI 的教学设计

第一节 CALI 应用的相关理论

1. 行为主义理论(Behaviorism)

行为主义式计算机辅助语言教学萌芽于 20 世纪 50 年代，到六七十年代达到顶峰。这一阶段的计算机辅助语言教学是以行为主义学习理论作为理论基础。

行为主义理论是 20 世纪 20 年代产生于美国的心理学派别，美国心理学家华生(J. E. Watson)是行为主义理论的创始人。他提出了著名的行为主义心理学的联结公式:刺激—反应(S-R)。认为刺激得到反应后,学习就完成了。学习过程就是习惯的形成过程,是刺激—反应而产生的有效动作的反复重复。行为主义派别的另一个代表人物桑代克认为学习是渐进的尝试与错误的过程,即随着错误反应的不断减少,正确反应就逐渐增加,形成固定的刺激—反应联结。

到 20 世纪 40 年代后,以斯金纳(B. F. Skinnerr)为代表的新行为主义学习理论(neobehaviourism)兴起。1957 年,著名心理学家斯金纳的著作《言语行为》(Verbal Behavior)出版,标志着行为主义在语言教学理论中的统治地位的确立。新行为主义用 S-O-R 代替 S-R 公式,认为在刺激 S 和反应 R 之间存在中介变因 O。斯金纳还提出了操作性条件反射学说和强化理论,认为人类绝大多数有意义的行为都是操作性行为,而产生操作性行为的一个重要条件就是强化。斯金纳将它们应用于人类的学习研究,形成了程序教学理论,认为学习过程应该是"刺激—反应—强化"的过程。人类学习的起源是外界对人产生刺激,使人产生反应,加强这种刺激,就会使人记忆深刻。因此只要控制行为和预测行为,就能控制和预测学习的效果。该理论将学习行为分为两类,即反射学习和操作学习。反射学习是应答性行为,是由已知刺激所引起的反应。而人类大多数行为属于操作性行为,是在自发过程中依照操作性条件反射受到强化。如果一种行为能引出令人满意的结果,人们总希望它再次发生。如果在学习过程中控制了强化物,就可以控制学习行为。必须注意的是强化物可能因不同的学习对象而有所不同。

行为主义理论对计算机辅助教学(CAI)的影响,首推斯金纳的强化学说。斯金纳的程序教学理论所强调的刺激—反应—强化模式对早期的计算机辅助教学(CAI)软件设计有着决定性的影响,甚至在今天的课件设计中仍有重要的价值。在 CALI 课件设计中, 基于界面的、小步骤的分支式程序设计多年来一直是 CALI 课件开发的主要模式,并且沿用至今。这是行为主义理论对计算机辅助语言教学最为明显的影响。将行为主义理论应用到计算机辅助教学上,就是要把学习的内容作为一种刺激源,利用文本,图像、声音、动画等多媒体形式对学生产生刺激,从而达到记忆的效果。学习者学习的过程为接受外界刺激的过程,当学习者做出明确反应时学习就发生了,而利用计算机进行重复性语言训练及教师的及时评价正是为了强化这些刺激,从而提高学习者的学习质量。

当时的基本做法是将一些可以用计算机完成的练习从书本搬到屏幕上, 这类练习大部分是词汇与语法的单项练习, 以及阅读理解检查与简单的写作练习等。在当时大量以词汇训练、语法讲解及训练、句型训练为主的软件中,最具代表性的是美国斯坦福大学开发设计的 PLATO 语言学习系统。学生可以按照个人进度在计算机上学习和操练词汇、语法和句型等。这些语言学习系统软件有利于进行个性化教学(individualized instruction) , 成绩好的学生能学到多于书本上的知识,学习困难的学生则不必承受太大的课堂心理压力,可以根据自己的情况完成作业。

当时的计算机只是充当建立在中央处理工具基础之上的永不厌烦的机械语言教师的角色, 尚未跳出重语言结构的框框, 实施的只是一种辅导学生的单向活动。而现在,随着程序教学理论的"刺激—反应—强化"规则在 CAI 中的应用,其内容和范围都得到扩展。首先,计算机能够向学生提供多种形式的刺激,如文字、图形、声音、动画等,使学生从多种感官中接受丰富的信息;其次,计算机不再仅仅局限于选择反应的使用,而是能够允许学生输入建构性应答;最后,计算机提供的反馈不仅能确认学生反应的正确或错误,还可以判定学生回答的正误程度,诊断其错误的性质与原因。

行为主义理论的"刺激—反应—强化"模式对计算机辅助教学课件设计的启示如下:

(1)即时反应。反应必须在刺激后立即出现,如果刺激和反应的间隔太长,反应将被淡化。

(2)重视重复。重复练习能加强学习和记忆,引起行为比较持久的变化。

(3)注意反馈。CALI 设计必须让学习者知道反应正确与否,并及时给出反馈,这种评价对学习非常有用。

(4)逐步减少提示。在减少提示的情况下,使学生的反应向着期望的方向发展, 从而引导学生顺利完成预定的学习任务。

当然,行为主义还是有其局限性,它仅仅揭示了人类学习的生物属性的一面,无法揭示人类学习的复杂性和多样性,在指导教学方面还存在着局限性。行为主义理论注重学习者外在行为变化的水平,忽视了整个学习过程中学习者的理解及心理过程、学习者主观上的差异和创新能力。

2. 认知主义理论(Cognitivism)

计算机辅助语言教学的第二次发展是受认知主义学习理论的影响而出现的。认知心理学产生于 20 世纪 50 年代末，60 年代以后迅速发展起来，成为当代心理学的一个重要分支。认知主义源于格塔式心理学派，这个学派认为学习是人们通过感觉、知觉得到的，是由人脑主体的主观组织作用而实现的。外在的强化作用不是产生学习变化的原因，内在动机和学习本身内在的强化作用才是学习变化的主要因素。主体在学习中不是机械地接收刺激，被动地作出反应，而是主动地、有选择地获取刺激并进行加工；对学习问题的研究关注的是内部过程与内部条件，主要研究人的智能活动（包括知觉、学习、记忆、语言、思维）的性质及其活动方式。认知主义理论是在批判行为主义理论的基础上吸收行为主义、格塔式以及其他心理学流派成果而发展起来的。认知理论从内部心理过程来解释人类的学习行为，强调人的认知过程是在外界刺激（客观）和认知主体心理过程（主观）相互作用下发生的。其基本观点是，外界刺激固然重要，但不能说明行为的原因，环境提供的信息只有通过支配外部行为的各种认识过程才能被编码、储存、加工和操作。人的认识不是由外界刺激直接给予的，而是由外界刺激和认知主体内部心理过程相互作用的结果。

　　认知学习理论的重要代表人物是瑞士心理学家皮亚杰，他认为人作为认识的主体具有一定的认知结构，儿童就是在不断成熟的基础上，在主客体相互作用的过程中获得个体经验与社会经验，从而不断协调和平衡认知结构。而学习就是认识周围环境并与周围环境相互作用，将外部事物纳入原有的认知结构中。20 世纪 60 年代美国认知学派代表人物布鲁纳接受并发展了皮亚杰的理论，提出了认知发现学说，他认为学习不是被动的刺激反应的联结，而是主动发现事物并将其纳入认知结构。80 年代后，认知心理学家都倾向于用信息加工理论来解释学习过程，因而信息加工理论成为认知心理学的主流。所谓信息加工就是将人脑与计算机进行类比，把人脑看作类似于计算机的信息加工系统。根据这一理论，学习者的学习过程是学习者根据自己的态度、需要、兴趣、爱好等，并利用原有认知结构，对当前外部刺激所提供的信息（如教学内容）主动做出的、有选择的信息编码、储存和加工的过程，认知即是信息的转换、分析、加工存贮、恢复和使用感觉输入的全部过程。因此教师的任务不是简单地向学生灌输知识，而是在传授知识的同时激发学生的学习兴趣，发展学生的认知能力。学习者不再是外部刺激的被动接受者，而是主动对外部刺激所提供的信息进行选择加工的主体。

　　认知学习理论的引入为计算机辅助教学注入了新的活力，使得新一代计算机辅助教学方式更具灵活性和适应性，为学习者提供了更加主动、自由的学习空间，激发了学习者的积极性和主动性。认知理论从某种程度上弥补了行为主义理论的不足，拓宽了计算机辅助教学原有的个性化和交互性的特色，将计算机辅助教学带入了一个新的高度。在基于认知理论的计算机辅助外语教学中，人们开始注意学习者的内部心理过程，开始研究并强调学习者的心理特征与认知规律，不再把学习看作是学习者对外部刺激被动做出的适应性反应，而是学习者利用自己的原有认知结构和知识经验，对当前外部刺激所提供的信息主动作出的、有选择的信息加工过程。计算机不仅充当教师的角色，还是教与学的辅助工具、刺激手段以及知识载体，如文字处理、拼写与语法检测、发布公告及协调等功能。计算机辅助语言教学强调的是使用语言形式,而不仅仅是学习语言形式本身。比如语法教学具有含蓄性和非明确性,鼓励学生创造话语而非操练已建成的句型,对学习者的学习行为不评价或褒奖,灵活对待学生的错误。

计算机辅助语言教学课件应该能够调动各种感官刺激,利用色彩、图案、声音进行鼓励,也可采用文字、符号、语句来激励学习者的学习愿望。其软件内容不再是单一的句型训练,而是包含定速阅读、课文重构以及语言游戏等。学习者可通过大量的选择、控制和相互学习获得正确答案。基于认知理论的计算机辅助外语教学模型关心的是如何将新旧知识有效地联系起来,因此该模型加快了学生新旧知识之间的转换,提供了更多的机会让学习者在新旧知识之间建立必要的联系,更注重学习者自我组织和独立操作能力的提高。将认知学习理论应用于计算机辅助教学课件设计的美国著名心理学家是安德逊,根据认知学习理论,他于20世纪80年代初提出一种思维适应控制方法(Adaptive control method of thinking,ACT),该方法强调高级思维的控制过程,试图揭示思维定向与思维转移的控制机制和控制原则。安德逊将这种方法应用于建造认知型学习模型,以实现对学生求解几何问题思维过程的自动跟踪与控制,并取得很大的成功。

认知主义学习理论对计算机辅助教学课件设计的启示如下:

(1)用直观的形式向学习者呈现学习内容结构,让学习者了解教学内容中涉及的各类知识之间的相互关系。

(2)学习材料的呈现应适合学生的认知发展水平,按照由简到繁的原则来组织教学内容。

(3)CALI 课件应具有交互性,应该允许学生参与和控制,而不是被动的接受知识。

(4)CALI 课件应适应不同学习者的需求和特征,这样学习效率才会提高。

(5)CALI 课件应根据学习者的特征和学习任务的特点给以恰当的反馈,以提高教学的效率。

在认知学习理论指导下,计算机辅助语言教学很快显示出比基于行为主义理论的语言教学更大的优势。但是基于认知理论的计算机辅助语言教学仍有其固有的缺陷,人仍然受计算机指挥,只能做到有限的人机互动,未能做到人控制计算机并开展人机互动,忽略了学生之间与师生之间的互动以及教师的指导作用等这些十分重要的教学原则。

3. 建构主义理论(Constructivism)

建构主义学习理论是认知主义学习理论的进一步发展,可以称之为"后认知主义"。认知主义学习理论主要在于解释客观的知识结构如何通过个体与之交互作用而得到内化,而建构主义学习理论主张以学生为中心,强调学生是信息加工的主体,是知识和意义的主动建构者。知识不是由教师灌输的,而是由学习者在一定的情境下通过协作、讨论、交流、互相帮助,并借助必要的信息资源主动建构的。建构主义学习理论继承了过去认知心理学的若干思想,如皮亚杰的发生认识论,维果茨基的社会心理学思想,布鲁纳的认知发现学说等。这些学习理论并不是建构主义学习理论,它是认知主义向建构主义过渡的产物。关于儿童的认知发展及心理机能的形成,皮亚杰认为是通过自我建构实现的。学习是儿童在主客体相互作用的过程中获得个体经验与社会经验,从而将外部事物纳入其原有的认知结构中。这种学说过于强调学习主体的生物性而没有充分了解人的社会历史性。而维果茨基认为学习是一种社会建构,是通过社会作用不断建构认知图式,强调认知过程中学习者所处的社会文化历史背景的作用,重视"活动"和"社会交往"在人的高级心理机能发展中的地位。而建构主义学习理论正是融合了皮亚杰的"自我建构"和维果茨基的"社会建构",并有机地运用到学习理论研究中来,在此基础上提出了"意义建构"。建构主义学习理论强调环境对意义建构的重要作用,认为学习是学习者在一定的社会文化背景下,借助其他人(包括教师和学习伙伴)的帮助,利用必要的学习资料,通过意义建构而获得。

建构主义理论中有两个重要的概念,一个是同化,一个是顺应。同化和顺应是人们与外部环境相互作用时内部心理发生变化的两个基本过程。同化是指把外部信息整合到原有认知结构中的过程,从而在数量上扩大了认知结构;顺应是指个体因原有认知结构无法同化新环境提供的信息而不得不进行重新组合,从而形成了新的认知结构。建构主义理论的教学方式是,以学习者为中心,发挥教师的组织、指导、帮助和促进作用,利用有效的学习环境帮助学习者完成同化和顺应的过程,最终达到学生对所学新知识的意义构建。

90 年代至今的计算机辅助语言教学都受到建构主义学习理论的影响,也表明计算机在教育领域的应用进入成熟阶段。建构主义提倡情境性教学,"情景"、"协作"、"会话"和"意义建构"是建构主义学习过程中四个基本要素。首先,建构主义批评传统教学中使学习失去情境化的做法,提倡情境性教学。多媒体技术和网络系统是创设真实情境的最有效工具,因此我们在设计网络教学时可以充分利用多媒体技术来提供虚拟情景,使学生能身临其境地体验效果逼真的"情境",从而强化英语教学内容的传播效果。这完全符合建构主义理论的第一要素。其次,建构主义理论强调"协作"与"会话",建构主义认为真正有效的学习应产生于学习者与教师之间、学习者之间、学习者与教学内容及教学媒体之间的相互作用中。合作学习、交互式教学在建构主义教学中广为采用,而强大的多媒体技术和网络系统在教学中的应用能够最大限度地提供各种交互功能,为学生提供参与、协商、合作并进行会话交流的机会,从而创造了学习者最理想的意义建构环境。最后,建构主义理论强调"意义建构"。学习总是先激活原有知识经验(原有"图式"),然后再通过同化或顺应过程重建新知识(新"图式")与原有知识之间的联系,使认知发展从一个平衡状态进入另一个更高的发展平衡状态。多媒体技术能够提供声、文、图并茂的多重感官综合刺激,有利于学生认知结构的建构。

信息社会的到来促进了计算机多媒体技术及网络技术的迅猛发展,从而为建构主义理论的推广和实践提供了理想的条件。大力发展建构主义理论指导下的计算机多媒体外语教学已成为国内外语语言教学的一种理念和共识。辅助教学的计算机多媒体技术具有多媒体集成、跨平台资源共享、个别化学习、交互和远程教学等许多独特的优势,可以为学生提供虚拟的学习环境,给学生提供学习材料、学习途径以及参与的机会,使学生能够建构新的知识体系。计算机辅助教学使用文字、图形、动画、视频和声音等多媒体信息来呈现教学内容,从而可以激发学生视觉、听觉、感官等多方面的认知渠道。有了计算机网络技术辅助教学,教师不用担心缺乏真实的语言环境和语言材料,以及如何组织与之相关的课堂活动等问题,而课堂也从以书本、语言形式、练习和教师的讲授为中心的教学模式中解脱出来,取而代之的是以学生为中心的课堂,学生可以进行自主学习或相互进行讨论和意义协商。教师按教学要求把多媒体进行有机结合,显示在课堂教学活动中或提供给学生,让其进行课后自主学习,为学生提供多样化的外部刺激,激发他们的积极参与;而学生可以根据自己的兴趣、知识经验和需求使用这些多媒体信息,建构自己的知识体系,从而达到最佳学习效果。建构主义理论指导下的计算机辅助语言教学能够创造一个理想的二语习得环境,使学习者能够充分利用多媒体与网络的特性与功能,亲身体验各种创造性和合作性的英语学习活动,最大限度地满足意义建构的需求。

建构主义学习理论对计算机辅助教学设计的启示如下:

(1)学习活动应与规模较大的任务挂钩,因为解决任务的实际需要将促使学生主动去建构相关的知识。

(2)学习者在学习过程中自己提出问题,或将别人提出的问题变为自己的问题,这能够成为学习活动的刺激物,使学习成为自愿的事,而不是给他们强加学习目标或以通过测试为目的。

(3)设计真实的学习环境,让学生带着真实任务进行学习,使英语学习具有与实际情境相近的复杂度,避免降低学习者的认知要求。

(4)CALI 应具有交互性,让学习者拥有学习过程的主动权,为学习者提供有效学习环境。

(5)鼓励学习者进行"协作式"学习。个人理解的质量和深度决定于一定的社会环境,学习者们可以互相交换想法,通过协商趋同。

(6)必须适应个别学习者,要尽量顾及学习者的特征,如兴趣、阅读速度、先前经验和知识以及学习方式等。

(7)软件画面的设计既要符合教学要求,又要符合学习者知觉和注意的特点。例如,要尽量限制屏幕上呈现的文本的量,融入图形,利用声音、动画等,使用激发学生动机的技术。另外,使用边框、颜色、光柱、闪烁、动画以及声音等凸显重要信息。

4. 活动理论(Activity Theory)

活动理论是二十世纪二三十年代由前苏联心理学家 Rubinstein 和 Leont'ev 创立,用于研究特定社会文化历史背景下人的行为活动的理论。活动理论将人类的认识起点和心理发展过程融入活动中,把活动体系作为基本分析单位。

活动理论最初用来解释个体的行为活动,主体、客体和工具是其三个基本要素。最初的活动理论的基本框架结构(如图2)其核心源于维果斯基提出的中介(mediation)思想。维果斯基认为,在人类行为的刺激和反应之间有一个中介,即二次刺激。在活动理论中,主体是活动中的个人,客体是指活动的对象或目标,主体接受刺激后产生反应作用于客体,而工具是指主体作用于客体的手段。在活动系统中,主体以工具为媒介对客体进行改造,把客体转换为结果,以此完成活动。主体通过工具把客体转换为结果的过程表现了活动的目的和意图。在转换过程中,作为媒介的工具可以是使用的任何东西,包括物质上的,心理上的和方法上的。客体是动态的,在活动过程中被转换,随着活动的展开它的形式和功能可能都会发生变化。而转换产生的结果即为活动体系生产出来的生成物,包括物质上的、精神上的和符号上的。

图 2　最初的活动理论基本框架结构

　　最初的活动理论其分析单元依然仅仅关注于个体,还没有关注到群体。然而人的大部分活动都不是只发生在单独的个体身上,而是发生在社群或社会环境下的行为,人类的行为活动是处于社会文化的情景脉络中的。所以图 2 中的结构过于简单而不能表达在活动系统中个体与社会环境之间的互动关系,因此,Engeström(1987)将规则、社群和劳动分工纳入到活动体系结构中来(如图 3),这三者是对人类个体活动发生的社会文化环境因素的描述。社群是诸多活动主体的集合,即活动主体所在的群体,对学生来说,可能是学习小组,或班集体,或虚拟的网络学习群体。规则是指对活动进行约束的明确规定、法律、政策和惯例,以及潜在的社会规范、标准和社群成员之间的关系。每个社群都会对规则进行协商,而规则描述了社群如何运作及社群的信念和它支持不同活动的方式。劳动分工是指社群内合作成员横向的任务分配,也指纵向的权力和地位分配(Engeström,1998)。劳动分工是根据活动的目标及具体监控在社群中协商进行的。从图 3 中可以看出,工具是主体作用于客体的手段,而主体与社群之间的关系是由规则来进行约束,社群和客体之间的关系则是通过劳动分工来实现。

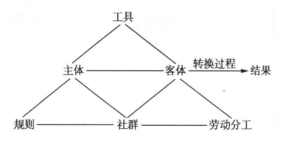

图 3　活动理论基本框架结构(Engeström,1987)

　　活动理论为构建和分析网络学习环境提供了新的视角,是计算机辅助语言教学的理论基础,其关注的不是知识状态,而是人们参与的活动。活动理论为网络学习活动提供了框架和思路,而计算机网络技术是网络学习活动得以顺利进行的前提和保障。

　　在计算机辅助语言教学中,网络学习环境的构建首先应对活动主体进行分析,确保以学习者为中心,因为学习者是网络学习活动系统的主体。学习者的主体性具体表现在学习者对学习环境的选择和积极探索上。其次,活动理论认为所有活动都以客体为导向。在网络学习活动系统中,学习内容和学习目标便是活动客体。网络学习活动和环境的设计应体现学习活动的内容和目标,在学习活动中,学习目标具有动态性,即学习目标在学习活动过程中是不断变化的。而计算机网络技术为学习目标的实现提供了条件,包括学习工具、资源等等。在网络学习活动系统中,工具主要是指计算机网络技术,其主要角色是支持学习者用技术学习(Learning with IT),而不是从技术学习(Learning from IT)。在网络学习活动和环境的设计中,应充分重视主体作用于客体的手段,即工具作为手段促进学习者知识构建的作用。在网络学习活动体系中,工具是支持学习活动开展的环境和条件,主要包括可视化工具、认知工具、交流工具、情景工具、信息工具和评价工具等。这些工具作为手段扮演着多重角色,例如知识构建、信息搜索、情境创设、交流、智能伙伴等。

在计算机辅助语言教学中,学生的网络课程活动形式主要包括自主学习活动和协作学习活动。自主学习活动可以充分发挥学习主体的主观能动性和主动探索性,而协作学习活动则充分发挥社群的作用,使学生利用网上传递信息的便利条件进行交流与合作,共同完成学习任务,避免学生因网络环境产生的孤独感,提高学习效果。在计算机辅助语言教学的网络课程环境下,学习者进行学习活动时是分离的,教师无法进行实时的监控,因此网络学习社群的作用更为重要。学习者相互之间进行交流,彼此之间提供支持和帮助,这样学生的主体地位更加突出,也更有利于培养学生的社会协作精神与人际交往能力。这种交流与协作实际就是在网络学习活动中劳动分工的表现。同时,需要制定相应的规则来保障网络学习活动的顺利进行,比如社群成员的行为规则用以协调网络学习社群成员之间的分工、交流与协作,教师的监管规则用以监督学习主体的学习活动并提供及时的反馈,活动的评价规则则可以让学习主体对其知识建构进行反馈与反思,学习主体结合自我评价和他人评价、过程评价与结果评价对其学习方式和学习内容进行及时的调整,使学习效率最大化。

5. 技术接受模型(Technology Acceptance Model)理论

技术接受模型(Technology Acceptance Model,简称 TAM)是 Davis(1989)将理性行为理论(Theory of Reasoned Action, TRA)应用到信息技术用户接受领域的产物,是用来研究用户是否接受信息系统时提出的一个模型。技术接受模型的提出最初是为了对计算机广泛接受的决定性因素做一个解释说明。它结构简单,并得到了各种实证研究的证实,因而在信息科技领域和商业领域中被广泛应用于对各种信息技术的被接受程度进行研究,解释和预测用户对信息技术的接受情况。目前也有人开始将技术接受模型应用于信息技术教育方面,研究计算机辅助语言教学中学习者和教师对计算机信息技术的接受程度,以及计算机辅助教学的实际使用行为及教学结果之间的关系。

如图 4 所示,技术接受模型延伸了理性行为理论的"信念—态度—意向—行为"关系,提出了两个主要的决定因素:①感知有用性(Perceived Usefulness),旨在反映个体认为使用某一个具体的信息系统对其工作业绩提高的程度；②感知易用性（Perceived Ease of Use），旨在反映个体认为使用该信息系统的容易程度。除此之外，TAM 理论还包括以下其它元素：③使用行为（Usage Behavior），用户对某一新技术的实际操作行为；④行为意向（Behavioral Intention），用户想要使用某一新技术的意愿或意图；⑤使用态度（Attitude），用户对某一新技术主观上的正面或负面的态度或评价。此外，TAM 将用户自身特点、社会环境、基础条件等因素归结为外部变量（External Variables），具体体现为系统设计特征、系统培训时间、用户特征（包括感知形式和其他个性特征）、任务特征、开发或执行过程的本质、政策影响、组织结构等等，这些外部变量通过作用于人的主观感知而间接地起作用。

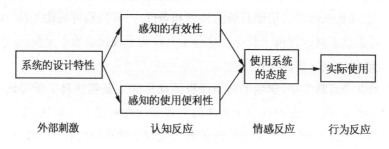

图 4　技术接受模型（Davis, 1993）

　　技术接受模型认为用户对某一信息技术的使用行为取决于他使用该技术的行为意向，将使用者的行为意向视为其使用行为最直接的体现，即行为意向直接导致使用行为。而行为意向除了受到使用态度的影响外，感知有用性也会对其产生影响。换句话说就是如果使用者觉得某项信息技术有助于未来的工作表现，这将影响到他对此项技术的行为意向。使用态度由用户对该技术的感知有用性和感知易用性共同决定，感知有用性和感知易用性都是个人主观知觉上的概念，它们通过使用态度来决定使用者的行为意向。同时，技术接受模型理论也指出感知有用性是受到感知易用性直接影响的，即某种信息技术越容易使用，使用者就越能够感受到这种技术的有用性。感知有用性和感知易用性又会受到用户自身特点、社会环境、基础条件等其它外部变量的影响。

　　既然感知有用性和感知易用性都会受到外部因素的影响，所以在计算机辅助语言教学环境中，网络学习系统的系统特性（系统界面设计、图形使用等）、教学方式（讲学、讨论、在线学习等）、教师及学生个人差异（性格、教学风格、受教育程度等）等都会影响教育参与者对信息系统的有用性和易用性的认识，进而影响他们对信息系统的使用态度和行为意向，最终决定了网络学习系统的实际使用行为。例如在信息化合作学习中，学习社群利用计算机网络以及多媒体等相关技术获取、分析和处理学习资源，得到学习服务支持，进行分工协作，相互交流，在教师的指导和帮助下完成共同的学习任务，达到共同的学习目标。而在这个信息化合作学习过程中，信息技术特别是网络技术的特点、交互的方式、社群成员之间的差异等都会影响参与者对有用性及易用性的感知，从而影响他们对信息技术和合作学习的态度及意向，最终决定信息化合作学习的实际效果。因此，技术接受模型可以用来解释和预测计算机辅助语言教学环境下的网络课程参与者对信息技术的接受程度,有助于教育者采取必要的措施影响他们的内部观念和态度,促进他们的行为意向和对信息系统的使用行为,强化他们对计算机辅助语言教学的接受程度,从而提高教学质量。

第二节　CALI 中常用的教学策略

教学法包含教学策略和学习策略两个方面。其中学习策略指的是记忆学习内容和使用信息的策略。就学习策略而言,教学法的主要职责在于促进学生的理解能力、文本写作能力和解决问题的能力。学生的学习一般都包含以下过程:识别新知识、复习回顾先前学过的概念、组织并恢复已有知识经验、将已有知识经验与新知识经验进行结合、消化吸收新知识经验,然后解释课程学习过程中遇到的所有东西。

教学策略则是由老师为学生提供,用于促进学生更近一步理解信息的策略。教学策略的主要目的在于促进学生的学习。从教学策略的角度来说,教学法的重点在于设计、编程、并详尽阐述需完成的学习内容。教学策略的设计必须使学生能够观察、分析、表达观点、提出假设、寻求解决问题的方案并自己发现知识。例如讲授式教学策略指的是教师在教学过程中使用一系列有组织的、系统的活动和资源。

教学策略的各种构成要素中,学习过程的设计、教学过程中应用的方法和资源是主要要素。从这种角度来说,先前的许多研究都对教学策略进行过专门的论述,例如 Dunn(1988)就提出,教好学生的重点在于使用各种能够迎合学生概念偏好(conceptual preferences)的方法。而 Cabrero(2006)则提出如何才能使老师所应用的教学策略对教学质量产生效果,即教学策略的应用既要考虑学生的个人需求,也要考虑整个学生群体协作的共同需求。

在计算机辅助语言教学领域,教学策略的使用一方面要强调如何将各种电子媒体融入到这些策略中,毕竟信息技术日新月异的发展变革使老师应用各种教学策略成为了可能,这其中既有传统面对面课堂上的教学策略,也有专门应计算机网络技术而出现的新教学策略。另一方面,老师也不得不考虑教学策略与学生的学习风格相结合的问题,这一方面是迄今为止计算机辅助语言教学研究做得还不够的地方。

有效的计算机辅助语言教学必须依赖成功的学习经验,而成功的学习经验又依赖于语言教师的合理设计和帮助。毕竟学生有不同的学习风格,因此从事 CALI 教学的老师应该设计能够迎合学生不同学习风格的活动,以便为每一个参加在线学习的学生提供有意义的经历。在设计 CALI 课程时,可以通过多种教学策略的利用来实现满足不同学生的不同学习需求。很多时候老师完全可以对传统面对面课堂上使用的教学策略进行修改,就能够将其应用到 CALI 教学环境中。

以老师为中心的传统课堂上,由于老师垄断着信息,所以习惯上老师控制了整个教学环境。但是,在基于网络的课程里,随着学生能够自由获取大量的数据与信息,学生不再只依靠老师来传授知识。语言教师使用网络辅助教学后,学生的学习就变得更具有协作性,同时也变得更积极,更注重语境。在此情况下,老师必须首先设计好自己的课程、教学目的和目标,然后再考虑如何使网络环境更好地服务于教学目标和课程活动。这就要求老师在教学策略上要有相应的变化,即老师必须要成为学生知识技能习得的促进者,并引导学生解决问题。为了能够获取成功的在线学习,老师和学生还必须在教与学的关系中承担新的角色,同时包括教师在内的所有教育人员都必须做好将学习的控制权交由学生的心理准备。

计算机网络环境允许老师采用一系列具有互动性质的教学活动。与此同时,计算机网络技术的应用也会使老师在将自己的课程设计成能够适应计算机网络环境的过程中越来越关注自己课程的教学设计,其结果是,学生交际实践的数量、质量和模式也在不断得到提升。

在许许多多用于计算机网络环境的教学策略中,大部分都并非专门为在线教学而设计,而是来源于传统的语言教学课堂。但是这些教学策略经过重新设计后,尤其是将一些技术因素考虑进去后,也同样能够胜任新的教学环境。教师在进行教学设计时,应该选择能够实现特定教学目标的最有效的教学策略。从这一角度来说,教学策略是老师进行教学设计和促进学生学习的工具。

以下是已在传统课堂上得到有效应用的教学策略,经过修改后被用于计算机辅助语言教学。

1. 学习合约(learning contract)

学习合约能够将教学需求与学生的个人需求联系起来,解决班上存在不同学生需求和兴趣这一尖锐问题。学习合约是一种由学习者提供的正式书面合约,里面一般包含以下细节:学生想要学习的东西(即 What to learn);如何才能学到这些东西(即 How to learn);要学到这些东西预计要花多长时间(即 How long to accomplish the learning);以及评价这些东西是否已经学到的具体标准(即 What criteria to be employed in evaluating the learning outcome)。学习合约的建立将有助于老师和学生共同分担学习责任。

这种学习受事先写好的合约所制约,能够带来许多实际好处。首先,它使学生更投入地参与学习活动,因为这些活动都是他们事先计划好要参与的。一旦学生渡过了因合约订立而产生的困惑与焦虑阶段之后,学生将会进入一个对实施自己计划感到兴奋的时期。采用学习合约这种教学策略的另外一个好处是学生的责任心会得到加强,因为学习合约能够为学生提供更多的有效证据,让他们看到学习成果已达到什么程度。与此同时,这种合约也是一种让学生获得持续反馈的有效措施,使学生持续掌握自己在实现事先订立的目标进程中,都获得了哪些进展。

学习合约对网络环境下的学习尤其有效。由于面对面环境下出现的那种与同学讨论学习目的、学习目标和学习期待的情况不可能在网络环境下发生,因此老师对学生的期待必须要清楚而简洁。同样地,学生也必须对老师和课程有明确的期待。学习合约能够促使学生对学习目标和学习成果进行商讨,并使之明朗化。老师可以将某份学习合约挂在网页上,为学生提供示范,这样也可鼓励学生通过电子邮件或在线会议技术与在线学习伙伴共同协商学习合约,集思广益,使最终形成的合约更具有操作性和实践性。

2. 讲授(lecturing)

讲授是教学中使用得最普遍的教学方法之一。这种方法把老师视为专家,是一种有效的信息传播途径。大部分教育者都认为讲授的目的在于使学生在科目学习的过程中打下必要基础,因此好的老师应该要了解学生并根据学生的需求组织设计自己的授课内容。如果能够将讲授与其它教学策略结合起来使用,其效果会更好。

在线环境下可以通过多种途径来实现课程内容的讲授。首先可将授课讲义挂在网页上供学生复习回顾。讲义稿往往以打包的形式呈现在互联网上,学生要么从网上下载,要么由老师以蜗牛邮件(snail mail)的形式向学生传送。老师在上传讲义稿时也可包含相关资源和其它网站的链接。一般情况下在线讲授耗时都比较短,而且一般只教授重点,这与传统面对面课堂上的做法不同,后者涉及的内容往往都会超出学生听众的注意范围。在线讲授虽然简短,但要力求为学生提供足够的信息,为学生进一步的阅读、研究或其他学习活动提供必要的基础。在线讲义稿的另一显著优势就是可供学生根据需求一次又一次的反复浏览。

3. 在线讨论(online discussion)

在线讨论是学生最喜欢的教学策略之一,因为它具有很强的互动性,能够鼓励学生积极地参与学习,因此在线讨论往往也是在线课程的核心学习活动。在线讨论可以鼓励学生对不同的思维方式和行动方式进行分析,并且协助学生对自己的学习经历进行探索,使他们的评判性思考能力得到增强。

互联网为学生提供了几种在线讨论的模式,例如使学生关注某些话题的邮寄清单(mailing lists,一种自动化的分散式邮件系统)和在线会议项目等。以上提到的两种模式都是典型的非即时通信模式。此外,通过聊天室或基于文本的虚拟现实环境,也可实现学生之间的即时(共时)通信,这就是习惯上称之为多用户域(Multi-user Domains, MUDs)或多用户目标指向环境(Multi-user Object Oriented Environments)的通信模式。

4. 自主学习(self-directed learning)

自主学习是一种由学习者本人发起并主导的学习,这种学习模式一般涉及自定步调、独立、个性化学习以及自我辅导等要素。自主学习可能有多种叫法,但无论给这种学习模式套用何种名称,其始终将学习的任务直接放在学习者本人身上。积极主动地进行学习的学生往往比被动学习的学生(reactive learner)学得更多,也学得更好,同时具有主动意识的学生都是带着明确的目的和强烈的动机去学习的。比起被动的学习者,积极进行学习的学生能够更牢固地记住所学的内容,并且能够更好地应用所学知识。因此,能够进行自主学习的学生在学习过程中能够更投入、更积极。

在线学习环境有助于学生以个性化、自定步调的形式进行自主学习。学生可以借用计算机网络技术在自己方便的时间,以适合自己的速度来学习,搜索并利用互联网上丰富的信息资源。学生可以在互联网上访问图书馆、博物馆以及遍及世界各地的各种建筑或组织,与某个领域的专家进行交谈,获取某个领域的最新研究成果,阅读报纸,或与同伴就某些学术话题进行评论。学生可以与同伴以协作的形式进行写作,或将自己的写作或多媒体作品公开于互联网上。

5. 在线辅导(online tutoring)

在线辅导的目的在于进一步促进学习者的个人发展,并使学生的知识得到定型。在辅导过程中,导师不是知识的传授人,而是行使着导游的角色,将学生介绍到全新的世界中去,并帮助他们学习需要掌握的东西,使他们能够在未知世界中起到积极的作用。在教育领域里,导师应该对新环境进行解释,并为学生可能出现的行为提供示范榜样。此外,导师还应该支持、鼓励学生,对学生提出各种挑战,并为学生提供未来发展的远景。

在线导师指导的一个主要好处是能够为导师与学生之间提供经常而方便的通信。通过电子邮件,导师与学生之间可以实现每周一次甚至是每天一次的日志和通信,这样可以提供持续不断的师生对话,为学生的提问、担忧和关注的事情提供大量的及时反馈机会。

6. 小组活动(group work)

在小组里,学生可以讨论学习内容,分享不同见解主张,并一起解决问题。在小组活动过程中,学生可以贡献个人的见解,也可以参考别人提出的见解。用这种小组活动方式,学生就有机会接触针对某一主题的各类见解和观点。有许多小组活动模式可以促进学生之间的互动:

(1) 以小组讨论形式,让学生就当前讨论的主题进行反思,并提出个人想法。在小组中开展的讨论一般都是高智力水平的讨论,因为讨论过程中学生都会用上分析、综合、评价这类高水平的认知技能。

(2) 引导式设计(guided design)也可以促进小组内部的互动。引导式设计关注的是提高学生做决定的技能,同时也能够教授学生具体的概念和原理。参与者一起协作,共同解决开放式问题,而这类问题往往要求学生以课外操作的形式来获取信息才能够解决。这种小组活动形式还可以鼓励学生进行评判性思维、交流观点,并为做决定的过程提供步骤。这种活动还要求学生应用所学过的知识、信息,交流经验,并对其他同学提出的问题解决方案进行思考反馈。老师在这种活动过程中充当的是小组咨询人的角色。

(3) 角色扮演是另一种常见的小组活动形式,这种活动要求设计一种情境,让学生在其中扮演各种角色,以解决来自真实世界的问题。这样的设计有助于学生了解别人所处的位置和态度,也有助于学生掌握诊断问题和解决问题的程序。角色扮演可用于模仿真实的团队活动情境,使学生对问题或情境有充分的了解。

(4) 游戏是一种要求两个或两个以上的小组联合参与的活动。各小组为了完成游戏必须要努力实现一系列的目标,而这一努力过程其实也是一种学习过程。这类带有学习性质的游戏都要遵循一系列的规则和程序,游戏参与者也会获得相关信息,但参与人必须要从这些信息中选出对自己有用的。大部分的教学游戏都能够体现出典型的真实生活情境。教师在设计游戏时,必须要保证游戏规则、游戏程序和游戏目标的清晰和简明。

通过以上这些面对面教学环境中经常使用的团队活动可以看出,在线学习环境为小组活动的实施提供了各种益处。首先,这些团队活动在保证学生独立活动的同时,还能获得老师的指导。在活动过程中,要想让在线班级的全体学生都在同一时间碰面是很难的,这种情况下可以要求学生根据自己的时间组建小组,这样小组内的成员就有可能在共同方便的时间进行即时碰面。而如果是大团队参与的活动,则可借助非即时技术进行交流。在线学习环境的第二个好处是,学生在小组活动中均可获得平等的机会和权力。在网络环境中,地理、性别或残疾等可能对学生不利的因素所造成的影响将大大减少。在线学习环境的另一优势是老师能够在不占用其他团队的时间的情况下,对某些小组的问题和需求直接进行回应。

7. 项目制作(project production)

基于网络的项目制作能够为学生创造追求自己特殊兴趣的机会,这种学习活动既可以一个人完成,也可以在小组内实施。同时项目制作也使学生有机会进行实践操作,因此可以培养学生的成就感。学生完成的作品可拿到班上与同学分享,并接受同学的评判。很多时候(尤其是在没有计算机网络支持的情况下),个人的项目只供老师评判,但如果与其他同学一起分享,则学生可有机会接触他人各种不同的见解和反馈。

以上谈到的教学策略中,有许多都是以团队形式开展的项目。团队项目一般包含模仿、角色扮演、个案研究、解决问题练习、团队协作活动、辩论、小组讨论以及集思广益等。相对于个人项目那种较浓个人色彩的特征,小组项目则要求项目参与者接受同伴互评,使小组各成员有机会接触不同观点和见解。随着个人项目和小组项目制作活动的开展,学生就有机会满足自己的特殊兴趣,并且通过互联网为读者进行创作,出版或展示自己发现的东西或所得的结论。此外,互联网能够为学生创造很好的机会,让他们的在线项目作品获得来自课程以外的专家或有兴趣的同龄人的评价和反馈。

8. 协作学习(collaboration)

所谓的协作学习就是把两个或两个以上的学生集合起来,一起学习的过程。学生经常以小组形式学习,小组成员的学习能力水平都不尽相同,各自的学习风格也各不相同,但他们却能够在一起学习由老师设置的学习材料,或者一起针对某些实质性问题进行知识构建。小组里的每一位成员既有学习老师所教内容的责任,也负有帮助组内成员学习的责任。

如今协作学习教学策略已经被用于至少三分之一的高等教育课程中,UCLA 高等教育研究机构最近一项调查结果显示,这种教学策略的应用在过去几年里获得很大增长,其增长势头大大超过其他任何一种教学策略。即使是公司里的管理人员也都希望自己的员工有很强的协作技能,在招聘用人时,特别关注毕业生所接受的课程中是否含有培养其协作技能的内容。协作学习比人际交往过程中的竞争式学习(competitive learning)和个别式学习(individualistic learning)更能够促进学生的认知技能和自尊心的发展,也更有利于学生与学生之间良性关系的发展。

各种在线学习模式本身就是一种天然的互动学习环境,但就这些模式本身的定义来说,他们却不都是协作学习环境。学习者也可以在没有协作的情况下与其他参与者发生互动。例如在线接受他人的辅导就是一种互动,但并非协作学习。协作学习活动必须要进行细致而精心的设计,才能够使其发挥最大功效。

9. 案例分析(case study)

案例分析是一种要求学生应用个人已有知识经验的教学策略,它具有很强的参与性,并且具有与未来经验紧密联系的行动成分。一项案例分析的成功关键在于选择一个合适的问题情境,这样的问题情境既与学生的兴趣相关,同时也与学生的经验水平以及所要教授的概念相关。要求学生进行分析的案例应该包含与问题相关的事实、与环境相关的事实,以及与案例中相关人物个性特征相关的事实。案例分析要讲究实事求是,同时也容许包含分析人员的观点和见解。老师可以为学生提供解决问题的方法,但是在他们获得这些方法之前,他们必须首先要得出自己的结论,并且将所得结论与解决问题的真实决定进行比较。

案例分析可以在小组内实施,也可由个人实施。案例分析这种教学策略的优势是,它很强调学生评判性思维的发展,并且在学生检查案例的相关事实后有助于学生识别其中的原理,并将这些原理应用于新的情境。将案例分析与其它教学策略结合使用,教学效果会更好。

在网络环境里,案例分析可以在网页上展示,并可借用会议技术就学生的分析过程在小组里进行讨论。案例的设计可以通过协作项目的形式在班上的小组里实施。此外,学生与老师可以引用互联网上的大量资源,作为数据、信息或专家意见,来对案例进行设计和分析。

10. 论坛

论坛是一种开放的讨论空间,论讨的参与者往往都是具有某方面专业知识,或对他人的见解存在异议,或就某方面存在问题的个人或群体。老师作为协调人(Moderator),可以引导学生进行讨论,并由作为参与者的学生提出问题,然后就问题展开讨论、进行评价、提供信息;也可鼓励学生彼此问问题,或向有某方面知识经验的人提问。在线论坛一般含有两种模式,即专题小组讨论(symposia)和座谈会(seminars)。

专题小组讨论一般由一个三到六人的小组坐在一群观众(同样也是在线论坛参与人)前,就某一话题展开有目的性的对话,这一小组的成员一般都具有与该话题相关的专业知识或经验。就其本质而言,专题小组讨论并非很正式的讨论,一般都由协调人来引导,因此也可以允许观众参与讨论。座谈会一般包含一系列的展示,展示由二至五人提供,所展示的内容涉及同一主题或几个相似主题的各个方面。尽管座谈会与专题小组讨论一样,在性质上也并非很正式的,但是座谈会上所提供的展示能够引发观众提出许多问题。座谈会的一个明显好处是,学习者能够有机会接触到专家的各种不同观点,同时也能够为观众提供提问的机会。

由于在线环境能够有效促进小组内部的通信,对论坛中典型的信息交流而言,这的确是一种很理想的环境。事实上,在网络环境中开展论坛活动,比起在传统课堂上实施更具有方便性,同时效率也更高,因为发言人、专家和协调人都无需移动就可以参与论坛,甚至也无需在同一时间出现。即时与非即时通信技术都可被用于支持在线学习论坛。

11. 在线主题探究活动(WebQuest)

互联网能够为合作学习和协作学习创造有效的环境,因此能有效促进学习者之间的互动。在这样的互动环境下,学习者之间可分享不同方面、不同水平的知识经验,并且能够将已有知识经验用于对学习材料进行更深入的理解,最终实现知识的协作建构。通过协作解决问题或完成任务,学习者可应用和拓展自己的理论知识,也获得机会接触不同的知识经验和意见,这些知识经验和意见都无所谓对错,只是代表了解决问题的不同方案。网络主题探究就是这种能够为学习者创造协作学习,并实现意义协作构建的一种基于网络的活动。

随着互连网上信息量的不断增大,针对某一具体主题,学习者能够检索到大量的各种信息(以文字、图形、音频、视频等形式出现)。WebQuest 便是一种要求学习者运用网络收集有关主题的信息(大部分或所有信息来自互联网),以促使学习者进行评判性思维,有效解决问题或制定方案的探究活动(Sharma & Barrett, 2007)。WebQuest 是一种与虚拟寻宝活动相似的活动,但是前者更侧重任务的完成,有比较严谨的设计步骤和学生完成活动效果优劣的评判标准。由老师设计的 WebQuest 任务包里一般都包含背景介绍、任务、活动步骤、资源和评价标准这几个构成要素。WebQuest 的创始人 Dodge(1995)认为,设计由具体主题引导的 WebQuest 活动,能够使学生有效利用时间,将更多的精力集中在利用信息上,而不是寻找信息,因此可促进学生的分析、综合、评价等更高水平的思维能力。借助 WebQuest,还能够使学生将自己的兴趣融入到不同的内容区域里,使学生的学习变得更积极 (Vanguri et al., 2004)。如果能够将WebQuest 与学生的专业需求结合起来,网络探究活动就能够更成功地进行,学生的语言技能和协作技能也能获得提升(Laborda, 2009)。

实施 WebQuest 活动过程中,可能会出现因学生互动而产生的交际情景、因学生反思自己的表现和进行意义协商而出现的合作态度、学生以协作的形式使用计算机和互连网,以及学生专业技能与认知技能的发展等等现象,说明借助 WebQuest 活动可以实现学生的交际语言,符合社会建构主义理论的思想(Laborda, 2009)。当小组各成员拿着自己在互联网上获取的信息参与互动讨论时,他们不但要制作一个汇集词汇和句法结构的汇编(最终报告或总结性演示),他们还要以交互而且是近似真实的方式进行协商,以解决针对某个问题应提供什么信息、给出什么解决方案等问题。在 WebQuest 活动过程中,学生要一起进行讨论、收集整理信息、解决活动中遇到的困难并展示小组活动成果,这样学生之间将不得不发生关联,其结果又促进学生交际互动能力及其学习动机的提高(Kennedy, 2004)。因此 WebQuest 尤其适合于项目设计或合作学习等具有团队性质的学习活动。学生需要相互协助才能更有效地完成信息搜寻、陈述网络主题探究的成果并演练如何展示这些成果。Laborda(2009)总结了 WebQuest 活动的不同阶段对学习产生的影响。

表 8　WebQuest 不同阶段对学习产生的影响(Laborda ,2009)

WebQuest 的不同阶段	对学习的影响
1. 向学生展示 WebQuest 任务书	学生可习得 WebQuest 任务书中的部分词汇与语法结构
2. 小组成员聚集(以分配角色)	合作、任务分配、交际互动、激励学生
3. 小组成员各自检索信息(但成员间仍彼此联系)	被动或积极阅读网络信息、词汇与语法结构学习、相互协商与支持、专业知识增长
4. 小组成员聚集(以共享所获信息并进行讨论)	小组成员间互换信息、交际互动、被动或积极阅读各自获得的信息、词汇与语法结构学习、输出
5. 小组成员制作探究成果展示	小组成员间互换信息、交际互动、被动或积极阅读经讨论后精选出来的信息、词汇与语法结构学习、输出
6. 在班上汇报探究成果	全班学员间互换信息、交际互动、被动或积极阅读探究所获信息和成果、词汇与语法结构学习、输出

小结

　　计算机网络的应用使来自不同地方的(甚至是世界各地的)老师和学生在不同时间、用各种不同交际模式交流思想和信息,或者一起努力完成某些项目。虽然具有以上诸多优势,也提供了丰富的资源,但如何将以上各种教学策略应用于教学实践才能使其发挥最高效率呢? 如同这些策略在传统课堂上的应用一样,只要教学策略的应用是为了满足特定的学习目的或学习目标,那么这些策略就有可能发挥最大功效。要想进行有效的课程设计,设计者首先要认识并设法解决以下关键问题:本课程的主要学习目的和学习目标是什么? 一旦设计者弄清楚这些学习目的和学习目标,并且能够将其明确表示出来之后,才可以谈论使用何种教学策略和采用什么样的学习活动之类的问题了。

　　基于互联网的学习所具有的巨大潜力主要是因为互联网具有能够支持各种模式的交际的能力,包括支持学生与学生之间的交际、学生对老师的交际、老师对学生的交际、老师与老师之间的交流、学生对他人的交际以及他人对学生的交际等等。此外,互联网还能够兼顾不同学生的不同学习风格,为学生提供自主学习和协作学习的空间与资源。对老师而言,有了互联网的丰富资源和所能提供的近乎无限的可能性,他们就可以设计各种课程,尤其是能够实现具体学习目标和学习成效的课程。

　　总体而言,基于计算机网络技术的教学环境是一种与传统课堂(这里指很传统的课堂,例如面对面的教室、实验室或会议室等)既有相似点又有不同点的环境。当语言教师将课堂搬到互联网之后,必须事先计划好如何充分利用网络环境。但无论是哪一种环境,以上所讨论的各种教学策略都可以满足课程的各种目的和目标。然而,在充分应用各种环境的特征和潜能时,使用策略的方式也应该有所不同。

第三节　CALI 的设计原理

　　如何进行有效、合理的计算机辅助语言教学设计? 这是语言教师、研究人员和软件开发商都关注的问题。要有成功的教学设计,首先必须建立起相关的评价标准体系。这样的标准体系必须要满足三项要求,即:第一,评价标准必须建立在已有研究结果和理论推导的基础之上,这样才能构建出二语习得所必须的理想条件;第二,评价标准体系必须附有如何将其用于进行评价的具体说明;第三,评价标准应既适用于评价设计中所使用的软件,也适用于评价教师为学生设计的任务、活动。在这三项要求基础上,Chapelle(2001)最先提出了评价计算机辅助语言教学设计的五个原理,以及这些评价过程对 CALI 的启示作用(见表9)。从这些原理及其启示中,教师设计者也可推导出有助于 CALI 设计的原理和方法。

表9 对计算机辅助语言教学设计进行评价的原理及其启示

计算机辅助语言教学设计评价原理	对计算机辅助语言教学设计的启示
对计算机辅助语言教学设计进行评价必须要视具体环境而论。	计算机辅助语言教学设计者必须熟悉适用于特定情境的评价标准,以此来指导教学设计。
对计算机辅助语言教学设计的评价必须涉及两个方面,即对软件和任务作定性分析,及对学习者的学习效果作定量分析。	对计算机辅助语言教学设计进行的两种形式的分析都必须有方法论的指导。
对计算机辅助语言教学任务的质量进行评价的标准必须来自二语习得的相应理论和研究结果。	计算机辅助语言教学设计人必须与时俱进,时刻关注二语习得研究结果。
评价标准的应用必须考虑教学任务的目的。	计算机辅助语言教学任务必须有明确的教学目的。
评价计算机辅助语言教学设计时,必须将该设计是否具有促进语言学习的潜能作为评价的中心。	促进语言习得应成为计算机辅助语言教学任务的主要目的之一。

Rogers(2002)为从事计算机辅助语言教学设计的教师设计者提供了一个行之有效的教学设计评价模式(见图5)。这一针对教学设计的评价模式实质上也是一道指导计算机辅助语言教学设计的程序。

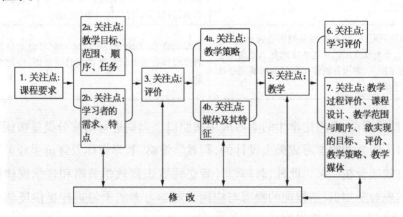

图5 计算机辅助教学设计原理

这一模式并没有将分析"学生市场"纳入其中,即不去探索新的教育市场,而是着重关注教师设计者的教学设计本身。因此这一模式的第一步并非评价教学必要性,而是评价课程要求。使用这一模式时,可以假定教师设计者在学校已经有给定的教授课程,甚至手头已有实现课程设计所需的教材。尽管高校教师有一定的选择自由,但是课程的设计必须是与整个教学计划相关,并且是教学计划的组成部分。另一方面,动手设计前教师设计者必须考虑是否能够获取设计所需的相关硬件、软件及语言材料,同时也要考虑学校的要求,因此必须根据现有条件进行计算机辅助语言教学设计,不可随心所欲。

其次,教学设计必须要对学生及其学习进行需求分析。教师在进行计算机辅助语言教学设计时必须始终牢记三个问题:学生要具有什么样的学习成果才可认为这一教学设计是成功的? 学习者是什么样的人,他们知道了多少? 在实施教学设计的过程中,他们需要了解什么? 我们可借鉴 Gagne、Briggs 和 Wager (1992)提出的学习者应实现的学习成果来对这三个问题进行具体分析(详见表 10)。

表 10　学习者应实现的学习成果及对应的教学策略、教学媒体和学习者需求

学习成果	定义与举例	教学策略、教学媒体、学习者需求
态度	态度涉及道德观发展、社交能力发展与人际互动,而态度上的变化则体现在个人偏爱与选择上。	在教学策略上,应为学生提供可效仿的模范及实践操练;所用教学媒体必须能够提供实践操练或模仿;给学习者提供带有解释性的反馈。
运动技能	包括跳舞、写字、玩游戏、甚至是焊接等任何形式的运动。	在教学策略上,应给予学生足够的实践操练;所用教学媒体中应包含物理实体或仿真物体;同时有必要为学生提供带有示范性的反馈。
言语信息	事实、拼写、基础术语、带有学习目的的听、说活动等。	采取以老师为中心的教学策略(以讲授为主);媒体的应用必须能够为非阅读材料提供书面或口头形式上的言语信息;给学生的反馈可以是简单地提示他们哪些答案是对的而哪些又是错的。
认知策略	学习者对思考策略与学习策略的选择与采纳。	教学策略上,必须允许学习者对学习策略进行操练;教学媒体必须能够为学习者提供互动环境下的操练;反馈必须要具体,并且能够提供进一步的信息。
智力技能	解决问题前,能够对相关规则进行区分、识别、分类及应用。对这些技能有了更高水平的掌握后,学习者能够找到问题的解决办法或程序。	教学策略上,必须允许学习者对学习对立分析、解决问题;教学媒体必须为学习者提供时间条件;经常为学生提供解题、练习的机会。

当然,对教师而言,要想把学生的学习成果按照以上类别进行精确分类是很困难的。但如果教学是针对不同类别的学习成果去设计的,则教学策略、教学媒体及评价手段的选择更能够与教学目标有效结合在一起。此外,教师设计者必须意识到教学策略和教学媒体的选择与应用能够必须实现对新知识、新技能的操练与应用。对学习者的学习进程提供反馈是很有必要的,而且反馈必须因学习结果类型的不同而有所区别(Sales & Dempsey, 1993)。因此教师在设计一门课程或一堂课时,对教学策略与教学媒体的选择上必须要考虑这一门课程或这一堂课所要达到的学习效果。

确定了什么样的学习效果值得关注之后,接下来就要对学习效果本身进行评价。教师应用计算机进行语言教学设计时,时常面临两个问题:要评价什么样的学习结果? 学生又是如何

将自己从这一教学设计中学到的新知识表现出来的？传统的书面测试、标准化测试等都可对教学效果进行检测。就计算机辅助设计而言，评价的不单单是课程内容，还应该评价学生的计算机技能。因此语言教师用计算机辅助设计时，将不得不面对另一个问题：到底要评价什么？是学生在课程中是否学到了知识，还是学生的计算机技能是否得到了提高，还是两者都要评？

不言而喻，计算机是很有效的教学辅助工具，但却不能够完全取代人力。这一观点说明教师的个人风格和教学策略在教学中依然占据主导地位。作为设计者，教师必须要考虑课程设计的整个大环境。有时语言教师进行设计时出于无奈不得不使用时下最时髦的教学策略，但有些时候教师虽有很大的自由度选择教学策略却又不得不面临着缺乏教学媒体的问题。教师在设计时，既要考虑课程要求、教学环境的限制，也要考虑教学行政管理人员与学生的需求。同时，教学策略的选择与所需教学媒体是否可获取总是相互制约的。因此，教师作为设计者，只有在现有条件下进行设计，不能凭自己的意愿进行。

将设计应用于课堂教学的过程中，设计者在第一、二堂课上需要特别关注哪些设计环节在课堂上是有效，而哪些又是无效的。这实际上是对设计进行正式评价的第一步，对设计者具有十分重要的实践参考价值。

在 Rogers 的评价模式中，最重要的一步是对设计实施之后的学习收获进行评价。设计者可借助学生的表现记录、测试结果、反馈意见、网页等各种能展示学生学习收获的信息源来了解设计的优劣，并可获取设计者所关注的以下几个问题的答案：学生是否已达到了自己想实现的学习目标？学生的收获是否已超出了预定的课程目标？学生是否在应用技术的过程中因过度关注技术本身而迷失了学习目标？因此开始实施教学设计时，设计者必须对学生所具有的计算机技能重新进行评价。学生有可能由于不具备较强的计算机技能而花过多时间来应付计算机，从而无法更多关注本来要掌握的新知识。

在评价学生新知识的获取情况后，紧接着就得对教学过程、教学设计所涉及的范围、教学设计的操作程序、教学设计中采用的教学策略与教学媒体等进行评价。设计者在回顾教学技术的应用、学生的学习效果以及评价过程时，可以从学生的反馈中得到很有价值的信息。总而言之，一次成功的计算机辅助语言教学设计应具备以下特征（Doughty & Long, 2003）：

- 以任务（而不是课文）为分析的单元；
- 以活动促进学习；
- 对输入进行详细阐述（而不是使之简单化）；
- 提供丰富的（而不是少量的）输入；
- 鼓励诱发式模块学习；
- 关注语言形式；
- 提供负面反馈；
- 尊重学习者的认知发展规律；
- 促进合作学习和协作学习；

- 使教学更能照顾到学习者的个性差异。

随着计算机网络技术的不断发展及其用途的不断扩展、学生需求的不断变化以及设计者对计算机网络技术的应用能力不断提高,要想进行有效的教学,设计者必须对教学材料和教学设计不断进行修改与完善,与时俱进。实施教学设计的教师可能会边设计边修改,边教学边修改,也可能是实施教学操作后进行修改。教师设计者有必要在课程设计已完成,并且已经过一段时间的操作之后,对设计进行带有总结性的评价。然而,对许多教师设计者而言,他们几乎无法对其设计进行具体的评价,也不可能在对课程阶段性总结时详细地评价整门课程或整个教学计划。

第四节　CALI 设计中应考虑的因素

回顾计算机辅助语言教学领域内的各种研究,可以发现计算机辅助语言教学已被广泛应用于课堂教学实践中,这种应用既有学校强制要求的应用,也有老师自发的应用。但大量研究文献显示,这些应用所取得的成功程度各不相同。这种成功上的差异显然是由某些因素决定的,这些因素的存在势必对 CALI 的教学设计具有很大影响,因此 CALI 设计者在设计过程中不得不考虑这些因素,以实现有效设计。在综述各种研究文献的基础上,本节将从文献涉及较多的教学管理、教师的教学法知识、学生的学习风格差异、技术的局限性等因素来讨论 CALI 设计者应该关注的问题。

1. 教学管理因素

教学管理因素是对计算机技术在二语教学的应用和实施具有直接影响的因素,比较明显的教学管理影响因素主要有财政、设施的配备、教学组织者和领导者对技术应用的重视程度等方面,这些因素必然会影响到课堂的物理条件,比如有的学校(或教室)有语言实验室和各种配套的硬件和软件,而有的学校(或教室)则没有。这些教学管理因素同时也会影响到为老师的授课准备和被辅助的程度。计算机辅助语言教学在二语教学的应用过程中,不同的学校对其会有不同的理解和定义。有的学校将其理解为应用各种类型的计算机技术来辅助语言教学,比如多媒体技术、即时交际技术(如在线聊天)、非即时交际技术(如电子邮件和公告栏)、互联网技术等在语言教学中的应用。而有的学校对计算机辅助语言教学的理解仅限于互联网对语言教学的支持。以下是对计算机辅助语言教学有影响的教学管理因素(Zapata,2004):

- 学校实施计算机辅助语言教学的目标,即学校为何将计算机技术引入二语课堂。做此决定前学校一般都要慎重考虑以下问题:学校是经过认真考虑后才决定将计算机技术引入课堂,还是只为跟上社会潮流? 学校的决定是否基于自身的经济基础?
- 财政支持,即学校能够拿出多少钱来实施将计算机网络技术引入教学这一工程;
- 学校对计算机辅助语言教学的理解,即学校如何定义辅助于语言教学的计算机技术以及如何应用这些技术的;

- 基础设施的配置,即学校能够提供怎样的物理条件,比如硬件、软件、空间、设备和人员等;

- 对教职人员的培训,即学校能够为老师和相关员工(尤其是维护技术设备的人员)提供怎样的培训,使其能够掌握相关的计算机技术以及有效应用这些技术的教学法知识。

2. 教学法因素

影响计算机辅助语言教学在二语教学领域的应用的另一组因素与语言教学计划、教务部门、课堂等密切相关。首先,在某些学校里,学校管理方和教学系部对实施计算机辅助语言教学可能持不同看法(Zapata,2002),即制定计算机辅助语言教学政策的校方与具体实施计算机辅助语言教学计划的教学系部双方在计算机辅助语言教学的定义上会有差异。通常情况下,对作为教学部门的系部而言,计算机辅助语言教学的定义和特征是由以下因素决定的:当前影响计算机辅助语言教学的主要理论基础和二语教学的定义;实施计算机辅助语言教学的方式(例如从教学法的角度来说,计算机辅助语言教学的实施是否有利于二语教学);相关人员应用和参与计算机辅助语言教学的程度;所需经费的配置。所有这些因素决定了老师将获得怎样的辅助和如何进行教学,同时也对课堂教学材料的设计和应用有着深刻的影响。这些因素结合起来还能决定计算机辅助语言教学在二语教学中的位置,影响着老师在课堂上的角色、教学行为以及他们对计算机技术的应用,并最终影响着学生的二语学习过程。

将以上这些教学管理因素和教学法因素结合起来考虑就会发现,进行相关研究来讨论如何将两组因素有效结合起来是非常有必要的,这就需要一个综合性的理论框架来指导。以下就是教师设计者在设计 CALI 过程中应考虑的教学管理因素和教学法因素的结合体:

- 教学系部对二语教学的概念定义,即语言教学部门如何看待二语教学的特征,指导二语教学的理论是什么。

- 教学系部对计算机辅助语言教学的构想,即教学部门是如何定义计算机辅助语言教学的,计算机辅助语言教学的教材又是怎样的。

- 计算机辅助语言教学在课程中的角色,即计算机辅助语言教学在课程中所处的位置。这包括教学部门是认真考虑如何将计算机辅助语言教学融入到教学实践中,还是只为了迎合学校管理层的要求;教务部分又是如何将计算机辅助语言教学融入到课程中?

- 如何在计算机辅助语言教学的社群里实施分工,即教学系部如何组织教学社群,是否有等级制,劳动分工如何,老师在该社群中居何种地位,老师能在多大程度上决定自己在班上实施计算机辅助语言教学等。

- 人员培训,即系部或学校能为实施计算机辅助语言教学的教学人员提供怎样的技术应用和教学法知识培训。

- 基础设施,即实施计算机辅助语言教学的地方具备了何种物理条件,教学发生在传统课堂上还是语言实验室里,有怎样的硬件和软件可供教师使用,设备与学生的比例是多少。

- 教师的受教育、文化与专业的背景,即这种背景是如何影响他们应用计算机辅助语言教学的。

- 教师对计算机辅助语言教学的观点、看法和定义,即老师的观点、看法和定义是如何影响其应用计算机辅助语言教学的。

- 教师在课堂上的角色,即教学部门如何看待老师的角色,这与老师在课堂上实际承担的角色有何异同。

无论是何种设计,也无论设计处在哪个阶段,计算机辅助语言教学设计者还得考虑到设计未来的应用问题,这是一个涉及各种不同变量的复杂过程。除了以上要关注的因素外,CALI设计人员进行设计时仍需时刻牢记三个要点:(1) 设计本身有没有足够的理论支撑;(2) 有没有充分考虑计算机技术本身固有的缺陷;(3) 避免技术中心论,将技术视为实现教学目标的辅助工具、手段。有些时候凭着这三个问题便可对一项设计进行方便而有效的评价,并且不失客观与公正。

不少计算机辅助语言教学设计与研究都没有充分的理论和前人研究结果作为基础,因此教学效果和研究结果都缺乏真实性和有效性。尤其是有些研究为了达到目的,为实验目标、数据和结果制造了"人为的和谐"。有些设计的研究结果本身(如语言输出的增强、学习动机的增强、理解能力提高)和二语习得理论、构架或学习条件并没有太多相关,而有些设计则在问题和方法设计上根本就没有以二语习得理论作为理论基础。

假如一项研究设计失去了理论构架的支撑,其研究结果将会是不严谨的、缺乏实用性的,尤其是某些设计只在表面上显示出了其设计目的、应用结果与学生的学习效果存在着相关性。对某些设计进行分析时,会发现其应用结果(比如学生的语言输出有了改善、学生的语言学习动机有了增强或对目标语有了更深入的理解)与二语习得理论或语言学习条件仅有很细微的关系,甚至根本没有关系。而有些设计甚至没有任何理论或其他实验结果作为支撑。对从事计算机辅助语言教学的设计者来说,以二语习得理论为起点,并将其贯彻至对设计进行评价总结的阶段是很有必要的。强有力的理论支撑能够使研究结果更具有概括性、有效性和实用性。

在计算机辅助语言教学领域,总存在一种误解,即只要使用了计算机技术就肯定能够改善教学、促进教学。许多计算机辅助语言教学设计过分夸大了计算机网络技术在语言教学中的优势,这种做法被不少教育家和从业者批评为"技术优胜论(technology preponderance)",甚至有人认为(如 Talbott, 1995)技术本身并没能够促进语言的习得。然而,探讨计算机辅助语言教学负面影响的研究却很少,很多研究人员并不把其研究所得负面结果作为有价值的发现。我们不得不承认,在任何一项研究过程中,研究结果的产生都是由许多因素决定的。计算机辅助语言教学也包含一些可能对二语教学没有使用价值的因素,这其中就包含对二语教学环境下的技术及其作用的错误认识。因此设计者不要想当然地认为计算机技术作为辅助语言教学的一种全新媒体,就势必对教学有促进作用。

一项计算机辅助语言教学设计的成败是由其适切性决定的,而适切性是建立在理论分析以及对实证数据进行精确评价的基础之上的。许多设计之所以不成功,主要是由于其过多地强调技术的作用,并陷入到媒体比较、教学比较或工具分析的怪圈中。这种不成功具体体现在:首先,先前的计算机辅助教学设计大多是建立在对不同媒体进行比较研究的基础之上的,这些设计关注的是对两种或两种以上技术的应用进行比较,以鉴定这些技术孰优孰劣。然而这样的研究设计本身就存在问题,因为这些比较研究设计并不是以探讨这些技术到底对学习者的学习有多大贡献为主要目的,而是纯粹的技术比较。其次,不少设计都是针对计算机辅助语言教学和传统语言教学进行比较,这样的设计本身也存在问题(Kunzel, 1995)。正如Chapelle & Jamieson (1989)所说的,"这种旨在评价计算机辅助语言教学有效性的设计常常会产生一些让人无法解释的结果"。第三,假如设计者过度夸大计算机技术的有效性,其结果必然得出"某某"计算机辅助语言教学软件或设计能有效促进教学的结论。但这样的结论到底是由什么导致的,是计算机技术的使用、教师的教学策略、学习环境的作用、学生本身的学习策略,还是以上因素的共同作用,其实都有可能。因此这样的结论势必存在严重的问题。Surry & Ensminger (2001)建议设计者必须首先对教学方法和学习者有深入的了解,然后灵活应用实验设计、半实验设计、定量研究设计等不同形式的设计,并要求自己用可靠的方法论来指导设计。为了避免设计中出现"技术中心论",计算机辅助语言教学设计者要始终以理论解释自己的教学结果。

计算机辅助语言教学依然存在许多缺陷,教学设计者要想使计算机技术能够真正发挥其有效性,以下五点是始终要警记的:

(1) 所设计的教学任务或教学活动、教学结果以及对设计的分析必须有二语习得理论的指导。

(2) 设计是否合理是与教学设计的目的、欲解决的问题和设计的实践操作密切相关的。

(3) 避免设计过程中存在"技术中心论"的思想以及由此产生的一系列先入为主的设想。

(4) 对设计所产生的教学效果进行总结时必须凭借有力的证据。

(5) 对计算机辅助语言教学设计进行评价时,必须要涉及设计所产生的负面结果及其存在的局限性。

3. 学习者的学习风格差异

学习风格被定义为人们接受和加工信息所采用的方式中表现出来的特点、长处和偏爱(Felder & Silverman, 1988)。从这一定义可以映射出,每个人在学习过程中都有自己的方法或策略。大量针对学生学习过程的研究表明,不同学生会使用不同的学习方法来进行学习;同时研究还发现不同学生会偏向于使用不同的学习资源。许多研究人员都认同这样的事实:学习材料不应该只反映出老师的风格,学习材料应该设计成能够适应各种不同类型的学生以及各种不同类型的学习风格。虽然研究人员都认可对不同学习风格的学生采用不同学习系统这种做法,但是仍然有各种不同问题有待解决,例如如何使教学内容与学生的学习风格相吻合的问题。

人类有各种各样的学习方法,其中有些学习方法能够实现有效吸收各种通过视觉、听觉或其它人类感官感知的知识信息。人类的学习方法问题向来都是心理学和认知科学的重点研究问题。例如双重编码理论(the Dual Coding Theory)认为人类对信息的处理是通过两种通常是独立的通道中的一种来实施的(Beacham et al., 2002)。当其中的一个通道加工文本或声音等信息时,另一个通道则加工图表、图像或动画等视觉信息。研究证实强有力的解码和视觉化技能能够创造持久的记忆内容,并且对人类的记忆能力有促进作用。研究也证实双重解码是一种极其有效的学习工具,例如最简单、同时也是最常用的学习方法就是同时以文本和视觉的形式来呈现信息或学习内容,而"左右脑并用"的学习则被认为是一种更有效的学习方法。

人类的左脑思维模式和右脑思维模式并不相同,人类的左大脑和右大脑分别具有各自不同的专业化职能(Dervan et al. ,2006)。其中左大脑半球被认为是控制人类的言语、逻辑和诊断技能的,即左大脑半球处理的是要求进行分析的信息;而右大脑半球则控制着人类的艺术和感官方面的技能。大脑的左右半球结合使用的程度越高,则大脑在学习和创造上所具有的潜能就越大(Dervan et al. ,2006)。然而,大部分教育体系都忽视学习者之间存在的个性差异,例如学习能力、背景知识、学习目标和学习风格的差异(Ford & Chen, 2001)。教育体系一般只会给所有的学生提供各种标准化的教学材料,这样的教学材料往往只能够适合那些学习风格和背景知识都能够与之相适应的学习者。与此同时,假如老师的教学风格与某个学生喜欢的学习方法相吻合,那么该学生的学习就会很轻松自然,学习成效就更明显,所花的学习时间也会大大减少(Rose, 1998)。但是假如该学生的学习风格属于偏视觉信息而轻言语信息的类型,而他的老师偏偏又喜欢在黑板上板书,同时也不提供任何的语音材料,那么这个学生要想在规定的时间内完成学习目标将会遇到很大的困难。简言之,传统的教学材料和教学策略往往都是对少数学生有利,而对大部分的学生则是不利的。

3.1　学习风格理论

Sewall 认为,关于学习风格的理论有许多套(Sewall, 1986),本文尝试以 Felder-Silverman 学习风格模型(1988)来分析学生在 CALL 中表现出来的各种学习风格差异。该模型是对麦布二氏心理类型量表(Myers-Briggs Type Indicator)、科尔布学习风格量表(Kolb's Learning Style Inventory)、坎菲尔德学习风格量表(Canfield's Learning Style Inventory)以及格雷戈尔克心理类型量表(Gregorc's Type Indicator)这四套学习风格评价工具进行仔细研究分析后提出的(Franzoni & Assar, 2009)。作者之所以使用该模型来对学生的学习风格进行划分,主要是由于该模型具有如下特点:

● 该模型的提出者和其他学者(如 Felder & Spurlin, 2005)已经对这一模型进行过相关检验;

● 该模型已在相关实证研究中应用过,设计者应用这一模型于设计满足不同学习风格的电子学习材料、学习活动时,有了可借鉴的经验;

● 该模型具有使用方便的特征,而且用户将该模型作为工具分析研究数据时,也很容易对分析结果进行解释。

Felder-Silverman 学习风格模型从感知、输入通道、信息加工、理解四个学习风格维度（learning style dimension）对学生的学习风格进行类型划分（见表 11），每一个维度都可生成两种不同的学习风格类型，即将学生学习风格分为八种。每一种学习风格的产生都是通过回答以下对应维度上的问题来实现：

1. 学生倾向于获取何种类型的信息，是感觉型信息（例如地点、声音、身体感觉等外部信息），还是直觉型信息（例如可能性、想法、预感等内部信息）？

2. 学生使用哪一种感知通道获取信息才更有效，是视觉通道（以获取图像、图表、图形等类型的信息），还是言语通道（以获取口头语言、声音等类型的信息）？

3. 学生以何种方式对信息进行处理，是以活动形式（如体育活动、讨论等），还是以思考的形式（如内省等）？

4. 学生如何取得学习上的进展，是按顺序一步一步地来（以持续性步骤进行），还是全域性地来（以跳跃和整体的方式进行）？

通过回答以上四个维度的问题，便可获得表 11 所示的四个学习风格维度上的八种学习风格类型，同时这四个问题的回答也是语言教师了解班上学生学习风格的途径。

表 11　Felder & Silverman 学习风格模型

学习风格维度	学习风格类型	描　述
感知	感觉型	喜欢处理原始数据、事实和实验，总是很耐心地应对各种细节，但并不喜欢很复杂的东西。
	直觉型	喜欢处理原理或理论方面的东西，细节性的东西很容易变得不耐烦，但往往都能够接受一些复杂的东西。
输入通道	视觉型	对见过的东西总是能够记得很牢，例如图像、时刻表、电影等。
	言语型	对听过的、读过的和说过的东西总是记得很牢。
信息加工	活动型	倾向于通过团队活动以及各种事务的处理当中学到知识。
	思考型	喜欢思考或反思呈现过的信息，希望获得独自学习或操作的机会（或至多只能有一个人与他一起合作）。
理解	序列型	倾向于沿着一条呈线状的思路进行思考、推理，只要能够理解学习对象或学习材料的一部分，甚至是表面的东西，就能够掌握整个对象或材料。
	全域型	喜欢大面积接触信息，需要对事物有完整的认识，但是当要求解释自己是如何得出某一结果时，总是会犯难。

借鉴 Felder & Silverman 对各种学习风格的描述，并将其与相关教学技术媒体相结合，Franzoni & Assar（2009）提出了计算机辅助语言教学设计的设想与建议。以下是设计者设计 CALI 过程中可以参考的学习风格与教学策略的搭配建议：

（1）针对感觉型学习风格的学生

课程内容必须要具有实践性，即课程内容必须与真实世界有紧密的联系，老师授课时应采用以事实和程序为取向的具体教学方法，而其中的程序应该与学生先前已经培养起来的技能紧密联系。给这类学生布置作业时内容要力求详细，而非宽泛。作业类型可以包含问题解决、实验室操作以及概念记忆等。

建议采用的教学策略:基于问题解决的学习。

建议采用的电子媒体:在线论坛。

(2) 针对感知型学习风格的学生

教学内容必须要具有创新性,而且以理论和意义为取向,尽量将类似于抽象概念、数学公式之类的东西融入到教学内容中。避免采用接受性或填充性的教学方法。给这种学习风格的学生布置作业时,内容必须涉及新关系或新行为的发现。在介绍新概念时,不能以背诵的形式来掌握,而是以抽象思考的形式来掌握。

建议采用的教学策略:小组讨论。

建议采用的电子媒体:在线论坛、维客(Wikis)、电子邮件。

(3) 针对视觉型学习风格的学生

教学内容必须要含有可视性成分。给学生布置的作业必须包含可视的行为,收集的信息必须采用可视化的形式呈现,必须使用图形以便于学生更容易记住所学内容,同时老师可以要求学生采用图表对作业进行总结。

建议采用的教学策略:模仿、游戏。

建议采用的电子媒体:电子演示、带有教学目的的视频、动画片。

(4) 针对言语型学习风格的学生:

教学内容必须带有大量的口头或文本成分。给学生布置的作业必须包含书面文章或口头演示方面的内容,同时老师可以要求学生采用摘要的形式对作业进行总结。信息收集必须采用文本的表征形式,必须采用文本形式的教学内容,以便学生能够更容易记住所学内容。

建议采用的教学策略:集思广益(Brainstorming)。

建议采用的电子媒体:聊天、博客、在线论坛。

(5) 针对活动型学习风格的学生

具有这种学习风格的学生往往通过应用信息的实践活动(如讨论、项目实施、小组报告等活动)来理解、消化、吸收新信息,并且喜欢与他人一起合作学习。为这类学生安排的学习内容必须要具有实践性,给他们布置的作业必须包含小组活动形式。

建议采用的教学策略:角色扮演。

建议采用的电子媒体:电子报告(electronic presentations)、数字杂志(digital magazines)、数字报纸(digital newspapers)。

(6) 针对思考型学习风格的学生

这类学生喜欢观察并思考各种经历,喜欢在做出决定前收集各种数据并对数据进行深入分析。因此,为这种学习风格的学生设置的教学内容必须与学生的经历相联系,给他们布置的作业必须要包含个人操作的成份。

建议采用的教学策略:个案分析。

建议采用的电子媒体:电子图书。

(7) 针对序列型学习风格的学生

教学内容的设置和编写必须要讲究顺序性,循序渐进。给这类学生安排的作业必须含有与他们要解决的问题存在逻辑联系的小步骤,这样也有利于学习内容以章节的形式分阶段出现。

建议采用的教学策略:演示。

建议使用的电子媒体:音频会议技术(audio-conference)。

(8) 针对全域型学习风格的学生

教学内容的设置和编写必须带有跨越性、偶然性,甚至是随意性。这类学生能够快速解决复杂的问题,并且能够以创新的方式将东西组合起来,但要求他们解释自己是怎样做时,他们却很难解释清楚。有这种学习风格的学生经常把事物当成整体来看待。

建议采用的教学策略:项目设计。

建议使用的电子媒体:互联网探索(internet research)。

3.2　学习风格与 CALI 设计

谈论学习者的学习风格差异,尤其是基于计算机网络技术的学习风格差异,有助于计算机辅助语言教学设计者设计出符合教学规律,又能够满足不同学习者需求的环境,以实现有意义的、高效的语言学习和教学。

为了更有效地支持学生的学习过程,有必要对教学资源进行调配,使其不只是能够适应少数学生的个性特征,而是能够适应每一个学生的个性特征。从九十年代开始,在信息技术日益更新,同时又有大量各种电子媒体可供人们使用的大环境下,研究人员开始尝试将各种电子媒体(或同一媒体的不同功能)与合适的教学风格和学习风格进行结合,由此出现了许多针对多媒体、超媒体与学生学习风格结合的有效性方面的研究(Liao, 1999)。这些研究人员尝试将具体的电子媒体特征与不同学习风格进行结合,并且提出了对学生学习风格进行评价的工具和方法(Riding & Rayner, 1998)。这类研究大多是以 Kolb 的学习风格量表(Learning Styles Inventory, LSI, 1984)和 Soloman-Felder 的学习风格指数(Index of Learning Styles, ILS, 1993)为分析工具。

但是到目前为止,并没有足够的研究确切说明哪一种电子媒体与哪一种学习风格的结合最有效。毕竟一种电子媒体能够通过多种使用方式来实现不同教学策略的实施,而不同的教学策略则能够满足学生的不同学习风格。以在线论坛为例,老师可以将其用于向学生分配具体任务,使学生能够以集体的形式解决所分配的问题。这种用法可以迎合一些敏感型学习风格的学生。在线论坛同时也可用于向学生展示一系列按顺序排列的理论,这样学生可以有机会就展示的理论与老师进行讨论、互动。对喜欢按内容顺序进行学习的学生而言,这种将讨论的内容按顺序进行展示的做法其实可以为他们提供有效的教学材料。

近年来有不少研究(如 Carver et al., 1999;Grigoriadou et al., 2001)尝试将学习者的学习风

格融入到电子媒体的设计中,但是这样的过程并不容易实现。其中的主要困难之一在于超媒体系统的设计上,即如何将学生的学习风格与超媒体的应用结合起来。毕竟大部分教学系统所具有的能够满足不同学习风格的适应性都是基于一定的前提的,即只要能够使教学策略适应学生的学习风格,就能够产生良好的学习效果((Dagger,2003)。表 12 提供的是一些当前比较流行的教学系统,以及这些系统能够适应的学习风格及其适应模式。

表 12　学习风格与学习系统适应模式

系　　统	能够适应的学习风格	适应模式
ARTHUR(由 Gilbert & Han 于 1999 年设计)	该系统能够适应喜欢视觉互动、听觉讲授和文本内容的学习者	该系统的适应性是通过为不同学习者提供不同媒体呈现来实现。其中为听觉型学习者提供了声音和音频流呈现,为视觉型和触觉型的学习者提供了拼图、动画、拖-放示例和谜语等呈现。
CS388(由 Carver, Howard & Lane 于 1999 年设计)	该系统能够适应 Felder-Silverman 学习风格模型(1988)的以下类型学习风格:序列与全域型、视觉-言语型、感知-直觉型、归纳-演绎型	该系统的适应性是借助不同媒体为不同学习者展示各种内容来实现的。系统使用诸如图形、电影、文本、幻灯片等媒体。
MANIC(由 Stern & Woolf 于 2000 设计)	该系统能够适应喜欢同时应用图形信息与文本信息的学习者	该系统的适应性同样是借助不同媒体为不同学习者展示各种内容来实现的。该系统主要使用图形信息和文本信息。
INSPIRE (由 Grigoriadou 等人于 2001 年设计)	该系统能够适应 Honey & Mumford (1992) 所提的积极活动者、实用主义者、反思者和理论者学习风格	该系统的适应性是通过以不同顺序呈现各种概念的内容来实现的。概念可以借助例子、活动、理论、练习等形式来展示。
Tangow (由 Paredes & Rodríguez 于 2002 年设计)	该系统能够适应 Felder-Silverman 学习风格模型(1988)中的感知-直觉型学习风格	该系统的适应性是通过以不同顺序呈现各种概念的内容来实现的。概念可以借助例子和解释说明来展示。
AES-CS (由 Triantafillou 等人于 2002 年设计)	该系统根据 Witkin 等人于 1977 提出的场独立和场依赖类型学习者设计	该系统为场依赖型学习者提供引导辅助工具,例如概念图、图形路径指示(graphic path indicator)、前导组织(advanced organizer)等,以帮助这种类型的学习者对知识结构进行组织。通过提供适应性引导辅助,系统可以在学生学习材料的过程中提供引导。对场独立型的学习者,系统为他们提供了控制选项,即系统设置了各种可以完成课程内容学习的顺序供学生选择。学习者可以在各种教学策略中进行取舍。
PHP 编程课程 (由 Hong & Kinshuk 于 2004 年设计)	该系统能够适应 Felder-Silverman 学习风格模型(1988)的以下类型学习风格:活动-反思型、感知-直觉型、视觉-言语型、序列与全域型	该系统的适应性也是借助不同媒体为不同学习者展示各种内容来实现的。系统采用了概念、理论、颜色、文本、幻灯片和音频等各种资源。

通过以上对各种系统的适应风格和适应模式的综述可以看出,不同系统之所以能够适应不同的学习风格,主要是通过内容适应、引导途径或使用各种不同引导工具来实现的。尽管设计时使用了最合适的技术,但是在设计系统时,设计者在选择系统能够适应的学习风格这一问题上还是会遇到很大困难。表 12 所列系统中,除了 CS388 和 PHP 编程课程两套系统外,大部分系统都对各种学习风格进行过评价和适应性处理。因此 CS388 和 PHP 编程课程两套系统所存在的最大不足是,它们所使用的电子媒体只局限于图形、超文本、音频和视频,却没有将教

学策略融入到系统的设计中去。从这种角度来说,这两套系统的运作模式将明显不同于其他系统。

4. 技术的局限性

计算机网络技术既可用于各种不同领域以促进生产力,同时也被大量应用于促进教学,因此技术的应用既涉及各个产业,同时也涉及教学机构。当前,计算机网络技术已成为普遍应用的教学辅助工具,将来也是支持各种教学活动开展和教学内容呈现的重要工具。这体现了计算机网络技术的巨大魅力,尤其是视频技术、有线电视、互联网和计算机软件的应用大大促进了信息的发送和传播。在这种环境下,基于这类技术的教学有时候完全依赖技术,有时候则是与传统面对面教学相结合,形成所谓的混合式教学(Blending teaching)。语言教师在应用计算机网络技术时,将不得不面对这样的问题:这些技术是否能够创造出取代部分面对面活动的可能性?

然而,技术创造出来的可能性终究具有其局限性。例如第一代静态网页与传统课本并无二致,因此这一版本的技术需要在以下方面进行改良:(1)更丰富的内容以及更具动态的网页;(2)能够支持教学互动性;(3)能够支持合作教学;(4)能够模拟工作培训并支持连接学校与工作实践的教学;(5)支持应用 HTML 平台的用户之间的相互通信。当然,随着 1997 年万维网联盟 4.0 版本超文本标记语言(HTML)规格的出现,以上许多问题已经获得解决。许多有影响力的开发商开发的浏览器,如网景公司开发的网景互联网浏览器和微软公司开发的网络浏览器,都可以支持这一套规格。而随着流式音频(Streaming audio)和流式视频(Streaming video)技术的应用,计算机网络技术又获得了新的能力。这样的技术可用于:(1)对所教授的材料进行在线示例说明,流式多媒体(Streaming multimedia)可以支持即时或非即时的信息传送和互动;(2)将流式多媒体技术与传统的幻灯技术相结合,能够更有效地演示授课内容,借用一系列幻灯来支持的传统讲授模式将被转化为应用多媒体流在互联网进行传送;(3)将多媒体流嵌入到超文本标记语言传送平台,并借助融入多媒体流中的指令,就可以促进新的互动类型的诞生。但是流式多媒体也并不完美,首先它的使用成本并不低,其次使用的难易程度和视频的显示质量都有待提高。因此,即便是当前最先进的技术创造出来的可能性也具有其局限性,语言教师在设计 CALI 时不得不将技术的局限性考虑其中。

尽管技术的应用确实能够对许多传统教育形式有促进作用,但是技术在不断普及的同时也引发了如何有效应用技术的问题。技术本身并不能够使老师成为一个更好的教育者,或将一门很差的课程转变成一门有效的课程。由计算机辅助教学引发的教学法问题也在逐渐增多,问题的一方面集中体现在教学人员应该在教学实践中有激进的转变,以适应计算机网络技术在教学中的应用;另一方面则有人认为如果对现今的教学实践进行调整,也能够适应计算机网络环境下的需求。计算机网络技术为教学材料的传播提供了新的机会使人们不断呼吁新教学法的应用。网络使“应客户所需的学习”成为可能,而这种可能是传统高等教育背景下所无法实现的。作为语言教师,在应用计算机网络技术时,需要做的第一件事情就是对新媒体进行构建,下一步才是进行设计,使基于这种新媒体的学习达到最佳效果。这充分体现了计算机网络环境下"学习本身要从根本上发生改变"的理念。当代大学里依然盛行的讲授教学模式在网络环境下也许并不适用,因此许多高校教师都转而支持这样的观点,即"以老师为中心的学习"转变为以"学习者为中心的学习"。

然而并非所有老师都认为教学环境发生变化之后,就有必要对教学方法进行彻底的改变。新技术的应用往往并未像人们所想象的那样,使教育改革发生革命性的变化。在实践当中,CD-ROM 的应用只会制造出一个充满神秘作品的书架,昭示所谓的教育新纪元的到来,外加一堆摆放在我们书架上的沾满灰尘的闪闪碟片。在传统课堂上被验证为有效的当代教学方法,不会因为新技术潮流的出现而被人们所全盘遗弃。相反,许多老师都认为传统课堂环境下的面对面互动,经过适当调整之后,依然能够适应由计算机网络技术辅助的新教学环境。传统课堂上非常成功的教学方法经过适当调整之后,能够转变成基于网络的教育论坛。应该将互联网视为是能够为已知的有效教学方法提供额外资源支持的事物,因为互联网能够创造出信息检索、模拟、程序化学习和通信等多种可能性。有些人总是担心计算机网络环境下会缺少有效学习必不可少的生-生、师-生关系,但事实上基于现代网络技术的在线论坛、在线小组活动、电子邮件和在线互动都有助于消除人们的这种担忧。

遗憾的是,在许许多多被宣传为有教育作用的软件里,相关教学法问题没有得到谨慎考虑,为计算机辅助语言教学提出的高要求也并没有得到满足,只出现了以数量取代质量的局面,造成了当今社会上充斥了大量平庸的电子教学设施。有许多计算机辅助语言教学计划明则用于教育目的,实则仅仅用于信息的获取。因此软件开发商有必要联合教学人员进行相关研究,了解学习者在计算机网络环境下能够有效获取何种技能。同时许多老师都存在这样的顾虑,基于计算机网络技术的课程很难有效促进学生的积极学习。但是大量实证研究结果证实,如果计算机网络技术能够得到有效应用,例如将其用于供学生做作业、登陆并阅读在线材料、浏览学习策略网站,或将其用于全班都能够参与的基于课程内容的话题讨论等,技术对教学的促进作用很快就能够体现出来。

虽然计算机网络技术具有巨大的潜能,并且已经被用于几乎所有学科的教学实践中,但是在将技术与教学法进行整合时依然有许多因素需要考虑,同时并没有足够的实证研究对计算机网络技术到底适用于哪些学科或适用于哪些学生这样的关键问题进行探讨。计算机网络技术确实具有满足真正意义上的个性化教学或自主学习的潜能,但是这种潜能仍然没有被充分认识和挖掘,同时有电脑恐惧症(computer-phobic)的学生和老师也经常被忽视。由于教育软件的开发缺乏教学应用上的指导,再加上不具备允许信息在各种多媒体平台上传播的技术框架,有效教学技术和软件的开发制作面临着重重困难。为了能够开发出确实有教育意义的技术,教学人员(或技术开发人员)还需要经常与各行各业的专家进行交流,这也就意味着职业的发展也成为设计开发教学技术所应该考虑的问题之一,只有那样才能知道什么样的教学方法利于传授各种专业技能或培养知识基础,并最终实现真正将技术应用于促进教育经验的目的。

随着互联网技术在语言教学领域的大量应用,基于这类技术的教学设计也面临着不少的挑战。要想设计出好的在线语言教学软件、课程或课程内容,必须首先牢记一点,那就是互联网资源使用过程中最具创意、同时也是最具促进作用的方式就是让学生实施在线探索计划。在互联网世界里,有四种主要的活动可供学生实施:(1)电子通信,例如发电子邮件、在线讨论、视频会议、聊天等;(2)连接互联网并进行在线搜索,例如使用搜索引擎在线收集信息,下载信息,或复制、打印资源;(3)创建网络内容,例如创建并发表自己的主页,并将某些方案、计划发表在网上;(4)在线协作,例如学生一起制作一个基于网络的项目。互联网为人们提供了丰富的信息,但是假如缺少有效的浏览导航工具,学生往往会迷失方向,这其中有几个主要原因:互联网缺乏严密的组织结构;互联网上容纳了数量巨大的信息,但绝大部分却是不相关或没有用的信息;互联网上并没有潜在的语言学习大纲供学习者参考,即网络并没有为学习者完成语言学习任务提供能够参考的框架。

由于互联网存在的这些问题,同时许多在线资源都具有商业性质,因此许多老师喜欢自己设计教学内容。但是设计基于网络的外语教学内容并非一件容易的事情,至少教师设计者在设计时必须要考虑以下五条基本原则:

● 选择适合学生群体的主题,例如名人、电影、酒店、购物、求职、在线新闻等等。由于互联网上所容纳的资源能够涵盖几乎所有我们所能想得到的主题,而选择一个对学生有吸引力,能够激发他们兴趣的话题,将有助于他们完成任务。

● 任务内容必须具体化,即老师在设计任务时,必须要向学生交代清楚要求他们在线完成什么。同时允许他们上网搜寻具体信息之前,必须要确保他们已经准备好了确实可行的研究问题,例如他们应该已经决定到哪去寻找所需信息,并且进入所需的网站后知道应该做些什么。比如有这么一个简单的案例,有位学生事先就打算"前往"美国一所语言学校就读,并在线观看一部戏剧。

● 设计任务时必须考虑任务的结果是否可以衡量,同时考虑学生如何知道自己的任务已经完成了。例如,可以要求学生将他们在网上所找到的信息填入到事先为他们提供的一份图表里。图表可以显示他们需要寻找何种信息,也可显示他们应该在什么时候完成任务。对所涉及的一次旅行计划任务,可以提供一份电子表格,要求学生在网上寻找航班、食宿、开销、语言课程、旅游观光等信息,然后将信息填入电子表格中。

● 为学生提供一些实际性的指导。比如如何搜索信息的建议、搜索过程中所使用的关键词、如何将关键词有效地串联起来以提高搜索的效率,以及如何使用互联网使用指南等。

● 给学生提供一张时刻表,里面提供任务的不同阶段的具体时间,如果不按照时刻表上规定的时间完成各个阶段的活动,他们将被视为逾期,并处与适当的惩罚。

5. 对教学设计的启示

综合以上计算机辅助语言教学设计过程中应考虑的各种因素,我们可以总结出,这种基于计算机网络技术的设计需要注意的其实就是诸多的语言习得情境因素。这些因素可以概括为：教学法环境；学生的学习背景、学习习惯和学习策略；学生有待发展的语言技能；学生的知识技能水平、学习速度和学习动机；学生的语言多样性和语言风格；不断演变的教学内容等。CALI 设计者在动手设计前应该对以上这些因素有深入的认识，这是有效设计最起码的要求。以下将在总结各种语言习得情境因素的基础上为 CALI 设计者提供一些设计中可供借鉴的建议。

（1）环境因素。发生在学校教室里的语言教学，与学习者个人在家里用电脑进行的语言学习是不一样的，教学人员必须认真考虑课堂环境和个人环境之间所存在的特征和潜在可能性上的区别，尤其是考虑课堂环境对学生协作学习所具有的促进作用上。

（2）了解学习者的学习背景和学习习惯。学习背景和学习习惯属于典型的学习者学习风格。没有一种教学方法能够适用于所有语言学习者，因此学习者的不同学习风格和学习习惯是教学人员进行计算机辅助语言教学设计过程中所必须考虑的，当然这并不是说所有的学习风格和学习习惯都是对的，或都是值得推荐的。要想进行好的计算机辅助语言教学设计，设计者不一定要将所有学生的学习风格和习惯都考虑得面面俱到。但设计者很有必要好好参考一些成功的研究和经验，使自己的设计能够有助于学生更好、更轻松地掌握目标语，并为发展自己的各项语言技能打下结实的基础，实现将所学语言用于自己的目的和需求。语言学习者已有的学习习惯确实很难改变，同时他们还可能仍然依赖于某些旧的教学方法，甚至是那些已被证实不能使他们的语言学习获得很大提高的教学方法。有效的学习过程（或教学方法）可以促使广大语言学习者在提高语言技能过程中有意识或无意识地应用成功的学习技巧。了解学生原先学习另一门语言时采用的是何种学习方法，有助于老师了解学生是如何有意识或无意识地将原先的技巧和策略应用于当前的语言学习中。在某种程度上，了解语言学习者是设计计算机辅助语言教学过程中的重要构成部分。

（3）了解学生采用何种学习策略。学生应用于语言学习的策略各不相同，他们使用学习方法的条理性和效率也各不相同。进行计算机辅助语言教学设计时，设计者必须考虑该设计是否提供有效指导，使学生能够认识并克服自己学习上存在的问题。针对这一问题 Manning（1996）曾经建议，设计的课件或课程必须要为学生提供各种策略上的选择，让其自己发掘最适合自己的策略。要想做到这一点，作为设计者的语言教师必须自己首先尝试各种不同的策略（Harmer，1991），这其中最具有挑战性的就是如何在设计过程中保持学习策略和教学策略的平衡与和谐。

（4）提高学生的各项语言技能。听、说、读、写、译以及运用目标语进行思维都是语言学习者应该提高的技能。当然，在某些特定场合，或者是出于某种特殊目的，教学的目标可能会倾向于某一种技能或某些技能的培养，但对大部分的语言教学而言，教学的最终目标都是为了将所有这些技能融合成为一门综合性的技能，其教学过程自然也不能将各项技能独立开来进行教学，要找到各项技能的结合部，并在此基础上对某项技能或某些技能有所侧重。如果教学设计本身并没有任何侧重,学生也不可能在学习过程侧重于某项或某些技能。

（5）了解学生的学习水平和学习进度。由于各种原因,不同的学生学习进度也不尽相同。有的学生习惯将更多与目标语相关的已有知识经验带到学习环境中来,而有的学生对已有知识经验的应用却相对较少。由于计算机辅助的语言课程具有同时将不同水平的训练融到一块的优点,即满足学生的不同需求,这可是最好的语言教师都难于在传统课堂上实现的,因此语言教师可以大胆将计算机网络技术应用于语言教学实践中。

（6）学生学习目标语的目的各不相同。不同学生学习同一门语言的原因各不相同,假如老师不清楚他们学习这门语言的目的,就不可能很好地了解他们的学习动机。了解学生学习某一门语言的目的并不是说把这门语言用于特殊目的（服务于学生的各种不同需求）,因为这样做会大大限制这门语言的使用范围。相反,了解学生的学习目的是实现个性化教学的根本条件之一,也是实现计算机与用户之间的互动的真正基础。

（7）设计者必须了解不同的语言变体（或方言）、语体风格和语域。教师设计者一般都接触过这样的语言课本,即对语言内容进行严格控制,以至于消除任何带有方言性质或用法很随意的语言。这样的课本有助于将目标语当成一门纯粹的外语或二语来教,有着纯正的句法、语音等。当然他们也会遇到另一类风格截然不同的课本,即出于所谓的"民主精神"所需,将各种具有典型方言风格的语言使用都带进课本里头,造就了一种"语言色拉"环境,其结果是学习这样一门语言的学生不论去到世界的哪个角落都能够很好地与他人进行交流。在计算机辅助语言教学领域,没有任何理由拒绝同一文本采用不同方言版本的做法,也没有理由拒绝根据方言的语言风格等要素来对文本或其他材料进行分类的做法,只要这种分类方法是系统的而不是零散的即可。就这种同一文本使用不同方言版本的做法而言,成年语言学习者似乎比未成年学习者更需要如此。

（8）不断对设计的教学内容进行升级。原则上,计算机辅助语言教学的内容必须要具备不断更新或升级的特点,以满足时代发展的需求及不同使用者的需求。但事实上,没有任何一门语言课程的内容具有如此魔力,能够满足所有使用者的需求。与此同时,任何一门尝试去满足所有用户需求的课程,其最终将是对任何用户都是无实用价值的课程。因此课程内容在设计时就应该为将来能够满足不同用户的需求预留升级、更新的空间。无论是在教室里还是在语言实验室,老师在使用计算机辅助语言教学课件时,都应根据实际需要对课件内容进行适当的修改,不应总是照着事先设计好的内容来进行授课（有的老师使用的可能是由商家开发的现成课件）。计算机辅助语言教学设计一般都需关注两种极端的情况,要么是为学生事先编程好了一切教学内容,要么就是为老师提供一系列的空模板,让老师将自己的授课内容填充其中。在这里,经常对学生用户进行使用反馈调查是非常重要的,只有这样才能够实时了解他们的需求并有针对性地对教学设计进行更新或升级,毕竟电子数据的修改、更新比起纸质格式的更方便,这也正是计算机辅助语言教学的优势所在。

以上所述几点建议似乎又将我们带回到老师经常面对的一个老问题:计算机辅助语言教

学课件或程序是否能够在老师不在场的情况下产生效果,即老师是否可以隐蔽地存在于计算机显示屏后面就能够实现将知识传递给学生? 换句话说,无需老师存在的计算机辅助语言教学设计是否可能实现? 答案是肯定的,因为学生一直都在使用"不需要老师"的软件学习语言,而事实上老师的职能也不只是教书,他们所要做的和所能做的远远不止于在课堂上教书。要实现无需老师在场,其中的策略就是首先要把这些教学软件当成是能够支持语言学习者的计算机辅助语言学习软件。这种说法并非损毁诸如电子词典和电子数据库等具有实用价值的参考工具,因为这类工具确实对学生学习一门语言很有帮助,但是这类工具的功能毕竟有限,远远不能满足学生学好一门语言。从根本上讲,人们总是希望教育能够促进老师与学生之间的交际,并且总是把交际当成是一种有目的的活动。然而,计算机辅助设计的语言教学软件或程序虽然看似无需老师在场,但学生实际使用这类软件时,"电子老师"或所谓的"电脑里的幽魂"依然是存在的。有人觉得最好不要将任何意图带到电脑的使用实践中,也有人喜欢根据电脑所具有的潜能来编写各种教学课件或制作软件,但无论是何种做法,其结果只能产生出一面略带吸引力的电子黑板罢了,正确的态度应该是把电脑看成是能够实现人类所能及的工具,因为是人类创造了电脑。综上所述,要想计算机辅助语言教学成为对教育有积极影响的东西,唯有将真正的教学置于其中。

第六章 CALI 中的教师角色

第一节 CALI 中师生角色的变化

尽管将计算机辅助网络技术融入外语教学中可能会给部分从事语言教学的老师带来不小的焦虑，但研究人员一直都认为，无论技术将教师的角色改变到何种程度，都不可能取代教师。教师除了将知识传递给学生，并成为学生注意力的中心之外，他们还可以为学生的课内教学活动和课外活动提供很好的指导，帮助他们完成所分配到的任务等。换句话说，老师并非直接参与学生构建语言知识的过程，他们与学生之间的互动主要是为了帮助学生解决其在与电脑或其他人进行互动的过程中出现的诸如语法、词汇、背景知识等方面的困难（Mitchell & Myles 1998）。

研究表明，消除老师在教学现场的强大影响（即减少教师在交际现场的社会临场感）可以使学生输出大量质量较高的话语，例如表达更流利，使用的句型更复杂，更多地表达和分享自我（Jonita, 2002）。然而老师的社会临场感（social presence）对学生的计算机辅助语言学习活动来说依然是很重要的，因此语言教师必须足够熟悉有助于预见技术问题和技术局限性的资源。学生也需要老师在计算机辅助语言学习环境中存在，因为老师的存在对学生来说可以起到促进和鼓励的作用。这种存在不但在计算机辅助语言学习的初始阶段，在复习阶段学生同样需要老师来帮助复习，以巩固所学内容。同时在这种语言学习环境中，鼓励学生参与并适时对他们的表现进行表扬对他们而言非常必要。这就是为什么大部分学生都反馈更愿意在有老师或导师在现场的语言实验室里进行学习，而不是在只有学生的环境下学习（Jonita, 2002）。

同样地，学生也需要对原有参与课堂活动的期待进行调整，以便能够更有效地应用计算机网络技术来辅助自己的语言学习。在计算机辅助语言学习环境里，学生不能再被动地接受信息，他们必须要通过与他人进行互动、协作来进行意义协商和新信息的吸收，而与他们进行互动和协作的不只是老师，也可能是同学甚至是课堂外的陌生人。学生还需要根据自己的已有知识和经验来解读新的信息和经历。由于技术的应用使老师和学生的注意力都进行了重新分配，课堂互动已不再只局限于由老师主导的模式，因此能力较弱的学生可能变成课堂活动的积极参与者（Jonita, 2002）。此外，原先较害羞的学生在这种以学生为中心的语言学习环境中也会感到更自由，这会使他们的自尊心和知识都获得增强。在实施协作性计划时，学生会在规定的时间期限里尽其所能地去完成任务。

表 13　不同 CALI 历史时期教学计划、计算机、教师、学习者四者之间的关系总结

历史时期	1960s-1970s	1970s-1980s	1980s-1990s	21st 世纪
CALI 教学计划	反复的训练与练习	文本重建、填补空白、快速阅读、模拟词汇游戏	电子邮件、网络浏览器、视频会议工具、多媒体包	语言学习所需的网络化材料
计算机	机械导师	对话刺激源	交际工具	研究工具、信息发布者、信息交流中转站
教师	无角色	协调者与计划者	促进者	研究者与筹划者
学习者	被动语言吸收者	交际者	积极的学习者	主动而有创意的意义构建者

第二节　教师在 CALI 中的角色

在对教师与技术之间的关系进行历史回顾时,Cuban(1986)强调,教师作为教学的主导因素,即便是在计算机辅助语言教学环境中,他们对教学的成败也起到不可估量的作用。他把教师描述成"拥有开启教室大门钥匙的人",并大力强调"必须要理解老师问的问题"以及"理解他们应用何种标准去实现教室大门的开启"。遗憾的是,正如 Cuban 所说,人们很少尝试去进行这样的理解,因为人们在影响技术的应用和实施的重大决定上很少去咨询老师或让老师参与,同时对他们有何偏好以及他们在课堂上的行为也不进行调查,至少投入的精力远不及对学生的调查。这种情况在二语教学领域尤其突出。其结果往往是所设计的教学软件或学习软件都明显偏向学生的兴趣、爱好,却忽略了语言教学和语言学习依然受教师的教学法知识技能所影响这一事实。虽然已有大量的研究涉足中小学教师如何看待将教育技术引入课堂的问题,但是这些研究大都是在其他学科领域里进行的,对计算机辅助语言教学领域内老师的态度、观点、看法的研究依然不足。即便是已进行的研究里,有不少是基于老师的个人观念以及教学技术的应用的,对技术在课堂上的实践应用以及学校管理因素和教学法因素是如何影响这些技术的应用却未有研究涉及。

为了更好地说明教师在计算机辅助语言教学领域所承担的职能和角色,咱们先来看一看一般情况下老师所应承担的任务。Oxford 和 Shearin(1994)将教师在一般情境下所应承担的任务归纳为:

● 老师的首要职责是弄明白学生为什么要学习外语(学生学习外语一般有综合性目的,也有工具性目的;也有为了使用个人代码或为了卖弄炫耀等其它目的);

● 帮助学生建立起一种现实可行的学习目标,并深入了解学生,掌握不同学生在学习风格上的多样性;

● 鼓励学生大胆把学习外语的好处告诉自己;

● 努力使课堂成为能够满足学生不同心理需求的地方,并尽可能将他们的焦虑降到最低;

• 坚持让学生进行自评,鼓励他们努力实现自己制定的目标,而不是总与他人攀比。这样有助于提高他们的自我效能感,他们会将自己的成功更多归功于自己的努力,而不是班上的同龄人或老师。

他们归纳的这些任务对从事计算机辅助语言教学的老师具有很好的启示,下面就来总结一下该领域里的教师所具有的职能及其应该承担的角色。

教师所做的一切都是为了学生的语言学习,他们可以不受任何教学方法、系统或途径的支配。但是谈及语言学习,尤其是使用计算机网络技术进行语言学习时,不得不关注老师所具有的新角色,因为他们的新角色与原有传统面对面课堂上所具有的角色有不少的差异。将计算机网络技术应用于语言教学领域的过程中,会出现许许多多新的可能性,其中一种很大的可能性是这些技术能够创造各种真实的或类似于真实的情境。但无论技术能够创造何种可能性,也无论这种可能性有多大,我们都不能忘记一点,那就是语言教师手中始终握着某些技术所不可能提供的答案和策略。因此我们应该重新审视技术的角色,看我们是否高估了技术的作用,或者制定了一些根本就不可能实现的目标。

一般认为使用计算机网络技术最理想的情境是,由学生借助技术来进行诸如"练习与修改"之类型的操练,而语言教师则亲身参与更具有互动性和交际性的操练。然而实际条件让教学很难实现这种情境。首先老师要面对的往往是学生人数多达五十人的教学班级,他们的学习风格和外语水平各不相同。这样的课堂绝对不是"一对一"的课堂。在这种情况下我们只好借助技术,将其作为帮手或工具来弥补传统课堂上的缺陷。

计算机被引入课堂后,老师的角色将不得不发生变化。Ely 和 Plomp(1986)提供了一系列有关如何成功实施教育计划的规则。其中的一条是当计算机被引进课堂并负责一部分教学任务时,老师的角色将不得不发生变化。他们原有的知识传授者职能将被大大减弱,而作为学生学习的促进者的职能将被大大提高。在这样的背景下,对专职语言教师的需求量就会越来越少,尤其是在他们获得助手的协助时。当然这绝不是对教师的诋毁,也不是说不再需要语言教师了,他们依然是首要的知识源,只不过他们的主要职能是充当"管理者",而不是知识的传授者。可以肯定的是,老师越多地参与对教学计划的策划,那么该教学计划的有效性和可实施性就会越强。

计算机辅助教学的最大特点之一是能够有效促进学生的自主学习活动,伴随这一教学环境的将是教师角色的转变,即教师将主要充当促进者、教练、导师,具有领导能力和丰富才识并能指导学生进行有效学习(Doherty,1998)。

在大量使用教育技术的语言学习环境里,学生将积极参与意义建构,并主导自己的学习。在这样的新环境下,教师不得不思考自己的新角色,即如何更有效的利用这些技术工具。为了增进学生学习过程的自主意识,教师既要考虑教育技术的合理应用,又要考虑教学策略问题,以培养学生自主学习所必须的咨询与探索能力。

在计算机辅助语言教学环境中,为了提高计算机技术的使用效率,教师应该具有一些新的角色。比如进行在线讨论时,教师应该具有主持人、主人、讲解人、导师、促进者、小组辩论协调人、顾问、"煽动者"、观察者、参与者、合作学习者、助手、团队组织者等功能(Salmon,2000)。Rice-Lively(1994)也提出在线教师应该在教师、促进者和顾问这三种角色中灵活变换。与此同时,教师必须在学生中营造一种相互支持的和谐社群氛围,让计算机应用能力上存在缺陷的同学也能够在新的学习环境中有更好的表现。

Mason(1991)曾经归纳出计算机辅助教学环境下的三种教师职能,即组织者(organizational)、交际者(social)及智者(intellectual)。作为组织者,教师要设计课程内容、教学目标、教学进度表、活动布置及学生互动的操作程序等。教师应该具有足够的耐心,避免过多的讲授(或可以邀请客座教师客串课堂),妥善应对突发问题与即兴活动。此外教师还得想办法"诱使"学生参与课堂讨论与活动。没有了教师的组织者这一角色,课堂教学活动将缺少教师设计的教学进程和活动进程。计算机辅助教学,尤其是在线讨论,将无法确保学生积极地、自始自终地参与,甚至可能使学生在新的教学环境中踌躇、不知所措。与教师组织者角色形成鲜明对比的是,教师的交际者角色主要涉及给学生发出欢迎、感谢等信号,对学生在活动和讨论中的表现给予及时的反馈,并且始终带着友好、肯定以及积极回应的态度。教师在充当这一角色时,必须对学生在讨论中的良好表现进行鼓励与巩固,并要求学生对课程的进程与有效性直言不讳地提供反馈。在实践操作中,教师的这一交际者角色可能成为整堂课成败的定音。在这三个角色中,智者这一角色是最重要的。这一角色涉及到问问题、探查学生的反映以及如何使学生重新把注意力集中到活动上等高水平技能。它还包含了教学目标设定、对任务和被忽视的信息进行解释、对学生发表的一系列无关联的评论进行串联、综合要点、辩明不统一的主题、引导讨论,以及为整个课程搭建起可进行知识传授和自主学习的计算机辅助教学平台,这些全都涉及教学技巧。总之,在尝试以计算机网络技术促进协作学习时,教师应该表现得有耐心、灵活应变、积极反馈,对学生的参与有理智的期待与标准。综上所述,Bonk、Wisher & Lee 总结了教师在计算机辅助教学环境下应承担的职责:

- 确定教学的目标、标准及欲传授的内容、技能。
- 确保学生能够获取相关的工具和资源。
- 设计教学活动与教学过程。
- 尽管有了技术支撑,仍需为学生提供帮助与建议,并确保对学生的表现给出公平、有效、可信的评价。

第三节 教师设计 CALI 应具备的技能

作为 CALI 的设计者,语言教师除了具备基本的计算机操作知识,如文字处理技术、课件制作技术、网页浏览与网页制作技术、信息搜索与在线通信技术、管理学生成绩与表现的技术等之外,还必须具备多种技能,尤其是网络课程所需要的技能。

计算机辅助语言教学有其特有的优势,但同时也会给教师带来新的挑战,这些优势和挑战表明基于计算机网络技术的语言教学与传统面对面环境下的教学有不少区别。尽管已有不少研究探讨了学生在计算机辅助语言学习过程中应具备的技能(如 Warschauer, 1999),但对老师在这种教学环境下应具备何种技能仍知之甚少。目前已有一些针对教师应具备何种技术技能和交际技能的研究。在此基础上 Barker (2002)将利用计算机网络技术辅助教学的老师应具备的基本技能归纳为:应用电子邮件的技能;开创、管理并参与非即时在线论坛的技能;使用在线聊天室的技能;使用文本处理软件的技能;编辑个人网页的技能;以及使用具有特殊用途工具的技能。但是他并没有详细地对这些技能进行研究,同时他虽然提出了对老师进行培训以掌握这些技能的重要性,却没有提出一项具体的培训计划来。

如图 6 所示,语言教师所需的计算机辅助语言教学技能是一层基于一层的,累积起来就形成了一个金字塔。这一金字塔的最低端就是最普通、最基本的技能,形成最广泛而结实的基础,而最顶端则是具有典型个人风格的技能。每向上一级技能提升必须以它的下一级技能为基础,即要想培养上一级技能,需在习得下一层技能的基础上方可实现。这一金字塔为我们概述了教师所需的技能,其中前三者是技术应用技能,后四者则是基于技术的语言教学技能。

图6　计算机化语言教学教师技能金字塔(Hampel & Stickler, 2005)

1. 技术应用技能

1.1　基础计算机操作技能

最基本的技能就是应用联网计算机的能力,这其中包括使用键盘和鼠标,熟悉常用的指令和功能(例如文字处理、联网、音频/视频播放等)。虽然在今天这些所谓的基本技能看起来很平庸,但是作为计算机辅助语言教学设计者和实践者的语言教师,这些都是必须掌握的最基础的技能,同时也是实施计算机辅助语言教学的先决条件。

1.2　应用专门用途软件的技能

该金字塔的第二层,即使用专门用途软件的技能,这些技能是在个人导师机构教学甚至是某一特定课程的教学所必需的技能。这里所谓的软件(也包含系统)可以是公共免费获得的电子邮件系统或会议系统,如 Yahoo 等;也可以是诸如 Blackboard 等由某些商家开发的具有一定经济利益的教育软件;或者是诸如 Lyceum(由英国 Open University 开发,供内部使用) 等由顾客定做的声图会议软件。无论这些软件被应用的程度有多广,语言教师自己必须先熟悉这些软件的使用,才能谈如何将其应用于语言教学。

1.3 利用技术潜能及应对其局限性的技能

再往该技能金字塔的上一层走依然是与软件有关的技能,这一层是老师应用软件功能及应对其存在的缺陷时应具有的技能。尽管老师还有更方便使用或更高级的软件供其选择,但他们往往更愿意使用手头已有的软件来进行课程教学,并尽可能发挥这些软件所具有的各种潜能。还有一种极端的可能性,那就是某些老师由于长期习惯于面对面的传统语言教学环境,无法适应诸如电子邮件或即时信息等仅有文本互动的媒体形式。但现实情况要求语言教师不但要使其教学材料和教学内容适应这种基于计算机网络技术的新教学环境,还要帮助学生调整他们对这门课程的期待。

2. 基于技术的语言教学技能

2.1 构建在线社群的技能

更上一层的技能就是语言教师利用计算机网络技术在自己的课堂上创造一种社群感的技能。不管是在面对面的课堂还是在虚拟课堂,并不是所有老师都能够成功地营造一种社群气氛,同时也并不是所有的老师都把这种技能当成是一种必需的技能。但无论是哪一种课堂上,老师都认可协作学习的意义,都重视社群活动的重要性以及意义联合构建的重要性(Ellis,2003) 。

"社会化"的实现是要遵守一定的行为准则和行为协议的。在面对面的传统课堂上,我们都希望学生的行为合乎情理而且不带有任何暴力色彩,学生彼此间要讲文明,尊重老师,当然还希望他们能够将注意力都集中到老师的授课内容上。在虚拟课堂上也有相同的要求,这种要求往往被称作"网络礼仪"(netiquette) ,即哪些行为在网上是可行的,而哪些行为又是不可取的。要鼓励学生严格遵守这些在线的礼仪,就像在面对面课堂上遵守相关行为准则一样。除此以外,老师也许还希望培养起一种在线社群感,这是一种团队情感或者是一种对班级或在线学习团队的信任与信心的表现。

毫无疑问,在交际语言教学情境下,如果课堂上缺乏真正的社群感,语言学习将难以获得成功。角色扮演、信息鸿沟(information gap) 练习、对话、相互模仿等等都是一些经常在课堂上使用的有意义交际互动(Canale & Swain,1980) ,但如果课堂上缺少了社会凝聚力,这些活动将无法开展,学生也就失去了进行交际互动的良好机会。课堂上同学之间相互信任的程度对初学者语言课堂教学的成败有很大的影响,因为在这种初学者课堂上学生有可能会感到不安全,而且他们用目标语表达个人思想的能力还很有限,然而所有的课堂上学生都或多或少有一定的语言焦虑。在缺少面对面交际所必需的"社会临场感"(social presence) 的情况下,老师将不得不为学生创造各种机会,使他们能够提供个人信息和反馈。由于基于网络的交际和社群建设要求的技能与面对面课堂上所要求的不同,因此即便是在面对面课堂上最活跃、最受学生欢迎的老师,也不见得会在虚拟课堂上获得成功。

2.2　促进学生交际能力的技能

该技能金字塔的上一层面的技能是与促进学生交际能力有关的技能。这一技能的实现,是通过直接将学生置于一个在线学习社群的交际活动中来实现的。虽然提倡其他教学法(例如信息传输教学法,an information transmission approach)的人会认为应该忽略学生的交际技能,代之以具体的课程教学内容,但是这种将教学内容置于交际之上的教学方法是无法同交际语言教学法相媲美的,因为后者很重视学习活动参与者之间的互动。通过相关任务的设计(Strijbos et al., 2004)并借助老师的干预就能够在虚拟环境下有效促进学生相互之间的互动。即便是使用事先设计的互动材料的课程也能够实现对话轮转换进行管理,而且这种课程也允许以不同方式来实现与学生接触的个性化。

2.3　敢于创新与正确抉择的技能

创造力与正确抉择是技能金字塔上显示的更上一层面的技能。虽然人们都将互联网当成是能够在教学领域里促进创新意识的丰富资源库,但现实当中互联网上所提供的丰富信息充其量不过是一连串的"好资源"或"好点子"罢了。在网络世界里,教师必须有能力在大量的网络信息中做出正确的判断,选择出好的、具有真实性的材料,并将其编辑为适合教学使用的材料,毕竟网络资源无论是在范围上还是在质量上都可能与实际教学需求相差甚远。要想完成这些工作,语言教师必须具备正确抉择和创造性使用未经加工处理而且不能直接用于教学目的的信息材料。在很大程度上,语言教学可以成为一种既充满创造性,同时也能够得到快乐的工作,因此基于计算机网络技术的语言教学不应该阻碍老师原本在面对面课堂上就发挥得很好的创造性。其中最能够体现语言教师创造性的方法就是让他们带着交际教学法的原理去设计学生的在线活动。然而,即便是为老师提供了现成的教学材料(例如各种出版社出版的教材),他们仍然需要对已有的任务进行选择、实施和调整。在老师和学生的角色都还不固定的虚拟环境里,所能获取的资源的适用范围虽然与课堂上需要的资源有着很大区别,但这样的环境其实也提供了充裕的空间,供老师发挥他们的创造能动性。

2.4　形成个人的教学风格

技能金字塔的最顶端是语言教师的一种具有个人特色的技能风格。基于计算机网络技术的语言教学要求语言教师必须培养一种个人的教学风格,充分利用各种媒体和教学材料的优势,培养与学生之间的一种密切关系,并创造性的使用各种电子资源以促进学生积极的、具有交际目的的语言学习。

为了更好的说明该技能金字塔上的各种技能,以下将通过声图会议技术(audio-graphic conferencing)来展示这些概念在教学中的具体应用,并提供实例对不同层面上的技能进行说明。具体实例来自于 2005 年 Hampel & Stickler 在英国 Open University 的 Lyceum 系统软件上实施的一项基于即时声图会议技术的实验所获得的经验:

- 使用基本信息通信技术的技能:例如语言教师应该能够处理声音问题,这就要求老师具有使用声卡、有麦耳机、互联网连接或防火墙等软硬件的技能;

- 具体的技术应用技能:例如语言教师应该能够娴熟地使用 Lyceum 中的各种工具,如注册登录虚拟课堂、将学生集合到计算机显示屏前面来、将图片上传到告示栏上等;

- 对计算机技术所能创造的可能性及其固有的缺陷要有很强的意识:语言教师应该知道,在缺乏肢体语言的前提下,某些教学设备(例如音频设备)的使用会具有很大的局限性,甚至无法使用。在这种情况下他也可以充分利用多媒体所具有的多模式特征,将基于文本的对话与基于音频设备的对话结合起来使用,即学生进行即时文本对话时,也不中断口头短话;

- 营造虚拟社群的技能:老师将网络礼仪引进在线虚拟课堂,要求并鼓励学生遵守这些礼仪(例如要求学生在发言之前"先举手")。老师同时必须意识到,自己还要尽更大的努力来创造一种"临场"感或虚拟社群,并鼓励学生一起对虚拟空间承担责任,相互告知自己已知的信息。

- 促进学生交际能力的技能:通过自己在传统面对面课堂上的教学,老师已经对交际教学的原理很熟悉。他们还应具有将这些原理应用于虚拟课堂的能力。例如,老师无需一个一个地叫学生进行口头话语轮换,而是告诉他们相关的规则,让他们知道前一位同学一讲完下一位同学紧跟着说。老师还可以鼓励不善于开口表达的同学多多使用文本对话或其他模式的交际。

- 创新与正确抉择的技能:显然创造性不仅仅在设计活动中发挥着很大作用,在对事先准备好的活动进行选择的过程中创造性也同样发挥着重要作用。对这些事先准备好的活动,老师可依照其原设计开展活动,也可以用自己创造的东西来修改或取代这些活动。老师的创造性不仅限于教学材料的设计和应用上,也可体现在各种在线工具的创造性使用上。例如在 Lyceum 系统里,简单的一个"yes"按键(该设计原本用于投票目的)就可以用于发出信号,表达对其他同学言语表达的认同。

- 教师个人风格的培养:语言教师首先要意识到,计算机网络技术工具在语言教学实践中是有许多缺陷的。例如在线媒体技术的应用由于缺少肢体语言的呈现,因此导致老师本来在面对面课堂上培养起来的个人风格也受到限制而无法得到充分体现。但是随着老师对各种媒体不断熟悉,以及对技能金字塔底层上的各种技能有了很强的信心后,他们也会渐渐重拾原来在面对面课堂上养成的风格。此外,随着老师对技术的不断熟悉,他们使用这些技术的安全感也会不断提高,到最后他们还会放开对学生的控制,让他们自由地使用这些技术。他们还会参与整理公告栏,删除图片或文本集,甚至将全班集合到另一种观点或模组之下。

对语言教师来说,基于计算机网络技术的语言教学法并不是什么全新或神秘的东西;在这种教学环境下所遇到的某些问题其实与传统面对面课堂上遇到的是完全一样的,或者是相类似的,例如如何让学生开口说话这一问题是两种环境中老师都会遇到的。然而有些问题确实要求老师采用特别的方法才能解决,因此对老师进行相关培训,使其能够适应新教学环境的教学也就显得特别重要。在开始阶段,可以增强老师对这两种教学环境所存在的区别的意识,撇开纯属技术的东西,他们会发现其实这一培训并没有那么难。

虽然有不少老师可能依然会选择传统技术(或技巧)与新技术结合的做法,甚至有的教师可能依然只是将技术用于传送、演示教学内容,在这种情况下,让一位语言教师去掌握以上所提的所有技能并不现实,但是计算机网络技术对语言教学的影响已势不可挡,已是一种必然。

以上是对未来语言教师应具备的知识技能的一次完整的概述,我们也可尝试从另外一个角度来简单总结一下语言教师所必须具备的知识技能,这样也有助于老师从别的方向去培养自己基于计算机网络技术的教学技能。未来语言教师应该关注自己的教学水平、对学生进行管理的技能、获取帮助的技能、技术应用技能,以及对时间、资源进行管理的技能。

(1) 教学水平

● 将计算机辅助语言教学视为一种能够有效促进师生互动的、与原有课堂教学截然不同的教学环境;

● 多多参考他人的计算机辅助语言课程,从中吸取一些有价值的东西,或问一下身边的同事,看是否能够借鉴一下他们的设计;

● 投入充足的时间、精力,为计算机辅助语言教学的实施做充分的准备;

● 充分利用技术协助学生,为学生提供问题的答案,满足他们的要求,并对他们的作业以及评分提供即时的反馈;

● 经常衡量一下用于传送和接收教学内容所需要投入的时间是否与这些教学内容的重要性成正比关系,并时常问一问学生是否能够看明白或听明白老师传授的东西。

(2) 管理学生的技能

● 计算机辅助语言教学(尤其是在线教学)要求老师要很有预见性,这一点是新教学环境与传统教学环境很大的不同点之一。必须事先向学生交代要求或相关规则,如果没有向学生交代清楚,尽可能不要等学生遇到问题再来找你。如果有可能的话,应该给自己的课程设计课程大纲,把相关的课堂规则涵盖在里头,然后确保学生都仔细阅读了这些规则,这样他们才能对你事先设置的规则有所意识,才能谈遵守不遵守的问题。

(3) 获取帮助的技能

● 老师必须事先弄明白在哪可获得帮助,以备不时之需。一般情况下,配有语言实验室的系部都会专门配备具有设备维修技能的技术人员,以辅助语言教师的教学工作。此外计算机技术咨询服务人员或媒体开发部的工作人员也可提供这类辅助。事先与这些人员取得联系,别等到出现技术问题后才急着到处去找人,这势必导致时间的流失。

(4) 技术应用技能

● 语言教师必须具备最基本的计算机知识技能,例如至少要熟悉文件的管理,懂得如何打开文档、复制、保存、移动文件、创建和管理备份文档,熟悉键盘和鼠标功能,熟悉显示屏和视窗的特征,掌握如何使用网络浏览器等;

- 必须弄清楚是否有必要学习使用新的软件。如果觉得有必要的话,自己是否愿意学习这些软件的使用,是否能够使用外部支持系统来学习这些软件;
- 落实学校或系部是否能够提供相关的软件使用培训;
- 确保自己能够使用电子邮件等各类在线通信工具,具备使用各种工具与学生交流的能力;
- 确保自己能够了解最基本的互联网功能、频宽以及网速等与网络相关的知识。老师所用计算机的新旧程度以及使用计算机的环境有可能与学生的不同。在上班时间,老师可能使用的是局域网,但如果老师也试着使用一台旧电脑搭配一台调制解调器上网,自己就会明白学生使用计算机的环境了;
- 必须要掌握不同机子上的视窗是如何影响自己授课材料的显示及其功能展示。

(5) 时间和资源管理

教授网络课程的老师,其大部分时间都用在回应学生的电子邮件,批改学生的作业,或者是应对诸如在线论坛和在线交谈这类课堂互动成分上。由于网络课程的固有特征,学生互动一般都是零星的、不定时的,有些时候可能会出现学生在某一时间段不约而同的给老师发来大量的电子邮件,这样会使老师应接不暇。这种情况一般都会出现在学期开学时,在这种时间段,学生对网络课程会有各种问题要向老师询问。有时候由于技术问题让学生无法进入课程或无法下载材料,或者是学生上交作业失败时,他们都会主动与老师联系,这种情况下老师要应对的邮件会很多。要想有效地应对这类情况,老师应该:

- 为自己寻找一个合适的技术助手(例如研究生、教学助手等),协助自己回复学生的电子邮件;
- 创造一个常问问题网页,实现为学生提供各种常问问题的答案或信息,使学生在课程学习过程中随时获得所需帮助;
- 向学生提一些规定或要求,要求他们给老师发电子邮件之前,必须先登陆课程论坛(如公告栏等)去提问;
- 为学生提供技术咨询服务的联系方式,让他们在课程学习过程中遇到各种技术问题时,可以有个咨询的方便。

以技术服务语言教学或把语言课程搬到互联网上去,是未来语言教学的发展趋势,但是语言教师同时也得意识到,在这类技术支持的课程对学生开放之前,老师必须进行精心的计划和设计,毕竟让课程给学生留下良好的第一印象十分重要,甚至关系到老师教学和学生学习的成败。此外,教授这样一门语言课程意味着要面对巨大的挑战,老师尽可能事先设计好所需的课程材料。

许多老师对开发、维护和提供一门技术辅助语言课程所需的时间和资金投入都估计不足。有效的事先计划和时间管理往往是确保一门计算机辅助语言教学课程(尤其是网络课程)成败的关键所在,语言老师必须要与相关部门建立起必要的联系,例如学校的网络管理和软件开发部门、技术培训部门、信息技术部门或其他技术支持部门,并且尽可能充分利用这些部门所能够提供的支持,毕竟这也是一种资源。

（6）鼓励奖赏老师

最后一项确保计算机辅助语言教学顺利实施的策略来自学校或系部对老师的鼓励和支持,使他们能够更大胆、更有创意地应用技术于语言教学。至今为止,仍有不少老师对技术辅助语言教学持怀疑态度,不愿进行尝试。即便学校建立起了以上所提的各种技术支持部门,仍旧未能促使所有老师都尝试应用技术,但假如学校再建立起相应的奖励机制,让老师明白如果自己的技术辅助教学实践获得了成绩,自己将获得学校提供的聘用、晋升、奖金等各种实实在在的奖励,这样将会进一步促进技术辅助语言教学在教师队伍中的普及,尤其是在中老年教师队伍中的普及。

第四节　CALI 的师资培训

1. 实施 CALI 师资培训的必要性

虽然有些文献对如何给老师提供培训的问题进行了探讨,但是依然远远不能满足要求,因为这些培训所涉及的技能主要是围绕着具体软件应用、如何处理信息与通信技术问题及其缺陷等方面。Bennett 和 Marsh（2002）曾经提到,对老师进行的培训不只是让他们懂得按哪个按键就可以成功发送邮件,或者应用某个 HTML 编码将一张图片发送到网页上去。要想培养成功的计算机辅助语言教学人员,远不止是培训这些简单而基础的技能那么简单,至少具有深远影响的教学法知识的培训是不可或缺的。他们提出了两种技术层面之外的技能,即能够辨明面对面的语言教学环境与基于计算机网络技术的语言教学环境两者之间的异同点,以及具备相关的策略与技能,以有效促进学生基于计算机网络技术的语言学习,并帮助学生充分利用这些技术所具有的优势来进行自主学习和协作学习。

除了 Bennett 和 Marsh 所提及的以上两项重要技能外,很少研究人员能够超越这一水平再去研究更高层面的教师培训了,但还有一项重要的教学法技能不得不提及,那就是为学生的语言学习创造在线社区或交际对象实体。受社会文化理论的影响,创造社群显然是一种很重要的教学策略,这种策略的应用能够保证学生的语言学习是有意义的,因为它是基于交际并且能够支持认知输出的（McLoughlin & Oliver,1999）。从某种程度上来讲,缺少这方面的研究是预计中的事情。这会使研究人员将更多的注意力放在教学法因素的培训上,当然这是在老师已掌握基本的或水平较低的技能基础之上才能实施。至于建立社群方面的具体事情也应该在语言教学研究得到重视,而不仅仅是在教师技能培训领域,毕竟在面对面的传统课堂上教语言与教其他课程所要求的技能是不同的,与基于计算机技术的语言教学当然也不一样。

将计算机网络技术应用于语言教学过程中经常会遇到这种尴尬的处境:尽管有充裕的语言教学材料,而且教育机构和老师都愿意实施基于计算机网络技术的语言课程,但是为老师提供的较高质量的培训仍然极少。辛辛苦苦付出了大量的精力和金钱所创造出来的材料,可能会因为无法提供有效的教师培训而使老师不能够有效应用这些材料,这些材料也就被浪费掉了。由于缺乏这样的培训,许多 CALI 课程和教学环节都存在着不同程度的失败或低效。许多曾经在面对面课堂上应用的教学技能,在计算机网络环境下已经不再适用。对某些教师而言,他们甚至不得不"忘掉"曾经在传统面对面课堂上用过的技能,转而学习能适用于新环境中的技能。为了能够获取更佳的教学效果,相关部门,无论是教育主管部门、学校,还是系部,在实施传统面对面课堂教学向基于计算机网络技术教学的转型之前,有必要为自己的教师队伍提供必要的技能培训。正如 Salmon(2003)所强调的那样:任何旨在改变教学方法或将技术引入学习和教学的努力都应包含对教师的有效支持和培训,否则教学效果将会是非常糟糕的。如果一门在线课程的主要内容是交际,则这种培训和支持就显得更有必要了,因为在线语言课程必须既要关注互动的形式,同时也要关注互动的内容,而技术的应用对无论是书面还是口头的互动形式都具有极大的影响。

让教师熟悉计算机网络技术的最好途径就是让他们首先成为"计算机专业的学生"。正如许多院校所倡导的那样,从事在线教学的教师队伍必须首先注册成为在线课程的学生,首先学习如何设计、开发在线课程。这种做法其实是很有道理的,因为老师将要面对的挑战是他们的学生也要面对的,例如计算机知识技能的欠缺、掌握各种交互性工具的应用、低估了完成在线阅读和在线作业所需的时间,等等。因此,要想实施成功的计算机辅助语言教学,语言教师不但要具备新的教学技能,还得像他们学生一样,必须要掌握新的技术应用技能和管理技能。

自从 20 世纪 70 年代后期以来,大部分的语言课程都是以交际教学法为理论基础设计出来的。这种教学思想强调语言的产出必须重视语言所具有的语用功能,强调将语言理解为一种互动,在互动中语言的功能才能真正实现。根据 Canale & Swain(1980)所提出的综合交际能力理论(Integrative Theory of Communicative Competence),语言教学要把发展学生的交际技能放在首位,而交际技能涉及一系列的基本语法规则,涉及掌握语言如何被应用于社交情景以实现交际功能,也涉及了解话语和交际功能是如何根据会话原理被结合在一起的。此外,交际教学法还将学生的交际需求考虑在内,并要求语言学习者将母语中习得的交际技能应用于二语的学习中。

基于计算机网络技术的语言学习材料能够满足以上 Canale & Swain 所提的大部分交际教学法原理。尤其是通过使用计算机网络技术,人们可以获得真实的语言学习和教学材料,这也使得基于计算机网络技术的学习环境很适合开展各种交际任务,例如在线检索、与别人进行电子邮件交流就是基于网络的学习环境所提供的两种典型学习任务。同时网络技术的应用也为语言学习者提供了良好的机会,使其能够与水平较高的目标语操持者进行有意义的交际互动。

然而,网络化语言教学要求教师具备的技能,不但与传统面对面语言课堂上需要的技能有所不同,与其他学科的网络化教学所需的技术也不同。例如,基于文本会议技术的交际所具有的非即时性,以及基于音频视频会议技术的交际所出现的非言语信号缺失,都是使用网络进行语言教学的教师所遇到的两种典型障碍。语言教师必须对计算机网络技术很熟悉,知道哪种技术适用于哪种语言教学活动。他们一方面要有很强的专业技能,另一方面还须懂得如何将技术和新教学方法融入到新的教学环境中,因此他们需要同时具备应用计算机网络技术的技能和基于技术的语言教学技能,即既要熟悉技术的操作又要懂得技术在语言教学环境中的作用(Hampel & Sticker,2005)。然而迄今为止,各种针对网络化语言教学的研究和师培项目关注的都是应用各种工具或软件的技能,尤其是利用信息通信技术(ICT)的潜能和应对技术局限性方面的研究和培训(Hampel & Sticker,2005),这种缺乏教学法因素的研究和项目将无法实现有效的网络化语言教学。教学机构必须为语言教师提供教育技术应用技能和基于技术的语言教学技能。

2. CALI师资培训项目的制定和实施

2.1　岗前培训

本节以英国开放大学(The Open University,一所全球知名的远程高等职业教育机构)一次成功的网络化语言教学教师技能培训项目为鉴,探讨针对我国高校计算机辅助语言教学的师资培训方案,以及后续持续性发展的途径。

开放大学的这项教师培训项目是一种典型的岗前培训项目,采用在线培训的形式,学员都是从事初级德语教学的职业技术学校的教学人员。该项目的培训目标是使这些教师学生具备图6金字塔所示的各项技能。以下是该项目的各个操作步骤的培养目标、培训方法,从中可为院校语言教师师培项目的制定和实施提供有意义的经验。

(1)基础计算机操作技能的培训

该项目首先从技能金字塔最低层的技能——基础计算机操作技能(尤其是应用信息通信技术的技能)下手。由于学员一般都具备基础的计算机操作技能,如文字处理技术、课件制作技术、网页浏览与网页制作技术等,因此该项目第一步把重心放在学员熟悉各种工具的应用上,因为掌握这类技术有利于语言教师设计基于交际教学法的教学内容和教学活动。具体做法是让学员相互之间利用电子邮件、讨论板、电子公告栏、音频/视频会议技术等即时或非即时技术进行通信,使他们在使用技术中熟悉技术。

(2)应用专门用途软件的技能培训

第二步由两次在线研修课组成,因此这一阶段很重视网络技术媒体在培训中的应用。第一次研修课集中在掌握Lyceum系统中各种工具的应用上,由开放大学自己开发的这一系统具有声音盒、在线公告栏(白板)、概念图、文件和基于文本的对话等工具,这种做法旨在通过应用教学系统中的各种教学工具来培养学员应用各种专门用途软件的技能。第二次则关注教学法方面的问题,即让学员以教师的身份利用以上工具模拟各种教学任务的实施,使学员掌握专门用途软件的教学用途。通过这一阶段的培训,学员具备操作和应用各种专门用途软件的技能,使学员的网络技术应用技能更专业化。我国许多高院都已引进Blackboard、WebCT等系统,这些都是与Lyceum功能相似的课程管理系统,许多院校的远程课程都是借助这类系统实施的,这为实施这一阶段的培训创造了条件。

（3）培养利用网络潜能并应对其局限性的技能

为了让教师对教育技术所具有的潜能和缺陷都有所意识,培训计划必须要具有一定的自由度。如果在培训过程中,允许学员选择自己中意的培训人员,这样可避免他们遇到一些持"技术决定论"观点,只会看到技术具有的潜能而完全忽略其局限性的软件设计人员,同时也可以避免遇到将传统教学模式视为最佳教学模式的培训人员。因此预先了解在线互动在语言课堂上的应用过程中具有的优势和可能遇到的挑战可以使语言教师在选择培训人员时获得较好的指导,避免遇上思想过于偏激的培训人员。

（4）培养在线创建学习社群的技能

培养语言教师利用计算机辅助通信(CMC)工具创建在线学习社群的能力,以及利用社群来提高学生交际技能的能力非常重要,这体现了建构主义教学理论的基本原理。培养这一技能的第一步就是让老师应用网络媒体进行学习,充当在线语言学习者,体验在线社群学习生活,这样可以使语言教师创建在线学习社群的意识得到增强。利用CMC技术进行培训的过程中还可以突出"网络礼仪"在网络学习社群中的重要性,同时还可以对不同形式的"网络礼仪"进行在线讨论,同时这种做法还可以鼓励学员思考如何应用网络媒体技术构建社群和组织社群活动(比如社群学习中的热身活动),而这些都是他们正式上岗之前所必须掌握的策略和技能。

（5）培养促进学生在线交际能力的技能

一个成功的在线学习社群一旦形成,培养交际技能就会变得很容易,但教师的这一技能在培训目标中需得到体现。老师必须认识到学生需要互动过程中参与交际的机会,也必须掌握有效的方法去促进学生参与互动,提高他们的言语输出量。实现这些的有效途径之一就是创造交际性的语言任务,并且使这一任务能够在网络环境中实施。这意味着语言教师要具备更高的技能,即上一层的创新和正确抉择技能。

（6）培养创新和正确抉择的技能,最终形成教师自己的个人教学风格

最后阶段的培训是培养创造性应用各种教育技术的技能,并在此基础上最终形成教师自己个人的教学风格。网络技术、工具多种多样,经过以上五个阶段的培训后,语言教师基本上懂得哪种教学技术较适合于哪种教学任务,对技术的应用和选择已经达到较娴熟的程度,接下来就是要培养如何将多种技术组合起来应用、创造性地应用,以培养教师自己的网络化教学风格。要具备这一层面的技能对语言教师而言有很大的难度,应该放在后续培训中,尤其是让老师在应用技术的教学实践中渐渐培养起来。这说明培养语言教师应用网络技术进行教学的技能并非短时间内就可以实现的,他们还得不断消化、积累经验,并不断为更高层面的技能打基础。

2.2 持续性发展

经过岗前培训之后,学员基本上具备应用计算机网络技术的技能,也掌握如何将这些技术应用于语言教学的技能,但这些仍不是教学所需的实践性技能,教师的个人教学风格也仍未形

成,因此仍然需要后续的持续性发展。在日后的计算机化或网络化语言教学实践中,有三种途径可为语言教师教学技能的持续性发展提供支持,这些途径可视为具有自我提升性质的后续培训策略。

（1）教师不断进行计算机化或网络化教学；

（2）与别的教师进行经验、想法和观点上的交流,尤其是与那些使用相同或可对比的软件的教师交流；

（3）将自己的反思性实践应用于网络化语言教学中。

采用第一种途径意味着学校必须为老师提供消化、应用培训中学到的技能的机会,教师才能不断提升自己应用技术的技能,形成实践性技能。

教师之间相互交流应用技术的心得、经验是一种非常有意义的学习方式（Barker, 2002）,开放大学的师资培训项目试验结果也证实了这种说法。在他们的实验中,有几位老师在培训结束后依然与自己同事经常进行交流,同时为刚接触教育技术的老师提供帮助。促进教师之间有效交流的方法之一是应用基于文本的非即时会议技术或专用网络空间。从理论上讲,这种后续提高的做法应该是很理想的,只要有一定数量的老师正在应用具有可比性的软件进行可对比的语言教学即可。为了能够促进教师之间这种有意义的交流,必须事先进行一些准备工作,例如为老师创造“见面”的机会,尤其是面对面的见面；为老师进行自由而开放的交流提供媒介,尤其是不受干涉或监控的教师交流；为教师提供材料、文本交流所需的媒体,比如公共网站或博客；提供在线论坛引子,引发老师就相关话题进行讨论；对这种持续的教师交流进行持续性评估等。

第三种持续性培训途径是反思性实践,即语言教师进行持续性的自我观察和自我评价。老师可以通过反思性实践来了解自己的教学情况,同时与别的老师交流自己的体会以找出彼此之间存在的不同之处,并进行整改。反思性实践的好处在于它具有灵活性、实践性、专业性和可持续性（Florez, 2001）,因此应该提倡教学过程中的持续性自我观察和自我评价,具体做法有与他人合作、自我评价、同侪观课等（Althauser & Matuga, 1998）,使语言教师发展为反思性实践者,而不仅仅是技术专家。

CALI 师资培训项目可以借鉴开放大学的做法,从计算机化语言教学教师技能金字塔最低层的技能开始,然后逐步向更高层次的技能进行培训。开放大学这一培训项目的另一值得借鉴的经验就是将网络化语言教学技能划分为技术应用技能与基于技术的语言教学技能。从该技能金字塔中可以看出,应用技术的技能属于较底层的技能,同时也是师资培训项目最初的培训内容,而能够体现教师有效应用技术于语言教学实践的语言教学技能才是更高层次的技能。事实上基于技术的语言教学技能主要通过教师的教学实践不断培养,并最终在教学实践中形成自己应用技术和语言教学的独特风格。因此借鉴该培训项目的做法可使自己的培训项目避免“技术决定论”的影响,使教育技术应用技能和基于技术的语言教学技能都同时融入到培训项目中。

第三部分

CALI 的 评 价

第七章　CALI 的评价原理

由于计算机辅助语言教学设计本身就是需要详细审查和论证的实验,因此一项设计是否适切、有效,必须根据一系列的标准来进行评价,为此不少教学一线的语言教师和计算机辅助教学的钟情者纷纷提出各种评价体系。Chapelle(2001)则提出要从三种需求层面来制定和完善评价标准:第一,评价标准必须要建立在前人的研究结果和相关二语习得理论的基础之上,即评价所依赖的相关理论必须融入到评价体系中;第二,评价体系中必须包含如何使用评价标准的指导、说明,即评价标准要清晰、明确;第三,评价标准既要适用于评价教学设计所应用的软件,也要适用于评价所设计的任务、活动及其执行过程。在以上三个要求的基础上,Chapelle提出了教师与相关实践人员在着手制定评价标准体系时应考虑的设计原理及其启示(见表14)。

表 14　制定计算机辅助语言教学评价标准应遵循的原理

制定评价标准应遵循的原理	对评价实践的启示
对计算机辅助语言教学设计的评价要依不同情境而异。	计算机辅助语言教学设计者必须对评价体系非常熟悉,以便将其用于评价不同情境下的设计。
对计算机辅助语言教学设计的评价必须要涉及两方面,即对教学设计所使用的软件和所设计的任务、活动进行定性评价,以及对学习者的学习成果进行定量评价。	评价必须有进行定性、定量分析所必需的方法论。
对计算机辅助语言教学活动质量进行评价的标准必须基于二语习得理论与相关研究结果。	计算机辅助语言教学评价者必须紧跟二语习得的最新研究。
评价标准的制定要以设计目的为出发点。	对计算机辅助语言教学设计进行评价时,必须视其是否有明确阐述的教学目的。
一项计算机辅助语言教学设计是否具有促进语言学习的潜能应成为评价的核心问题。	促进语言学习应成为计算机辅助语言教学设计评价的目的之一。

对计算机辅助语言教学设计的评价是一个复杂的过程,它不但涉及设计本身的方方面面,也涉及到设计以外的许多其它因素。因此,有必要将评价过程分成不同层面,即对计算机辅助语言教学软件进行评价、对教师设计的活动进行评价、对学生在教学活动过程中的表现以及活动后的语言学习效果进行评价(详见表15)。

表 15　计算机辅助语言教学评价对象

分析层面	评价对象	评价问题	评价方法
1	用于辅助语言教学设计的计算机软件	所用软件是否能够为学生创造互动并共同进行意义构建的机会？	定性评价
2	语言教师设计的计算机辅助语言教学活动	教师设计的计算机辅助语言教学活动是否能够创造促进学生互动并共同进行意义构建的机会？	定性评价
3	学生在教学活动过程中的表现以及活动后的语言学习效果	学生是否进行互动，并共同构建意义？学生的学习活动是否达到预设目标？	定量评价

　　评价必须能够产生有意义的结果，即某一教学设计对特定学习者以何种方式、在何时应用才能够有效。换句话说，设计出来的计算机辅助语言教学活动是否有效，是由充分的证据以及这一活动在特定情境下使用所依据的相关理论依据来决定的。从表 15 可得知，评价过程的第一层面是评价辅助语言教学所使用的计算机软件。要对某一软件的有效性进行评价，评价者必须注意以下问题：要对学生施与多大程度的控制？这一软件能够为学生提供多大程度的互动？这一软件是否能够提供充分有效的反馈？这一软件是否能够记录学生的学习？总而言之，评价者必须始终关注一个问题，即这一软件是否能够为学生提供互动并共同进行意义构建的机会。

　　第二层面则把评价中心放在语言教师借用以上软件设计出来的活动上。教师对其设计活动的构建和介绍将会影响这一设计在语言课堂上的实施，甚至决定这一堂课的教学效果。因此如何将设计应用于实践比设计本身还要重要。设计者对设计的活动进行控制的程度将对活动的实施条件产生重要影响。在这一层面上，设计者将面对这样的问题：我所设计的计算机辅助语言教学活动是否能够为学生提供互动并共同进行意义构建的机会？第三层面关注的则是学生在设计实施过程中与实施后的表现，并分析能够反映学生使用计算机辅助语言学习的情况以及能够反映学习效果的实验数据。

　　要对一项计算机辅助语言教学设计进行全面的评价，必须对其进行定性和定量两方面的分析。前者以建立在二语习得研究结果上的评价标准来对计算机软件和教学设计的特征进行评价，而后者则以同一套标准来对收集的数据进行分析，以揭示计算机辅助语言教学应用的有关细节与学习者的语言学习效果。

　　表 16 是由 Chapelle 设计的一套详细评价标准及其定义，是对计算机辅助语言教学设计的适切性与有效性进行评定时应遵循的。所列出的六条标准既适用于定性评价也适用于定量评价，只是应用于前者时侧重对一项设计的理论判断，而用于后者时则着重对数据进行分析。

表16　计算机辅助语言教学设计适切性评价具体标准

评价标准	定　义
促进语言学习的可能性	该设计创造能够使语言学习者关注语言形式的机会。
学习者适切性	基于学习者的特征与特定的学习条件，该项设计能为学习者提供与目标语接触的机会。
对意义的关注程度	该设计能在多大程度上使学习者的注意力集中在语言的意义上。
真实性	该能够在教室外提高学习者对二语活动的兴趣。
积极影响	该设计对活动参与者的积极影响。
可行性	用于支持该计算机辅助语言教学设计的资源是否充分。

　　要对一项计算机辅助语言教学设计进行定性评价，就必须对这一设计是否能够在特定时间内适用于特定的语言学习者作出判断，因此有必要关注设计的活动及其使用的环境设置。将以上六条标准用于评价时，必须要关注以下表17所列的相关问题。

表17　计算机辅助语言教学设计适切性定性分析的问题

评价对象	评价问题
促进语言学习的可能性	该设计是否能为学习者提供足够的关注语言形式的机会？
学习者适切性	设计里要求学习者掌握的语言形式在难度上是否适合学习者提高其语言能力？任务的设计是否基于学习者的特征？
对意义的关注程度	该设计是否能够引导学习者将其注意力集中到语言的意义上？
真实性	该计算机辅助语言教学设计与学习者在教室外对二语活动的兴趣是否有很大相关？学习者是否能够意识到该设计与课堂外的任务之间的联系？
积极影响	通过参与任务、活动，学习者是否能够在使用目标语的语言能力和学习策略上获得提高？通过设计的操作与应用，语言教师能否看到有效的教学效果？
可行性	使计算机辅助语言教学设计获得成功的硬件、软件和人力资源是否充分

　　凭着这六条标准及相关问题，可对一项计算机辅助语言教学设计及其使用环境进行全面的、合乎逻辑的评价。因此，定性评价过程必须在该设计的具体使用环境下进行。除了进行定性评价外，对一项设计的定量分析也是必须的，因为它可提供相关数据，以说明定性分析能在多大程度上准确反映学习者在该项计算机辅助语言教学活动中获得的学习成果。

　　通过对一项设计进行定性分析，原先对该项设计是否具有教学意义的系统假设便可获得理论上的验证。但这些假设仍需要有实证数据的支持，毕竟学生如何参与教学活动往往与老师的设想有很大区别。表18列的是对一项计算机辅助语言教学设计进行实证分析时应关注的问题与收集的数据。

表 18 计算机辅助语言教学设计实证分析应关注的问题与收集的数据

评价对象	需要收集的数据
促进语言学习的可能性	什么证据表明学习者在参与该项计算机辅助语言教学活动时把注意力集中到了语言形式上？ 什么证据说明该设计中需要学习者掌握的语言形式已被学生所掌握？
学习者适切性	什么证据表明要求学习者掌握的语言形式在难度上适合学生？ 什么证据表明该项设计能够适合不同年龄、学习风格、计算机应用能力等个性特征的学习者？
对意义的关注程度	什么证据表明学习者对意义的构建有助于其习得目标语？ 什么证据表明学习者在活动过程中使用目标语构建并解释意义？
真实性	什么证据表明学习者在设计活动中的表现与其在该活动之外的表现是一致的？ 什么证据表明学习者意识到了该活动与课堂外的活动是有关联的？
积极影响	什么证据表明学习者通过参与该活动可学到更多的目标语知识与语言学习技能？ 什么证据表明教师设计者在操作该设计时应用了有效的二语教学法理论？ 什么证据表明师生在活动中获得了积极的技术体验？
可行性	什么证据表明支持该项设计成功实施的硬件、软件与人力资源是充分的？

　　以上对计算机辅助语言教学设计进行定性与定量评价所采用的标准以及制定这些标准所应遵循的原则，都是建立在二语习得理论和相关研究结果基础之上的。这些评价原则与具体标准不但适用于对计算机软件的评价，也适用于对教师设计的评价。每一项评价对象都提供了具体要分析的问题，这有助于设计者本人对自己设计的计算机辅助教学活动有较为全面的了解，也为该设计是否能够在更大范围内使用提供了可参考的证据。

第八章 CALI 评价实践

　　了解计算机辅助语言教学研究项目的特征与结构,并且弄清楚研究项目可以实施的现实条件,就可以在结合这些特征、结构和现实条件的基础上采用相关模板对项目或实验对象实施评价。以下是计算机辅助语言教学评价研究较集中的十五个主题,本章将详细介绍这些 CALI 评价主题及其评价实践,每一个评价主题都提供评价背景、评价应关注的变量、评价的实施步骤、数据分析方法或可供参考的评价量表,由这些要素构成各个评价主题所需的评价模板。这十五个主题分别是:(1) 对设计者进行评价(assessment of the designer);(2) 对教学内容进行评价(assessment of course content);(3) 对在线任务进行评价(assessment of online task);(4) 对在线学习体验进行评价(assessment of online learning experience)——对基于问题的学习进行评价;(5) 对在线协作学习进行评价(assessment of web-based collaboration)(一)——对在线协作语言学习的评价;(6) 对在线协作学习的评价(二)——对在线协作任务的评价;(7) 对学习效果进行评价(assessment of learning outcome);(8) 对新生技术的应用效果进行评价(assessment of newly-emerging technology);(9) 对通信技术的评价(assessment of CMC technology);(10) 对信息技术的评价(assessment of information technology);(11) 对综合性学习工具(课程管理系统)的评价(assessment of course management system);(12) 对师资培训项目进行评价(assessment of teacher training);(13) 对学习者的身份进行评价(assessment of learner identity);(14) 对网络课程进行评价(assessment of LAN-based course)(一)——对校园网络课程的评价;(15) 对网络课程进行评价(二)——对远程网络课程的评价。有了这十五个研究主题的评价模板,评价实践者就可较便利地实施各种 CALI 评价研究。这十五个模板一般都包含了以下要素:

- 综述与该研究主题相关的文献,以获取该评价研究主题的研究背景与目的;
- 提供该研究主题所使用的研究方法;
- 提供该研究主题所使用的研究工具(研究平台、系统、软件、计划等);
- 提供该研究主题所使用的数据收集工具;

第一节　对设计者的评价

　　对在线课程或在线教学计划的评价一般涉及两个领域,即对教学内容的评价与对教师的评价(Lynch,2002)。作为计算机辅助语言教学的设计者,语言教师的个人知识、技能也是CALI 评价的主要对象。事实上,对设计与实施机辅教学(尤其是网络教学)的语言教师而言,用于评价一个教学班运作效果的指标与评价一门校内课程所用的指标有很多相似之处。从以下来源可以获取一些有助于了解、提升并保持一门课程质量的信息:

- 来自学生的电子邮件;
- 反思性作业中学生提供的口头或书面反馈;
- 某些具体活动后,学生的汇报中包含的赞成或不赞成的评论或观点;
- 课程结束时对老师的评价。

大部分学校面临的一个棘手的任务就是如何对老师进行评价的问题。在大学教学体系中,课程后的学生评价往往是学校晋升或续聘教职人员经常参考的信息。因此,这类评价工具的设计、效度、信度是管理人员十分关注的对象。

要想评价教授某一门课程或引导开展一项教学计划的教师,必须事先弄清楚一门基于计算机网络技术的课程(尤其是在线课程)的成功取决于哪些主要要素。例如,在这门课程的操作过程中,老师是否有必要与学生保持经常性的联系? 老师是否根据学生的需求为学生设计或提供了额外在线材料? 一名合格的在线语言教师应该参与多少在线互动(如发送电子邮件、参与聊天室、在公告栏发帖子、在线对学生的功课进行具体评判)? 学生期待老师给予某一主题多少的热情? 如此等等。这类有关在线课程授课的各个方面都是设计制作一份教师评价量表所要考虑的因素。

以下是一份曾经被成功应用过的教师评价工具,供设计类似量表的研究者参考,在线授课的教师也可以此来衡量自己教学的成败、效果。

附件:在线教师评价调查量表

同学们:

以下是本校(系)为了确保持续性有效而高质量的教学而对老师教学质量所做的一次问卷调查。您可凭自己曾经与你们老师接触的经历来回答以下问题。本次调查属于匿名评价,被评价老师只有到本学期结束及你们的成绩发到你们手上之后才会知道调查结果。

请在所有调查问题后面的 1-5 个备选项中选择一项你认为符合你个人观点的选项,并在该选项后面打√。其中 1 表明这种说法完全不符合你的个人观点,而 5 则表明这种说法完全符合你的个人观点。其中第 15、16 道题是开放式问题,题后有一段空白处,供您发表一些有关这位老师的个人看法。

表 19　在线教师评价调查量表

问 项	选 项
1. 该老师采用了有效的教学方法。	1. ( )；2. ( )；3. ( )；4. ( )；5. ( )
2. 老师备课很充分。	1. ( )；2. ( )；3. ( )；4. ( )；5. ( )
3. 该老师保持着较高的学术标准。	1. ( )；2. ( )；3. ( )；4. ( )；5. ( )
4. 该老师为我提供了提高交际技能的机会。	1. ( )；2. ( )；3. ( )；4. ( )；5. ( )
5. 该老师为学生提供了协作的机会。	1. ( )；2. ( )；3. ( )；4. ( )；5. ( )
6. 该老师为我提供了能够促进积极研究技能的机会。	1. ( )；2. ( )；3. ( )；4. ( )；5. ( )
7. 该老师为我提供了提高评判性思维技能的机会。	1. ( )；2. ( )；3. ( )；4. ( )；5. ( )
8. 该老师给我们提供的与课文内容相关的问题来自真实世界。	1. ( )；2. ( )；3. ( )；4. ( )；5. ( )
9. 该老师为我提供了可锻炼领导才能的机会。	1. ( )；2. ( )；3. ( )；4. ( )；5. ( )
10. 该老师对我的问题和观点都提供了有效的反馈。	1. ( )；2. ( )；3. ( )；4. ( )；5. ( )
11. 该老师为我们演示了与课文内容有关的知识。	1. ( )；2. ( )；3. ( )；4. ( )；5. ( )
12. 该老师能够激发我的兴趣和思维。	1. ( )；2. ( )；3. ( )；4. ( )；5. ( )
13. 该老师为学生提供了与其接触的机会(如使用电子邮件、电话或面对面)。	1. ( )；2. ( )；3. ( )；4. ( )；5. ( )
14. 该老师总是在规定的时间内给我的作业提供反馈。	1. ( )；2. ( )；3. ( )；4. ( )；5. ( )
15. 该老师的优点是：	
16. 该老师需要在以下方面进行提高：	

第二节　对教学内容的评价

　　研究人员认为计算机辅助语言教学项目(尤其是在线教学项目)的设计和开发过程中存在的最大不足,就是无法对教学内容和媒体进行常规性评估。事实上,这种评价是一种持续性的过程,必须在教学内容的设计、开发和实施这一循环过程中不断的进行评价,才能够确保教学内容符合预期的需求。

　　就教学内容的评价问题,Moore & Kearsley(1996)提出了两条标准:数据收集的方法和措施。表 19 详细列出了教学内容评价过程中,数据收集所采用的方法和具体措施,但每一种方法和措施都会有自身固有的优势和缺陷。为了能够获取最有效的评价结果,应该结合使用多种方法和措施,这样才能对课程或计划进行完整而全面的评价。此外,如果有可能的话,尽量请一个不参与该设计课程或计划的人员来实施这一评价,这样可以获得较为客观的评价结果。

表 20　评价教学内容的方法与措施

方　法	措　施
通过网络监控来对学生进行观察	在线聊天的副本(书写稿) 公告栏帖子 远程会议记录 访问网页记录 课程内容的使用 对测试反馈进行分析
问卷调查和访谈	学生遇到的问题 原始记录分析以及学习过程的有声思维 问卷调查(学生对必修课的授课内容进行反馈) 学生满意度调查
实施课程前的形成性评价所需课程原型	为产出各种点子而设置的小型测试团队 选择部分学生进行个人测试 学生或小组
焦点小组	小组讨论课程内容并作出反应 小组回答与课程功能有关的具体问题

Moore & Kearsley(1996)确认了语言教师或课程设计者进行课程内容设计过程中应当考虑的 12 项总体原则:

● 课程内容必须要有好的结构(good structure)。必须对课程材料有明确的界定,而且课程内容的内部结构上的一致性必须显现出来。

● 课程内容必须有明确的教学目标(clear objectives)。要做到这一点,课程设计者必须要确认合适的学习经历和评价体系。

● 课程内容必须包含小的学习单元(small units)。课程内容和课程组织结构必须借助小单元展示出来,如果可能的话,每一个小单元里还应该包含一个对应的教学目标或学习活动。

● 课程内容必须将学生有计划的参与嵌入其中(planned-participation)。为学生提供的互动机会应该融入到整个课程材料里。

● 课程内容必须具有完整性(completeness)。课程内容还应该包含各种解释、评论和案例等。

● 教学内容必须具有一定的重复性或重叠性(repetition)。课程内容的要点必须得到强化,以弥补学生因上课走神或记忆力有限的不足。

● 课程内容必须具有综合性(synthesis)。课程内容的要点可以用总结的形式编织起来。

● 课程内容必须具有激励性(stimulation)。课程材料必须能够抓住并维持学生的注意力,可以通过多样化的演示模式、多样化的教学内容,或让学生以客人的身份参与互动等策略来做到这点。

● 教学内容必须具有多样性(variety)。格式和媒体的多样性有助于满足不同学生的不同兴趣、背景和学习风格。

- 课程内容必须具有开放性(open-endedness)。课程材料中安排的作业、案例和问题都尽可能做到允许学生将其融入到自己的情境中。
- 课程内容必须带有反思性的成分(reflection)。设计者应针对学生的作业或学习进展提供经常性的反馈。
- 课程内容必须包含持续性反馈(continuous feedback)。经常使用各种方法对课程材料、媒体、教学策略进行评价。

学生问卷调查是一种收集总结性评价数据的有效方法。在设计这种数据收集工具时,设计者必须要确保学生已经知道如何区分课程内容(如课程材料、作业、活动等)和教师参与、教师个性和其它附加物之间的区别。设计者还需确定哪些方面是授课过程中重要的或想实现的,即设计者必须事先弄明白一门好的课程是由哪些要素构成的,才能着手设计有效的评价工具。与此同时,设计者手中掌握的所谓的好课程标准是否包含意象的使用、具体的互动要求或各种各样的学习风格,这也是要考虑的问题。设计者所考虑的这些问题一旦有了明确的决定,其决定就会自始至终体现在调查工具里。

第三节　对在线任务进行评价
——对基于问题的学习进行评价

虽然在许多教育领域里,虚拟环境在促进基于问题的学习上所具有的潜在作用已经获得了认可,但是从现有文献的统计来看,这种环境对语言学习所具有的潜能能够达到何种程度,却还没得到广泛的研究分析。

1. 实施该研究主题的目的

该研究的目的旨在探讨社会文化学习方法(socio-cultural approaches to learning)是如何通过以问题为导向的任务来实施积极的意义构建的。

2. 该研究主题的研究问题

- 什么样的任务适合以问题为导向的在线语言学习?
- 什么样的条件能够确保以问题为导向的语言学习获得成功?

3. 采取适切的研究方法和实验步骤

3.1　研究设置

实施在线教学过程中,研究人员必须考虑学生应该使用什么样的在线工具。在以问题为导向的语言学习这样的情境下,维客也许是最有效的工具,因为它能够将所有与某一主题有关的材料都集中起来,并且允许参与者以协作写作的形式完成这一主题。当然自己的学生也确实需要一个能够实施即时交际的环境。研究人员所在系部或学校也许就建有一个虚拟的学习环境,该学习环境既包含供即时交际使用的一系列工具(例如基于文本的即时交际工具或音频/视频会议技术等),也包含供非即时交际所需的工具(例如在线论坛、维客或博客等)。如果没有这样的环境,研究人员也可以选择互联网上免费获取的一些工具(例如 Web Style Guide:http://www.webstyleguide.com/index.html;Tandem:http://www.slf.ruhr-uni-bochum.de)。

　　但无论选择何种研究工具,必须要确保实验对象都能够获取,同时他们的口头对话和书写对话过程必须能够被记录或保存下来。

　　3.2　任务设计

　　研究人员必须设计一个供学生解决的真实问题。这一问题可以是与他们的一般校园生活有关系的,也可以是与他们的具体语言学习有关的。在实施任务的过程中,研究人员可以参考 Abdullah(1998)所提供的建议。这些建议虽然是为面对面环境下完成以问题为导向的学习任务而提供的,但也同样适用于在线环境下完成任务。根据 Abdullah 的建议,学生应该以小组协作形式来完成以下活动步骤:

　　● 提出工作思路或解决问题可能采用的方案,例如写一封申请书、提供可供选择的方法建议、建立学生志愿者小分队、对学生的观点进行调查并将其公布等;

　　● 确认与所要解决的问题有关的信息,例如学校政策、申请书样本、校园里被人为破坏最严重的地方等;

　　● 确认要学习的内容,即学生要弄清楚的东西,例如调查格式、如何组建小分队、其他学生正在做些什么等都是学生需要弄清楚的东西;

　　● 确认需要查找或咨询的资源,学生可以通过以下途径获取所需资源:其他学校的网页、在警察局工作的朋友、调查表样本等等;

　　● 给小组里的成员分配任务,例如各小组成员分别负责不同的学习内容;

　　● 收集所有信息,例如访问网站、对学生和社群成员进行面谈、起草一份申请书等;

　　● 提出解决问题的方案。

　　有了以上建议来指导学生在不同任务阶段的行为,研究人员接下来就可以决定以上哪些步骤是可以在网上实施的。研究人员可以要求学生把所有的活动都放到网上去开展,也可以要求他们仅在网上实施后面的信息收集和提出解决问题的方案这两个步骤。

　　3.3　研究对象

　　研究人员可以仅安排一个,也可以安排几个小组参与该项研究计划,每个小组安排 5 至 8 人即可。

　　3.4　研究设计

　　根据本研究的研究问题和任务设计,该研究宜采用以定性分析为主的人种学研究方法。

　　3.5　数据收集

　　研究人员应该把注意力集中在学生完成任务的过程与所获得的成果上。为了跟踪学生完成任务的整个过程,研究人员应该记录下所有在任务实施过程中发生的在线即时互动内容以及非即时交际的内容。研究人员还可以采用焦点小组(focus group)的形式,询问实验对象对该任务的态度如何;或者研究人员也可以思考一下,作为一名参与研究的老师,自己有什么样的体会或从任务中获得了何种技术支持。

3.6　数据分析

对学生的在线学习成果进行分析:学生是否已完成任务,并且找到了解决问题的方法? 如果已经找到了解决方法,他们是如何着手实施这些解决办法的,又是如何使用在线工具的? 如果他们还没有找到解决问题的方法,研究人员应该设法弄明白到底出了什么差错。焦点小组那里获得的研究发现可用于弄清楚学生是如何看待这次学习经历的。同时研究人员还应弄清楚学生想从自己这里获得怎样的帮助。

3.7　资源

受学生人数和任务的水平所影响,研究人员可能会获取大量需要保存和分析的数据。如果使用面谈或焦点小组的形式来收集数据,研究人员需要将数据抄录下来,然后进行分析。

第四节　对在线学习体验的评价

根据混合学习的相关策略,将电子资源与面对面教学一起融入到教育体系中,可以使学生的学习经验产生积极的学习结果。许多学校对电子学习的有用性的期待越来越高,总希望电子学习能够对传统面对面学习形成有效的补充(MSC, 2007)。尽管政府对学校给予了慷慨的投入,然而在不少学校里,计算机技术的应用并没有产生预期的学习效果,所取得的实际收效不但小而且很慢。由于存在着某些理论上和实践操作上的问题,这些电子资源所具有的潜能仍未显现出来。计算机技术在教学和学习过程中的应用也引发了一系列问题,这些问题主要集中在学生对学校应用的电子学习系统的期待无法得到满足,以及由于系统的应用而导致学生交际行为的变化。所有学校在引进相关学习系统前,必须事先对以上问题给予充分的考虑,这样才能实现技术的引进能够有效促进该校的教学与学习。但是我们有理由相信学生对使用这些电子学习资源的行为以及使用的效果都感到满意,这是这些新技术已经成功融入到学校教育体系,成为该校的一种重要标志。

因此要想了解相关电子媒体在教育背景下的应用是否成功,分析学生使用该电子媒体的情况及其使用后是否感到满意是十分有必要的。由于大多数老师总是心存这样的设想,认为学生无论使用何种电子媒体进行学习,总是能够获得某种程度的满足感。因此很多老师都采取盲目照搬的态度,以至于没有事先充分了解电子学习媒体所可能带来的益处及其存在的缺陷(Chandler, 1994)。但事实上,有一些因素确实影响着学生对这些电子学习资源的使用行为及其对这些资源的满足感,并且也影响着他们的学习经历。了解学生为何以及如何在教育背景下使用计算机技术是相当重要的,这样可以实现:(1) 掌握学生的喜好、期待以及学习过程中遇到的困难;(2) 成功地设计、开发合适的电子学习资源,以满足学生的交际行为;(3) 有助于老师支持、指导学生,并对学生的学习过程提供脚手架帮助。

1. 理论基础

1.1　使用与满足期待框架(Uses and Gratification Expectancy framework)

对学生的在线学习体验进行评价,可以借助不同领域的理论来指导,尤其是哲学和认识论方面的理论以及交际理论。交际在学习过程中的作用,无论是隐性的,还是显性的,都是十分重要的。因为它涉及到"信息的解释与传送"、"意义的构建"、"新知识的创造"等对学生学习经历有极大影响的行为。与学生在线学习体验评价相关的交际理论,可以从媒体使用与使用满足感这两方面的研究结果中获取。所采用的理论都是与是否接受变革有关的理论,而且该理论必须能够说明用户是否有继续使用被评技术的动机(Stafford et al., 2004)。

使用与满足理论是基于这样的理念而诞生的:媒体不能够影响个人,除非个人使用了该媒体或者是使用了该媒体提供的信息(Rubin, 2002)。这一理念暗含着一种变化,即传统的"强力媒体效应(powerful-media-effects)"理论观点已经发生了改变,这种观点认为用户被动接纳媒体所具有的功能,并且很容易受媒体所影响、所操控。新的理念可以认为是受到建构主义学习哲学观的影响而产生的,因为这种学习观强调学习是一种积极的过程,也就是说只有学生积极参与发生在有意义的环境之下的真实任务时,学习才是最有效的,学习并非是施与学生的一种事物,而是学生所进行的一种事物(Heinich et al., 1996)。使用与满足感理论关注学生的动机和他们可感知的学习需求。作为一种"限制性媒体效应"理论,这种理论关注的是学生对媒体做了什么,这明显与强力媒体效应理论所强调的媒体对学生做了什么截然不同(Littlejohn, 1996)。使用与满足感理论也认为电子学习资源能够与通过其他来源获得的信息资源相媲美,可以满足学生的学习需求并让学生感到满足。该理论也为我们展示了这样一种理念,即积极的参与者能够做出有目的的选择。根据这种理论,学生应通过评价自己使用电子资源的原因来实现积极的参与,而电子资源的使用主要体现在将其与其他教育资源结合使用上,或体现在因使用电子资源而摈弃其他教育资源上。使用与满足感理论还强调,学生使用媒体是有意识的,因为他们认为媒体可以满足他们的学习需求,同时他们也明白自己为什么要选择使用电子媒体。

1.2　期待值理论(Expectancy-value theory)

有些研究人员认为,这种"使用与满足感"分析方法过于简单化,不能够说明学习者在媒体中寻求的满足感(gratification sought, GS)或获得的满足感(gratification obtained, GO)(Littlejohn, 1996)。针对这些批评"使用与满足感"理论的言论,可以同时将"期待值"理论应用于对学生的在线学习体验进行评价,以进一步延伸并增加"使用与满足感理论"的有关细节(Littlejohn, 1996)。"期待值理论"能够有效地将个人的需求或期待与个人目标获得满足的程度联系在一起(Vroom, 1995)。根据"期待值理论"的说法,学生的"交际行为"说明了学生的一系列"信念与价值观",而这些"信念与价值观"则促使学生产生将教育媒体技术应用于学习过程的倾向(Borders et al., 2004)。学生的这些"交际行为"能够说明他们是否会使用这些教育媒体技术,并从中获得满足感。从这种角度来讲,将"期待值理论"与"使用与满足感理论"

融合到一块就可以有效说明学生对基于某一媒体技术的学习经历是否感到满意,因为电子学习资源所能够提供的满足感必须是学生期待并给予很高评价的东西。

将两种理论结合一起就可以构成"使用与满足感期待"(Uses and Gratification Expectancy, UGE)这一概念的基础。对这一概念的简单理解就是假如学生对电子学习资源的期待(信念与价值观)是积极的,那么他们就非常有可能继续使用这些教育媒体;如果他们对这些电子学习资源的的期待是消极的或者根本就没有期待,那么他们就会倾向于避开这些教育媒体(Littlejohn,1996)。这种理解与建构主义对学习的解释不谋而合,即知识的建构以学生的经历和期待(信念和价值观)为前提条件(Munro & Rice-Munro,2004)。这种将两套理论融合在一起的分析方法尝试着将学生对电子学习资源的"使用与满足感"(即寻求满足感)和他们"可感知的电子学习经历"(即获得的满足感)结合在一起(Littlejohn,1996)。据此,我们可以做一个大胆的假设,即学生作为媒体的积极使用者,是有期待的;他们是以价值为取向的,在选择和应用教育媒体来实现自己的学习需求过程中,他们所行使的角色是积极的。Katz 等人在 1974年进行了一项有重大意义的研究,并得出这样的结果:学生对教育媒体的期待与寻求是出于各种交际目的的,而这些交际目的可以满足他们的认知需求、情感需求、个人综合需求(Personal Integrative needs)、社会综合需求(Social Integrative needs)和娱乐需求(Katz et al., 1974)。

2. 数据收集工具

根据 Hamilton(1998)的提法,这些构成"使用与满足期待"(UGE)这一概念的要素可以分类为:(1) 认知方面的"使用与满足期待"(Cognitive UGE),即学生希望获取信息、知识、理解、创造力与评判性思维技能;(2) 情感方面的"使用与满足期待"(Affective UGE),即学生寻求各种情感上的满足,寻求舒适的感觉和美的体验;(3) 个人综合的"使用与满足期待"(Personal Integrative UGE),即学生寻求作为有自主学习能力的学习者所应有的可信度;(4) 社会综合的"使用与满足期待"(Social Integrative UGE),即学生在学习社群里寻求合作与协作;(5) 娱乐方面的"使用与满足期待"(Entertainment UGE),即学生寻求有乐趣、让人兴奋或令人宽慰和令人镇静的电子学习资源的倾向。可以认为学生这些"交际行为"(因电子学习资源的使用而出现)的"使用与满足期待"是学生学习过程中不可缺少的构成要素:交际过程引发了学习过程,并且可能影响学生可感知的电子学习经历。从这种角度来说,学生因交际行为而产生以上五个方面的"使用与满足期待"构成了学生在线学习体验评价的前提,即这五个方面可以成为调查问卷的类别(因子),再结合"可感知的电子学习经历"(perceived learning experience),就可以构建完整的"学生在线学习体验评价"的调查问卷框架。

评价学生基于电子学习资源的在线学习体验可以采用表 21 的六个类别并可参考其中给出的问卷项:

表 21 基于电子学习资源的在线学习体验问卷调查表

类　别	问卷项	评　分
认知方面的"使用与满足期待"	我使用计算机协助自己认识许多东西。	1.（　）; 2.（　）; 3.（　）; 4.（　）; 5.（　）
	我应用互联网来搜索新信息。	1.（　）; 2.（　）; 3.（　）; 4.（　）; 5.（　）
	我应用互联网来回答课堂讨论过程中出现的问题。	1.（　）; 2.（　）; 3.（　）; 4.（　）; 5.（　）
	我应用互联网探索一些自己感兴趣而且与学校作业无关的主题。	1.（　）; 2.（　）; 3.（　）; 4.（　）; 5.（　）
情感方面的"使用与满足期待"	我喜欢与别人谈论计算机。	1.（　）; 2.（　）; 3.（　）; 4.（　）; 5.（　）
	我喜欢向我的朋友展示各种应用计算机的方法。	1.（　）; 2.（　）; 3.（　）; 4.（　）; 5.（　）
	基于计算机的课件设计、动画制作和图解都是值得一看的。	1.（　）; 2.（　）; 3.（　）; 4.（　）; 5.（　）
	我喜欢用计算机工作。	1.（　）; 2.（　）; 3.（　）; 4.（　）; 5.（　）
个人综合需求的"使用与满足期待"	学会应用互联网对我来说并不难。	1.（　）; 2.（　）; 3.（　）; 4.（　）; 5.（　）
	使用计算机对我来说并不难。	1.（　）; 2.（　）; 3.（　）; 4.（　）; 5.（　）
	使用互联网使我能够在虚拟世界里无处不在、无时不在。	1.（　）; 2.（　）; 3.（　）; 4.（　）; 5.（　）
	我可以借用 CD-ROM 和互联网搜索、浏览多媒体内容。	1.（　）; 2.（　）; 3.（　）; 4.（　）; 5.（　）
社会综合需求的"使用与满足期待"	使用电子邮件可以使我从别人那里得到反馈。	1.（　）; 2.（　）; 3.（　）; 4.（　）; 5.（　）
	我使用电子邮件与朋友互动。	1.（　）; 2.（　）; 3.（　）; 4.（　）; 5.（　）
	我可以通过互联网加入遍及全世界的虚拟学习社群。	1.（　）; 2.（　）; 3.（　）; 4.（　）; 5.（　）
	使用计算机可以提高我与别人进行交际的能力。	1.（　）; 2.（　）; 3.（　）; 4.（　）; 5.（　）
	计算机的使用可以使我远离孤独。	1.（　）; 2.（　）; 3.（　）; 4.（　）; 5.（　）
娱乐方面的"使用与满足期待"	我喜欢 CD-ROM 课件上的背景音乐和音响效果,它们可以使学习变成有趣的活动。	1.（　）; 2.（　）; 3.（　）; 4.（　）; 5.（　）
	我喜欢玩带有教育性质的电脑游戏。	1.（　）; 2.（　）; 3.（　）; 4.（　）; 5.（　）
	我觉得互联网上的教育网站很有趣。	1.（　）; 2.（　）; 3.（　）; 4.（　）; 5.（　）
	用计算机技术进行试验是很有趣的事情。	1.（　）; 2.（　）; 3.（　）; 4.（　）; 5.（　）
可感知的电子学习经历	计算机的使用让我可以根据自己的节奏来学习。	1.（　）; 2.（　）; 3.（　）; 4.（　）; 5.（　）
	计算机的使用让我能够自行决定学习的内容和学习的时间。	1.（　）; 2.（　）; 3.（　）; 4.（　）; 5.（　）
	我总是用评判的眼光来看待互联网上发现的新事物。	1.（　）; 2.（　）; 3.（　）; 4.（　）; 5.（　）
	我凭自己的能力到互联网上去进行探索、发现。	1.（　）; 2.（　）; 3.（　）; 4.（　）; 5.（　）
	我可以借用计算机获取自己所需的信息。	1.（　）; 2.（　）; 3.（　）; 4.（　）; 5.（　）

3. 数据分析

3.1 信度检验(reliability test)

一般都用 Cronbach's Alpha 值去衡量信度参数。这种信度检验可以提供类别内部各问卷项之间的相互关系,即个别-总体一致性检验。通过检验,删除一些项目或对某些项目进行重新组合或排列。

3.2 内容效度检验(Content validity)

经过信度检验之后,仍需对问卷项进行效度检验,以评价各问卷项是否能够充分反映所设计的结构的真实意义。有两方面的效度检验在量表制作的初始阶段是非常必要的,即内容效度和结构效度。探索性因子分析可用于检验各问卷项与它们所属的结构(类别)之间的关系。

3.3 测量和结构方程建模(Measurement and Structural Equation Modelling)

根据 Kline(1998)的研究经验,对学生在线学习体验测量量表的检验可以采用两步走的程序来实现结构方程建模:第一步,验证性因素分析(Confirmatory Factor Analysis);第二步,结构方程建模(Structural Equation Modelling)。

作为第一步骤的验证性因子分析,其目的在于检验预先设计的测量模型所具有的信度和结构效度。这一测量建模程序可用于评价各个结构(因子)与其指标变量之间的关系。一旦获得满意的测量模型,就可以进入第二步的结构方程建模,即检测结构理论:辨别最能够满足相关数据的结构模型,然后对假设进行检验。采用两步走的方法对结构模型进行独立测试是非常必要的,因为有效的结构理论测试是不能用很差的标准来进行的(Hair et al., 2006, p. 848)。在获得满意的检验性因子分析结果之后,就可实施结构方程建模,以建立起可能存在的独立关系,并根据所获数据检验研究假设。

第五节   对在线协作学习的评价(一)
——对语言协作学习的评价

从教学法的角度来说,协作学习在网络环境下是一种基于建构主义教学原理的学习模式,在计算机辅助语言教学环境中是一种很流行的教学策略,这一点可以从诸多研究文献中获得认可(如 Chaptal,2003 等)。但事实上,这种被许多学者认为是行之有效,而且是建立在建构主义理论之上的学习模式,仍有许多有待解决的问题和需要探索的领域。通过研究,Mangenot(2003)对适用于协作学习的任务做了分类。这些任务类型是:

- 挖掘二语资源,以实现协商性协作目标的产生;
- 对二语资源进行评判性分析,以实现协商性协作目标的产生;
- 用二语进行辩论,以发表通过协作才能完成的文档;
- 用二语进行问题解决。

这里借用第一种任务类型来设计计划,对协作学习进行评价研究。这一研究计划所涉及的范围较广,含盖了其它三种任务类型中的任何一种的研究对象,甚至是其它任何两种任务类型的研究对象的结合,即其它三种研究任务均可整合到针对第一种任务类型的研究计划中。

1. 实施该研究主题的目的

该研究旨在探讨某一特定教学方法在网络语言学习环境下的适切性,尤其是传统课堂上常用的教学方法在网络环境下是否有效。

2. 该研究主题的研究问题

主要的研究问题是,学生为某一目标(例如海报、问卷调查或播客"Podcast")所做的协作性准备是否能够确保协作性语言学习的发生。这一问题可以具体分为两个方面：

- 就协作和学习之间的关系而言,所获得的数据能够揭示些什么？
- 就协作和语言学习之间的关系而言,所获得的数据能够揭示些什么？

3. 突出该研究计划需要关注的重点

该研究计划的所有各个方面,无论是通过自我报告获取的数据,还是从观察或记录中获得的数据,都必须要关注计划参与者如何实现最终成果的整个过程,即为了进行分析而收集的所有数据必须能够说明学生是如何通过协作来实现学习目标的。

4. 采取适切的研究方法和实验步骤

4.1　研究对象

研究人员至少得安排三个独立学习的学生,以及六个学生组成两人或三人的小组。并且为每一位独立学习的学生安排一位评估人,同时为每对学生或每个三人小组安排一个评估人。该研究计划的每位研究对象必须是自愿参与该项研究计划,因为该研究所采用的技术本身应作为一种学习动机的促进因素,而不是抑制剂。同时,为评估学生的学习成果寻找自愿评估人,这样可有助于增加该研究的生态价值。

4.2　实验设备

所有的研究对象都必须有机会使用互联网,并选取诸如 Blackboard、WebCT、在线聊天工具、音频/视频会议技术等可支持在线协作工具作为研究工具。

4.3　实验设置

研究人员要为独立学习的研究对象和以成对形式或三人一组的研究对象设置具体的时间框架(例如半个月或一整个月),以便研究对象有足够的时间实施任务,并产生一定的研究效果。所有的问卷调查和面试都要在研究对象完成任务之后实施。

4.4　任务设计

无论是独立学习者,还是配对或小组学习者,研究人员都要为他们设计相同的学习任务,所不同的是任务的实施有独立完成和协作完成两种形式。任务的设计关注点在于学习者如何应用网络探索自己感兴趣的文献,他们可以选择诸如 YouTube(即"油拖把"视频共享网站,网址 http://www.youtube.com)、Flickr(一家提供免费及付费的照片存储、方案分享等在线服务的网站,网址 http://www.flickr.com)、MySpace(即聚友网站,是一个提供人际互动、个人档案页面、博客、群组、照片等具有分享与存放性质的社交网络服务网站,网址 http://www.myspace.com)等 Web 2.0 网站,然后在所选网站上执行某项操作。例如上传一份文档或制作通向该网站的链接,并最后产生某种成果。这些在线操作所产出的成果是一种用二语对学习者所做的事情及其原因的记述,刚接触这种在线学习模式的初学者可照着这些记述来模仿其同伴的一些在线学习行为。这些所谓的初学者同伴可以是想象出来的,也可以是真有其人。在研究实施过程中,对采用独立学习形式完成以上任务的研究对象,不要求他们与他人进行商讨。而以配对或小组形式完成以上在线任务的研究对象则要求他们在完成任务过程中一定要与自己的搭档协作。研究人员要告知所有的研究对象,他们有可能要以一份文档的形式或以其它适切的传播方式来展示他们在线学习任务的成果。

如果研究人员找到的是没有经验的评估人,则要求他们采用研究对象已经准备好的成果作为一种向导,模仿研究对象的行为。然后由这些评估人将研究对象的成功或失败向研究人员报告。

4.5　数据收集

研究人员必须要收集的数据类型和采用的收集方式有:

- 学生用二语对他们在线的行为和实施这些行为的原因进行叙述;
- 以问卷调查形式或对重要事件进行回顾的面谈形式来收集数据,要特别关注学生产生成果的过程;
- 对自愿评估人进行面试。

4.6　数据分析

作为一种比较研究,数据分析当然是要对比以独立形式完成任务的学习者和配对学习者或小组学习者在二语学习成果上的差异,这一对比分析可具体从以下两个方面来操作:

- 双方以记述形式产生的成果在二语学习上的质量和效度有何区别。这些成果的质量和效度将直接影响其他初学者使用的效果,如果将其作为分析语言学习方面的研究数据,可以解答以上所提的第二个研究问题。

- 成果的形式:配对学习者或小组学习者是否比个体学习者使用更多的多媒体资源来呈现他们的成果? 这可以说明双方在学习风格上的区别,以解答以上所提的第一个研究问题。

研究人员也可将以上两方面的数据分析与问卷调查和面谈结合,形成三种分析手段。

第六节　对在线协作学习的评价(二)
——对在线协作任务的评价

互联网能够为合作学习和协作学习创造有效的环境,因此有助于促进学习者之间的互动(Kemery, 2000)。在这样的互动环境下,学习者之间可分享不同方面、不同水平的知识经验,将各自已有知识经验用于对学习材料进行更深入的理解,最终实现知识的协作构建。

随着互连网上信息量的不断增大,针对某一具体主题,学习者能够检索到大量的各种信息(以文字、图形、音频、视频等形式出现)。WebQuest 便是一种要求学习者应用网络收集有关主题的信息(大部分或所有信息来自互联网),以促使学习者进行评判性思维,有效解决问题或制定方案的探究活动(Sharma & Barrett, 2007)。WebQuest 的创始人 Dodge(1995)认为,设计由具体主题引导的 WebQuest 活动,可以使学生有效利用时间,将更多的精力集中在利用信息上,而不是寻找信息,因此可促进学生的分析、综合、评价等更高水平的思维能力。如果能够将 WebQuest 与学生的专业需求结合起来,WebQuest 活动就能够更成功地开展,学生的语言技能和协作技能也能获得提升(Laborda,2009)。与此同时,如果将 WebQuest 引入外语课程教学中,也可以成为一种行之有效的外语学习工具(Luzón Marco,2001)。

本研究主题尝试结合 WebQuest 既能促进学生专业领域的学习,又能提高他们的英语学习这两种优势,将其应用到社会医学英语(English for social medical purpose)这一既有学生专业特征,又以英语为工具的专门用途英语课程(ESP),旨在以实证形式探讨将 WebQuest 应用于 ESP 教学的可行性。

1. 理论根据

Lim & Chai(2004)认为活动理论能够用于解析网络环境下的学习过程与学习成果,尤其是解释学习者是如何借助网络来实现学习目标。活动是由主体人受解决某个问题或实现某个目的驱动,借助于工具,并与他人一起协作来完成的(Engeström,1987)。同时,活动的结构受规则、具体环境下的社会分工等文化因素的限制。因此,活动理论包含主体、工具、客体、规则、劳动分工和社群等六个要素,这些要素之间存在着以下关系:

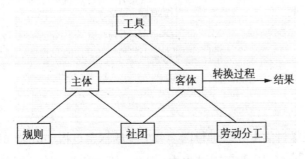

图7 活动理论构成要素关系图

就学生的行为发展而言,借助参与 WebQuest 的亲身经历以及同学之间的互动,可促进行为的变化和知识的内化(Laborda,2009)。WebQuest 活动过程中出现的因学生互动而产生的交际情景、因学生反思自己的表现和进行意义协商而出现的合作态度、学生以协作的形式使用计算机和互联网,以及专业技能与认知技能的发展等等现象,都说明了借助 WebQuest 活动来实现学生的交际语言发展是符合社会建构主义理论的(Laborda, 2009)。WebQuest 也因此成为一种有效的教学工具,它为学生提供了真实情境下的大量互动机会,使学生的学习活动更有意义、更有体验性和激励性。在 WebQuest 活动过程中,学生要一起进行讨论、收集并整理信息、解决活动中遇到的困难并展示小组活动成果,这样学生之间就不得不发生交际,其结果又促进学生交际互动能力及其学习动机的提高(Kennedy, 2004)。

此外,用于解决实际问题的 WebQuest 是一种行之有效的外语学习模式(Luzón Marco,2001)。进行网络主题探究过程中,学生有机会接触分布在不同网站并且以外语写成的真实材料,这对提高学生的语言技能会有很大的帮助。如果将 WebQuest 引入专门用途英语(ESP)教学,既可以为学生学习和使用 ESP 提供真实语料(Laborda, 2009),也可实现由传统的语言型外语教学向内容型教学或内容语言融合型教学的转化(Luzón Marco, 2001)。

　　总而言之,从活动理论和建构主义理论的角度来进行分析,WebQuest 对学生的学习有两方面的明显益处:一方面,它可促进学生的计算机网络应用技能及语言技能的发展;另一方面,它为学生提供了大量真实情境下的互动机会。Laborda(2009)总结了 WebQuest 活动的不同阶段对学习产生的影响。

表 22　WebQuest 不同阶段对学习的影响(Laborda,2009)

WebQuest 的不同阶段	对学习的影响
向学生展示 WebQuest 任务书	学生可习得 WebQuest 任务书中的部分词汇与语法结构
小组成员聚集以分配角色	合作、任务分配、交际互动、激励学生
小组成员各自检索信息(但成员间仍彼此联系)	动或积极阅读(阅读网络信息)*、词汇与语法结构学习、相互协商与支持、专业知识增长
小组成员聚集并共享所获信息并进行讨论	小组成员间互换信息、交际互动、被动或积极阅读(阅读各自获得的信息)、词汇与语法结构学习、输出
小组成员制作探究成果的演示	小组成员间互换信息、交际互动、被动或积极阅读(阅读经讨论后精选出来的信息)、词汇与语法结构学习、输出
在班上汇报探究成果	全班学员互换信息、交际互动、被动或积极阅读(阅读探究所获信息、成果)、词汇与语法结构学习、输出

2. 研究方法

2.1　研究问题

　　本研究主题旨在探讨学生在线进行医学英语主题探索过程中所呈现出的知识技能发展与情感体验。就其性质而言,本研究探讨学生(对象)如何应用网络(工具)获取所需信息(生产),然后进行讨论互动(分工),以生成显性和隐性的学习成果(目标),最后实现知识技能的发展和情感变化(成果)。本研究基于活动理论的构成要素,寻求以下问题的答案:

　　(1) 学生(主体)

- 学生在 WebQuest 过程中表现出怎样的学习动机?
- 学生对 WebQuest 持怎样的态度?

　　(2) 应用网络(工具)与学习过程(生产)

- 在 WebQuest 过程中,学生表现出哪些可观察得到的行为?
- 学生与网络之间的互动具有何种性质?
- 学生是如何应用网络寻求所需信息的?
- WebQuest 有哪些有利于学习的特征?

　　(3) 学习成果(目标)

- 学生在 WebQuest 过程中是否获得知识技能(信息加工处理的技能与语言技能)的发展?
- 学生在 WebQuest 过程中呈现出怎样的情感变化?

　　(4) 协作学习(劳动分工)

- 学生小组完成 WebQuest 过程中,如何进行分工或角色分配?
- 完成 WebQuest 过程中,学生小组内部存在怎样的互动行为?

(5) 教师观点(社群/相关利益人)

- 教师对学生的 WebQuest 活动持怎样的观点?

2.2　研究对象与研究设计

本研究以 ESP 教学班为研究对象。实验前,学生以自由分组的形式分成若干组,每组成员 3 至 5 人。整个实验过程中,教师共为学生布置了 3 至 5 次 WebQuest 任务,每次任务都是根据课程内容的某个主题设计而成。老师将设计好的 WebQuest 任务以任务包的形式发给学生(可采用电子邮件等形式发送),内容包含介绍、任务、程序、资源、作品的评价标准、其他要求或建议(如任务完成时间、对作品的具体要求、作品须包含的内容等)。

2.3　数据收集工具

(1) 对学生的 WebQuest 成果作品进行分析,以了解 WebQuest 有助于医学英语这门 ESP 课程学习的特征、计算机网络应用、信息检索加工、学生的技能发展、学生的协作与分工。要想全面了解学生在 WebQuest 过程中获取的计算机网络应用能力与认知技能的发展,必须对学生共同完成的作品进行分析,同时对学生进行问卷调查。通过对学生的 WebQuest 进行分析,了解学生获取信息 (信息来源网站、)、分析信息(对信息的取舍)、综合信息、评价信息及展示信息(PowerPoint 制作的质量)的能力和合作学习的成果;要求每次 WebQuest 的 PowerPoint 作品必须提供本次网络探索过程中所参考过的网站或其他信息来源、小组成员的分工,以此来了解学生在线探索的广度与深度。包括研究者本人,共有至少 3 名教师对学生的几次 WebQuest 活动产生的作品进行分析,分析将采用以下标准对学生上交(或在班上展示)的作品进行评价:

① 内容是否紧扣主题?

② 获取信息的渠道是否广泛?

③ 论据是否充分(引用、从网上截取的图片或音频/视频信息等将被视为支持观点主张的证据)?

④ 作品是否有创意?

⑤ 作品的组织性、条理性如何?

⑥ 作品的语言是否地道?

⑦ 分工与协作效果如何?

(2) 对教师进行问卷调查。通过对学生作品进行分析、评价,教师如何看待 WebQuest 对作为 ESP 课程的医学英语教学的影响。对教师的问卷调查采用了开放式问题。

(3) 对学生进行问卷调查。旨在了解学生对 WebQuest 的态度、WebQuest 对其学习动机的促进作用、WebQuest 有助于学习的特征、网络的应用、学生感知的认知技能发展。根据 WebQuest 的组成要素,问卷调查涉及在线学习/探索体验(即工具与生产要素)、协作体验(劳动分工要素)、情感体验(对象与目标要素)以及认知技能的发展(目标要素)四个类别。

2.4　数据分析

对学生作品的评价将采用描述性分析的手段,了解学生的几次 WebQuest 活动历程中在以上七项指标上有何发展。对老师的问卷调查结果也采用描述性手法进行分析。

以信度检验、描述性分析和皮尔森积差相关分析对学生的问卷调查结果进行分析。

第七节　对学习效果的评价

对学习成效的评价几乎是计算机辅助语言教学评价研究中最重要的评价,毕竟技术在语言教学中的应用最终是为学生的学习服务的。与此同时,由于测量学生学习成效的标准不同,也使该项评价研究更具丰富性。该研究主题将以 Bloom(1956)的认知技能理论为结构框架,提供几种针对学生在线学习成效的评价策略。

1. 实施该研究主题的目的

自从有正式的人类教育以来,老师就一直在尝试着采用各种手段对学生的学习成效进行评价。对学生掌握教学内容的程度进行评价的方法多种多样,有口头面试、书面测试、对概念和程序的实践应用,或要求学生把某一概念或技能教授给别人,等等。遗憾的是,无论是在传统教育领域还在网络教育领域,老师在设计教学过程中都没有对学生学习成效的评价给予充分的考虑。之所以导致这种教学设计和学习成效评价脱节的局面,主要是因为老师或课程设计者没有能够在教学目标和评价手段两者之间建立起直接的联系来。为了做到将学习成效评价措施融入到教学设计中,Lynch(2002)认为老师或课程设计者应该关注三个要素:

● 建立起所要评价的教学目标类型(例如知识、技能或态度)和所使用的评价措施之间的联结。Bloom(1956)提出的认知理论就为目标和知识的管理提供了很好的分类理论框架;

● 做到使用几种数据资源就能够概括性的评价所要评价的对象;

● 并非所有的教学目标都可以接受直接的、准确的测量与评价,即有些学习成效需要转化成可测量的指标方可进行测量和评价。

2. 理论依据

Bloom 的认知技能分类体系有助于老师和教学设计者构建起合适的教学目标,这样教学人员和学习者双方都明确课程或单元学习结束后应该能够达到什么目标。该分类体系对学生学习成效的认定主要关注高阶思维能力或低阶思维能力,并没有将学生的学习成效划分为好或坏,因此 Bloom 的认知技能分类理论将有助于教师将教学目标定为将学生的认知技能从低阶思维层面提升到高阶思维层面。老师不能因为学生的年龄特征而忽略了他们在认知发展上的这两个层面。Bereiter & Scardamalia(2000)的研究发现,即便是 3 至 12 岁的孩子也具备高阶思考能力,这一年龄阶段的学习者在学习实践中既表现出应用和分析的成分(3 至 10 岁),也有分析和综合的迹象(10 至 12 岁)。这一发现与之前人们对学习者认知发展规律的认识有明显的不同。这一研究发现表明,老师在设计教学时,应该尽可能涉及有助于高阶思维能力发展的教学活动,这种做法不仅适用于青少年和成年人,对儿童也同样适用,只是面对不同年龄层次的学习者时,设计含有高阶思维能力成分的活动在内容上和量上会有所不同。

至于采用何种标准来判断是否已掌握这些认知技能这一问题,有必要将能够衡量掌握程度的学习成果与 Bloom 的认知技能分类理论相匹配。表 23 给出了一些能够与 Bloom 分类理论各个认知技能层面(学习成效)相匹配的评价工具(学习产物),研究者可尝试以右边的产物为工具来衡量学习者是否掌握左边给出的认知技能。

表 23　衡量学生学习成效的工具——产物

学习成效	学习产物
了解:这一认知技能涉及下定义、记忆、回忆、联系、例举、标记、公布、告知、描述、定位、陈述、发现或命名等技能。	主要事件清单; 事实图; 提纲; 笔记; 数据库。
理解:这一技能涉及重新叙述、释义、解释、报告、讨论、回顾、诠释、翻译、预测、比较等技能。	以绘图的形式对事件进行说明; 根据故事或事件的情节写剧本或进行表演; 写某一事件的总结性报告; 根据某一事件的经过绘制流程图; 对某一研究或某一理论进行书面或口头陈述。
应用:这一认知技能涉及应用、产出、解决、干预、示范、使用、说明、建造、使完整、分类等技能。	用结论和建议来完成研究; 排除某一计划中的困难; 建造一模型并说明其工作原理; 制作一立体透视图以说明某一重要事件; 就自己的研究领域写一篇周记或做一本剪贴簿; 以某一已知策略模型,为自己的产品设计一则市场策略; 针对某一主题写一篇文章共别人阅读; 展示主题并回答有关问题。
分析:该认知技能涉及区分、设问、分析、剖析、检查、检测、分类、归类、比较与对比、调查、划分等技能。	书面或口头形式的个案研究; 对不同概念进行归类; 设计调查问卷以收集信息; 为推销某一商品写一篇广告; 建立概念图以对展示某些关系; 就研究对象写一篇传记; 根据形式、颜色、结构等特征对某一作品进行评述。
综合:该认知技能涉及创作、提议、设计、创造、构思、预测、策划、想象、规划等技能。	提出个案研究的解决方案; 为问题的解决提供书面或口头建议; 书面或口头性研究设计; 书面、口头计划或策略性计划; 设计一台机器以完成某一具体任务; 创造一种新产品; 谈论自己对某一主题的想法或感受; 根据某一主题写一电视节目、电视剧、木偶剧、角色扮演、歌曲或哑剧; 编制新语言代码,并将其用于编写材料; 推销个人的点子; 创作一首旋律,或给一首曲子填歌词; 在模拟审判中为自己的辩护人进行辩护。

学习成效	学习产物
评价：该认知技能涉及判断、评价、比较、对比、估价、选择、评定等级、辩护、辩解、批评、争论、推荐、优先处理或作出决定等技能。	辩论； 专题讨论会； 论坛； 意见书； 书面或口头辩护； 为病人诊断； 为判断某一事件准备一系列标准； 列出自己认为最重要的十条原则，并将其写成册子； 针对组织上的调整给老板写一份建议书； 在模拟法庭上扮演法官或评审员。

如上文所述，对学生的学习成效进行精确评价很困难，这主要是因为很难对学习目标进行精确定义，同时对这些学习目标进行教学和评价也很难。English（1978）曾经在讨论"虚构课程"时对这种困难进行过说明，并把这种能够评价学生学习成效的课程称为真正的课程。但实践操作中，这种所谓的课程与老师们教授的课程会有所区别，即与实际教授给学生的课程有所区别，甚至与测试性课程（学生实际学的东西）也有所不同。因此，找到学习、教学和评价之间的连接点是精确评价的关键所在。

Eanes（2001）就制定精确学习目标并将其与学习产物连接的第一步骤提出了一套很有创意的工具。这一套工具同样基于 Bloom 的认知技能分类理论，被称为"以任务为导向的建构转盘"（Task-oriented Construction Wheel）。根据 Bloom 的分类理论，Eanes 将该轮盘划分为四个区域，每一区域对应相应的认知技能并提供与之对应的学习产物（学习活动）。该转盘的四个区域分别是：

- 信息收集区，包含知识和理解两种认知技能及其相应的学习活动；
- 知识应用区，包含理解和应用两种认知技能及其相应的学习活动；
- 拆卸区，包含分析与综合两种认知技能及其相应的学习活动；
- 成果判断区，包含综合与评价两种认知技能及其相应的学习活动；

另一种途径是通过有效教学设计，创造一个能够将学习成效、策略和评价三者连接起来的矩阵。老师将自己的课程放入该矩阵中，这样既有助于确保学习目标与教学策略之间有直接的联系，也可方便老师判断自己是否在对学习目标实施着评价。一旦发现自己的教授或评价与某一预计的学习成效并没有联系，则老师需要衡量一下应该怎么做：如果觉得预计达到的学习成效很重要，则老师需要针对该学习成效的实现调整或补充自己的教学策略或评价方案；如果觉得这一预计的学习成效并不重要，则将其从矩阵中删除，毕竟同一教学策略或评价工具之下可以允许容纳好几项学习目标或学习成效。

Ravitz（1997）曾经就教育从传统模式向信息共享模式的过渡进行过讨论。他认为新的、近似于谈话式的学习模式会吓坏许多对网络感到陌生的教育者，因为他们总担心因失去对学习内容的"控制"而不得不应对复杂的教学局面，但这种教学局面是传统讲授型课堂上所没有遇到的,因此也会有许多老师担心无法对新教学环境下的学习成效进行评价。以上虽然都是解决传统课堂上评价困难的途径,但也都同样适用于新的计算机网络环境下的课堂教学。至于如何将这些传统课堂上的学习成效评价工具应用到计算机网络环境下,可以尝试使用以下五种方法:(1)放弃原有传统课堂上的那种老师已习惯的控制(对学生评价的控制);(2)超越客观性测试,重新审视学习成效评价;(3)在真实世界中进行评价;(4)应用基于项目的学习评价;(5)把学生反思作为一种评价模式。以下将对其中几种较具有操作性的方法的应用进行具体介绍。

(1)放弃对评价的控制权

在传统课堂上老师给学生的表现进行评价较容易实现,但是在线教学过程中,老师无法见到学生,因此老师所面对的最具挑战性的任务之一就是对学生的学习成果进行评价。毕竟在传统课堂上老师可以控制课堂环境,因此也能够控制和评价学生的成果。

在线教学环境下,老师应该做的第一步就是把对学生评价的控制权从老师这里转移给学生。这就要求老师对自己和对自己设计的课程都有足够的信心,同时也要对学生在没有老师的干预下能够自己评价自己,并从评价中学到东西的能力充满信心。要做到这些,老师首先必须保证自己的在线课程能够为学生提供必需的知识基础,这是学生成为一名有效呈现者的必需条件,例如学生需要有关如何站立、如何讲话以及如何评估听众反馈的信息。其次,老师必须为学生提供检验所学知识的机会。最后,要求学生用实施过的评价来反思自己学过的东西,思考有哪些方面做得不错,又有哪些方面有待改进。

综上所述,要想做到放弃对评价的控制权,以下几件事情是必须要实现的:

* 赋予学生学习和评价的责任;
* 学生必须要学会在课程之外以及没有老师的情况下,自己使用资源进行持续性的评价;
* 学生的自我评价反映的应该是真实世界环境,而不是课堂环境;
* 要求学生使用高阶认知技能(如应用、分析、综合与评价)来写一篇能够反映时间推移的回忆。

通过这些做法实现的评价可以有效反映学生的学习目标,对学生也最有帮助。

(2)超越客观性测试,重新审视学习成效评价

在线教育发展过程中出现的最大不幸之一就是人们越来越多的使用客观测试题,例如使用选择题、正误判断题、填空题等。由于这种测试形式能够很快给教育者提供所需的反馈,因此很自然的也就能够在网络教育环境下得到大量应用。而且事实上,网络教育环境下也有这种测试形式的用武之地,尤其是用于评价学生的低阶认知技能时。即便是与写作有关的客观测试题,虽说是可以衡量学生的高阶认知技能,但也很难操作,因此很少有老师应用这种写作测试形式。

此外,只凭客观测试题来衡量学生的学习成效(如期中考试和期末考试),有可能会忽略

掉某些本身很有能力的学生群体,例如那些不擅长于这类考试的学生,那些随着时间的推移而不断获得知识技能增长的学生,或那些能够在实践经验中学得更好的学生。学习毕竟是个复杂的过程,它所涉及的不仅仅是学生有哪些知识,还涉及学生如何应用这些知识。同时它不但涉及知识,还涉及学生的价值观、态度以及课堂之外的表现。因此对学生学习成效的评价应该包含很多东西,也应该使用各种测试和评价方式。

目前许多高校对学生在网络教学环境中的学习成效进行评价时,所能用得上的评价手段依然有限,客观题依然占据着大头,缺乏创新性。很多定性评价手段,例如学生学习档案、毕业制作专题(capstone projects)、对学生表现的观察等等都可以作为评价网络环境下的学习成效。即使在美国,也仅有少数学校(约占34%)尝试使用较为复杂但却有效的评价手段,例如进行有关高阶认知技能、情感发展或专业技能等方面的信息的收集。而了解学生文娱活动和社交活动的评价手段就更少用了(仅占23%)。

(3)在真实世界中进行评价

在建构主义理论的应用过程中,经常会遇到"情境认知"(situated cognition)这一概念。根据这一概念,如果理论能够被应用于真实世界,则学生会学得更好更快。这意味着学生的学习与其所处的环境有很大关系。网络学习环境为学生应用情景认知法于学习提供了很好的机会。正如前面所述,老师应该放弃对评价的控制权,而放弃控制权以及为学生提供真实世界学习经验的其中一条最有效的方法就是要求学生在自己的环境中应用新知识。

例如美国佛罗里达州某高校的一项本科在线教育项目要求学生所做的大部分功课都要在真实世界中应用。该校的博士研究生班要求学生在自己的工作环境中实施调查、收集和分析数据,并写一份报告作为自己的最终任务。

让学生把自己的学习应用于真实情境的做法可以体现出几种高阶认知技能的应用:应用、分析和综合。这种做法也有助于课程结束或离开学校后,学生能够继续使用"情景认知"学习法。

(4)对基于项目的学习进行评价

基于项目的学习可为学生提供将所学概念应用于真实世界的机会。老师可向学生设置相关问题,让学生以提出建议的形式对问题进行分析并解决问题。评价这种基于项目的学习要求对许多概念进行综合、评价,同时必须从众多概念中优先抉择,选择出需要汇报的概念。

除了要求学生展示他们所掌握的技能和知识,基于项目的学习可以允许学生评价概念的脚手架效应。老师可以设计较复杂的项目,要求学生紧跟该项目的程序来完成。然后老师对问题到底出现在程序的哪个环节进行评判。

(5)以学生反思作为一种评价手段

许多老师都误以为给学生反思的时间是没有必要的,因为他们认为学生如果觉得有必要进行反思的话,他们会自己找办法自己解决的。这样的老师关注的往往是如何向学生灌输各种知识,因为在他们看来学生就是一个个空容器。不幸的是,这种教学方法经常都会以失败告终。学生并不是等待老师灌输知识的空瓶子;相反,他们是有心智、有想法的人,脑海里装着各种不同的重要信息,都有着各自不同的特殊需求。

　　要求学生写反思性报告有两点明显的好处。其一是迫使学生花时间对自己的学习进行反思;其二是反思性报告为老师提供了很有价值的信息,让老师了解学生如何看待老师提供的主题,了解潜在的、有创意性的概念发展,同时学生对概念的错误理解也显现在报告中。在实施某一课程的过程中,如果要求学生就学习的效果进行反思,他们所提供的课程后评价里往往都会包含这样的评论,如"我直到完成该报告后才意识到自己在这门课程里学到了多少东西"或"我之所以在这门课程里学到更多东西是因为我被迫花时间思考这门课程对我有何影响"等。反思性报告一般以下面几种形式出现:

- 周记。学生叙述自己如何看待主题相关性、学习以及整门课程实施过程中的应用实践。
- 具体的反思性报告。学生仔细琢磨某一具体概念、困境、个案研究,并写出自己的感受。
- 课程前反思报告。学生经常在一门课程开始之前记录下自己对该门课程、老师、内容有何期待,对这门课程有何兴趣或顾虑。
- 课程后反思报告。学生对课程给自己的学习或生活所造成的影响进行评价。
- 汇报性反思报告。在实施一项具体的学习事件过程中,学生花一定的时间记录下进展得很顺利的东西以及不顺利的东西。

　　总而言之,如果老师想通过评价来促进学生的学习,反思性报告将是学生所需掌握的最复杂的东西之一。

　　美国高等教育学会总结了一些评价学生学习成效的原则,语言教师可以从中借鉴到许多经验:

- 对学生学习成效的评价必须以教育价值入手,即评价学习成效必须首先考虑什么东西对学生最有价值,并通过评价帮助他们实现这些有价值的东西。
- 学习成效评价应能够反映出学习的多维性、整体性,而且评价必须能反映出学生的历时表现,毕竟学习是个复杂的过程,其中不但涉及知识和能力,也包含价值观、态度、思维习惯等课堂之外的对学习成效有影响的因素。
- 对学习成效的评价必须有明确、清晰的目的,即学习成效评价是一种以目标为导向的过程,其中涉及到将教育表现与教育目的、教育期待进行比较。
- 对学习成效的评价不能只关注学习成果,同时也要关注导致这些成果的经历和过程,即同时还要关注课程、教学、学生所付出的努力等。
- 对学习成效的评价应该是一个持续性的过程,而非偶发性或一次性的,这意味着评价者应该跟踪学生的学习发展过程。
- 对学习成效的评价必须有助于更大范围的发展。学习成效评价最初的目标可能很小,但其最终目标却是为了能够促进整个教育群体的发展,老师、与学生事务有关的教育者、图书管理员也是这个大群体的组成部分。

- 评价必须与实际应用联系起来,同时要对人们真正关心的问题进行阐明。对学习成效的评价必须要认清信息在发展过程中的价值,但要想从评价中获取有价值的信息,评价必须要与人们真正关心的问题联系起来。

- 通过评价,促使教育者履行他们对学生和大众应承担的责任。教育者有责任向公众提供有关学生是如何实现学习目标和学习期待的信息。

第八节　对新生技术应用效果的评价

对新生技术的有效性进行评价研究,其原因显而易见,那就是他们太新了,针对他们有效性所进行的研究也太少了,因此有必要对各类新出现的技术在语言教学领域的应用是否有效进行必要的研究。受新技术开发商的蛊惑,不少教学从业人员一听到是新技术,就想当然地认为该技术的应用必然是某种趋势,就迫不及待的将其应用于自己的教学实践中,因此实施该研究主题的主要基础在于确保新技术在语言教学上的引进必须符合相关的语言教学理论。因此基于该研究主题的研究计划也被认为是一种有预见性的实验,即通过实验的形式探讨某一技术的应用价值及其推广的意义。这一研究所涉及的技术可能包括博客、播客(podcasting)、维客、个人数字助理或其它新诞生的通信设备等,因为这些都是基于网络的较时髦的技术,虽然有些技术已被人们应用了好些年,但这些技术被应用于教学领域到底多有效仍有待研究来证实。这里所实施的研究计划只是为了能够给有兴趣使用各种新技术的教学从业人员提供一种对该技术有效性的初步印象,要想深入地了解所用新技术到底有多大用处,可以照着该研究计划的思路,通过设计不同的任务来实现。

1. 实施该研究主题的目的

探讨某一项新技术、工具或软件到底有多大用处。

2. 该研究主题的研究问题

仅凭某一被研究工具是否能够获取某些想要达到的学习效果? 或该工具是否用起来比其它工具更具有便利性? 因此,Davis 的技术接受模型理论可作为这一研究主题的理论依据。

3. 该研究计划关注的重点

研究人员在实施该研究计划时,应该就该计划的所有方面不断考虑以下问题:

- 被研究的工具是否具有完成学习任务所需的某种特殊功能? 用其它技术是否也能够完成学习任务?

- 被研究工具是否能够更好地被应用于完成其他的学习任务?

4. 采取适切的研究方法和实验步骤

4.1　研究对象

本研究计划的实验对象是可能使用各种新技术进行教学的教师。研究人员应该安排自己和另外至少一位或至多三位同事一起参与操作该项研究计划,所有参与人都必须具有学习同一门第二外语这一背景。

4.2　实验设备

- 所有参与人都必须配备音频记录设备;
- 如果研究计划是要测试博客、维客、播客等技术,则必须做到所有的研究对象都可用上互联网;如果测试的是移动设备,则必须做到每位研究对象都要有一台移动设备。

4.3　实验设置

研究对象要以配对的形式完成学习任务。为了降低研究计划的复杂性,研究只针对一项技术展开,接下来再针对其他技术设备实施同样的研究计划。如果一次只选择一项技术进行研究,可以适当地缩短研究周期,比如说只要一个礼拜即可,这样在最后由研究对象报告总结时,能够获得更有意义的结论。

4.4　任务设计

每个研究对象都要进行反思性陈述,然后由研究人员对这些陈述进行对比。为了保证能够与学习者使用新技术学习二语时经常遇到的经历进行对比,研究对象须统一使用一门他们并不是很熟悉的语言进行在线操作,因此该任务的设计和实施必须满足一个条件,即这些研究对象必须使用一门他们不是很娴熟的语言(比如第二外语)来实施在线操作。

反思性陈述是研究对象叙述自己或同伴使用某一博客、维客、播客或移动工具,并借助一门他们并不熟悉的外语来完成任务的经过。这一叙述必须包含研究对象对使用被试工具完成外语学习任务的正面或负面的观点。所涉及的任务可以不必太复杂,但必须能够生成实实在在的、可向所有研究对象公布或展示的成果。由于所有的研究参与人都是老师,因此他们都不缺少参与在线任务时所需的点子,但是研究人员仍然可以采用一些方法来提高技术使用的效率,例如:

(1)对维克技术进行研究时,研究人员可以为一次维客过程设置一个条目(entry,可以是一个术语、概念,也可以是一个问题或主题),该条目应该是与研究人员本身以及所有研究参与人的专业都相关的话题,这样可有助于增加参与人的参与兴趣。研究参与人的主要任务是对所设置的条目提出质疑,为该条目添加信息内容,或对别人已添加的信息内容进行进一步添加或进行删减等具有编辑性的工作,以最终实现一篇比较完整的维文的诞生。

(2)对博客技术进行研究时,研究人员的主要工作就是用第二外语创造一次最基本的博客,而其他参与人的工作主要是对研究人员提供帮助,寻找各种有吸引力的、真实的第二外语博文供研究人员用做范例。为了实现这一操作,要求研究人员和其他研究参与人借用第二外语和论坛、聊天、电子邮件、移动电话或其它非面对面的通信媒体来进行相互通信。

(3)对移动通信工具进行研究时,研究人员应该与其他参与人一起进行一次参观或游览,参观游览的地点和场所就选择在当地,具体取决于任务的设置。可以选择去一家当地卖波斯商品的商店,一家专门提供跳拉丁舞场所的跳舞俱乐部,一家专设日本园林设计的自然风景区,一家穆斯林清真寺等等,条件是研究人员与其他参与人都可以去,而且与他们的第二外语文化有联系。所有该计划的参与人的主要工作就是要一起去进行参观浏览,用随身携带的便携式通信工具和第二外语记下整趟行程,然后将所记录下的内容用于制作演示,将来向同事展示此次参观游览对促进第二外语学习的潜在意义。

4.5 数据收集

(1)可以通过有声思维的方式将研究对象提供的反思性陈述记录在音频文档里,并提炼出重要的信息,写在报告里。每一位研究对象都自己动手完成以上数据收集过程。但如果研究人员希望获得格式较为统一的数据,可以先设计好一个可供参与人进行参考的模板,这样他们也知道如何有选择的从自己的有声思维音频文档中提炼所需的信息。提供模板这种做法只有在参与人超过五个以上时才采用,而且如果是针对移动通信技术进行的研究,很难做到边走边进行有声思维,因此研究人员可以考虑换一种数据收集工具,比如采用研究对象现场进行笔记的方式来收集所需数据。

(2)进行以上数据收集后,研究人员可要求研究对象进行一次面对面的汇报会,这样可以让他们就工具使用有何看法来一次有意义的信息相互补充,研究人员应该在现场记录下整个汇报会。

4.6 数据分析

虽然本研究计划使用的研究对象并不多,但是通过有声思维和汇报会所获得的数据量依然相当可观。研究人员应该将所获数据压缩为一系列的变量,例如可以将新通信技术在语言学习和语言教学中的应用设置成优势和劣势两大类别,或者将数据整理到工具和任务的关系框架中去。

第九节 对计算机辅助通信(CMC)的评价

在计算机辅助语言教学领域,每当人们谈到"远程"工作时,第一个要提到的问题往往是:你在语言教学中是否使用了视频/音频会议技术?似乎应用远程会议技术已经成为当前语言教学领域的一种时尚,总有老师觉得自己的语言教学方法中应该涉及到这类远程技术的应用。但是将这类技术应用于教学实践之前,老师必须清楚,这种技术与语言教学的结合仍有许多问题悬而未决。不过设计用于回答这些问题的研究计划并不是很困难的事情,因为计算机网络技术高速发展和普及的今天,许多教学单位都已配备了这类技术,并且建立起了相关的支持保障体系,所以研究者要想实施这类研究,首先在技术的获取上已经有了保障,其实这就是个有无宽带连接的问题。虽然音频/视频会议技术并非是为了语言教学而设计发明出来的,但是语言教学任务完全可借助这类技术来实施。

1. 实施该研究主题的目的

音频/视频会议技术在商业等其它领域已经被普遍使用,凭着这种技术所具有的即时效果和支持互动的特性,应该对语言教学具有很大的促进作用。但是这种技术应用于语言教学只是近几年才开始普及(尤其是视频实时会议技术的应用),仍有许多潜在的问题有待语言教师或研究人员进行探讨。因此本研究的目的旨在探讨音频/视频会议技术对计算机辅助语言教学有何贡献。

2. 该研究主题下可能探讨的问题

该研究首要解决的应该是音频/视频会议技术在基于网络的语言教学和语言学习中承担着何种角色,这一研究方向至少可以分为两个研究问题:

(1) 语言学习:即学习者对使用音频/视频会议技术的语言教学所带来的所谓优势有何看法?

(2) 语言教学:对采用音频/视频会议技术的语言教师而言,他们将如何看待这种技术所带来的具体教学效果?

3. 该研究计划需要关注的重点

(1) 该研究计划的音频/视频会议技术应该是首要关注的对象,并且在任务设计中要充分体现出来。

(2) 该研究其次要关注的是如何定义学生的学习成果,以免将来陷入复杂的局面。例如,在文化习得成果、词汇发展或口语流利度的发展等一系列成果中,把其中一种放在首要位置上,作为实验关注的变量。

4. 采取适切的研究方法和实验步骤

4.1　研究对象

将所有可能获取的研究对象都同时带入实验中,尤其是将能够提供以上两个研究问题所需分析数据的两类实验对象都同时融进实验里,例如一群老师加一群学生,这样就可以达到节省资源的目的。研究人员可以把自己系部的同事、与自己同在一个培训班参加培训的学员、研究生或已经毕业并有工作经验的本科生叫过来,与自己一起教学生。同时,如果学生的人数是偶数会更有利于该研究计划,因为音频/视频会议技术是一种典型的对话式互动技术,有成对的实验对象有利于人数的分配。

实验对象的数量要求:至少得有三个老师和六个学生参与该研究项目,而最多是多少则由研究人员的个人精力和手头的研究资源来决定。

必须找到合理的理由使学生愿意参与该项试验。例如参与该项试验可以增加他们实践的机会,为他们提供可以将注意力从老师身上移开的机会,或者把学生在这项研究活动的参与次数和参与表现定为课程成绩的一部分。以上的这些做法都有助于促使学生积极参与该研究计划,为将来收集足够的数据打下基础。

同时还必须找出能够使同事积极参与该项研究计划的理由。例如,这一研究可为老师提供机会,观察自己在会议技术环境下的表现;如果可以的话,研究人员可以选择一位比较有评判眼光但又非常友善的同事来合作;其他老师参与该研究计划后,也可获得其他配对的交流者完成一系列任务后得到的数据,供自己使用。

4.2 实验设备

研究人员可以选择诸如 MSN 信使通(MSN messenger,微软公司开发的一种提供文字聊天、语音对话、视频会议等即时交流服务的工具)这种既整合有音频和视频技术,同时又能够对音频信息和视频信息进行记录的工具。然后弄清楚所选工具是否可以在学校内使用,并且不受防火墙所阻拦。最后要确保有网络摄像头供应,至少要达到每位参与该研究计划的老师都有一部摄像头,以及每两位学生有一台电脑并配备一台摄像头。

4.3 实验设置

每次应用会议技术的互动持续时间为40至50分钟,与平时课堂上一节课的时间相仿,并至少实施六次这样的活动,最多到底要实施多少次则由研究人员的精力和研究资源来决定。

每一位参与该研究计划的老师负责两位学生。应该选择让这些学生在学校的计算机房或语言实验室里参与实验,这样研究人员就可以监控并记录所有的互动活动。而参与的老师既可以在学校里参加这些互动活动,也可以选择在家里参与。

研究过程中至少安排一次面对面的汇报活动,让老师和学生都一块参与。通过学生的汇报,研究人员可以收集分析第一个研究问题所需的数据,并借此增加学生对该研究问题的反馈率。而通过老师的汇报,研究人员可以收集第二个研究问题的数据,增加老师对该研究问题的反馈率,并将与活动有关的信息和反馈信息集中起来,供老师在研究计划结束后使用。

4.4 任务设计

要求每一对老师(每一套音频/视频会议设备的两头各有一位老师负责)都设计一项任务,任务的持续时间要达到一定的长度,一般都持续一整堂课所需要的40至50分钟之间。同时研究人员必须为老师提供详细的一般参数,使教师设计的每一项任务都有一定的可比性,然后特别关照每一对老师充分利用自己的任务设置中出现的音频/视频信息。每一对老师都独立设计任务,这样可以创造出多样化的数据,使每个个人在接下来的任务汇报中有尽可能多的数据提供。每位老师必须向自己负责的两个学生交代他与另一位老师一起设计的任务。

4.5 所收集的数据类型

(1) 对每一次互动任务进行记录,尽可能记录下所有的音频和视频信息;

(2) 问卷调查,将选择题问卷和开放式问卷都包含在内;

(3) 对每一位参与研究计划的成员进行面试;

(4) 每一次任务汇报中,研究人员要记录下每个人所做的汇报。

4.6 数据分析

这一项研究计划为学生设计的问题是学生对音频/视频会议技术的应用效果作何评价,研究人员应该对学生面试、开放式问题和学生汇报进行定性分析。这些数据收集工具可为话语分析提供所需的语言数据,研究人员可以借助语义分析工具(那种在线可以免费获得的这类软件,虽然较简单,但也可满足需求)对这些数据进行定性分析。

研究人员可以对老师在面试、问卷调查和任务汇报中提供的数据进行定性和定量分类。老师这一块的分析还要做一些补充,即任务汇报所获数据中提炼出一些实证例子或反例。

第十节　对信息通信技术(ICT)有效性的评价

计算机辅助语言教学评价中常用的一种方法是使用常用变量。定量分析方法是很具有吸引力的分析方法,因为它能够借用数字或比例来对某一评价过程的各个方面进行测量和表述。但使用定量分析方法也会遇到无法解决的问题,例如评价过程中的某些方面很难量化,学生在计算机辅助语言学习中获得的乐趣或学习目标等同样是很难量化的变量。而人们将评价区分为形成性评价和总结性评价(Kandaswamy,1990)主要是为了能够将研究人员的注意力集中到评价的目的上去,例如评价是为了发展还是为了衡量某项计划的成功程度。以上两种对评价进行区别的模式将鼓励评价人员通过非传统来源获取信息,而不是仅仅考虑某一情境的输入或输出这种常见的信息源。Parlett & Hamilton 在 1972 年提出了阐明式评鉴方法(illuminative appraoch),并特别强调评价要关注学生学习过程中的发展变化。Stufflebeam(1971)也认为评价要关注过程,而且不能只评价想获得的学习结果,还要将一门课程开设的环境考虑进去。

另外一种对评价模式进行区分的方法是对客观性或检测性评价流派(如 Tyler,1986)和基于人类学模式或鉴赏模式(connoisseurship, Eisner, 1985)的选择性流派(如 Parlett and Hamilton, 1972)进行区分。还有一种近期出现的评价区分形式,即基于语境的评价和非语境化评价,这两种评价的区分是受情景认知范式(situated cognitivion paradigm)的影响而出现的(Brown et al., 1989)。

Kemmis 等人(1977)曾经以表意式研究方法(ideographic approach)与律则式研究方法(nomothetic approach)之间的区别去尝试解释阐明式(或控制式)评鉴方法(illuminative/controlled evaluation dimension)。其中表意式研究方法能够应用于范围很广的研究领域,而律则式研究方法往往受相关规则所限制,而且必须严格遵守一系列的特定规则。在律则式研究方法的应用实践中,对系统的评定是与价值观相悖的。Kemmis 曾经与 MacDonald 一起提出了"理解计算机辅助学习"(Understanding Computer Assisted Learning, UnCAL)的评价模式,该模式是在 East Anglia 大学建立的,该学校曾经在上世纪七十年代为英国的国家计算机辅助学习发展计划(The National Development Program For computer assisted learning, UDPCAL)设计了颇具影响力的评价工具。到了九十年代,又提出了该计划的后续发展计划,即教学与学习技术计划(The Teaching and Learning Technologies Program, TLTP,1996)。这一后续计划也促成了许多评价方法的诞生,Draper 等人提出的整合式评价方法(the integrative evaluation approach)就是其中较有影响的评价方法。这种评价方法曾经被 Oliver(1999)描述为:一种将课程视为整体来进行评价的方法,而不仅仅是对被使用的资源进行评价,旨在通过将教育技术有效整合到学习环境中来实现对学生学习的促进。该方法除了采用定性分析之外,还能够衡量对学习产生显著影响的因子。这将有助于研究人员提供更广泛的解释,并且能够使某些研究结果得到推广。采用阐明式(或控制式)评鉴方法与比较研究设计(或实验研究设计)相结合的方法是较为科学的做法。对信息通信技术进行评价所采用的结构框架必须基于这样的假设:评价必须是在一定的环境中发生的,因为评价的目的在于衡量教育技术在课程使用过程中所产生的效果,而不是只衡量教育技术本身。

如今许多国家都将信息与学习技术置于其教育发展工作的重心,以此来增加学生的数量或加强基础技能训练,以实现对后义务教育部门的扩展。这股潮流导致越来越多的新技术被应用于教育领域,并出现了这样的局面:从事教育工作的人员对教育技术评价问题越来越关注,讨论也越来越多。诞生于七十年代的英国国家计算机辅助学习发展计划仍然强调对任何学习方法进行严格的评价,但到了九十年代,诸如 Higginson(1996)等研究人员开始采用有轻微变化的评价方法。在一次由学习与技术委员会(该委员会由英国继续教育基金委员会设立)组织的工作报告中,Higginson 汇报了继续教育学院使用教育技术的情况以及这些技术对学习者的学习所产生的影响。Higginson 建议设置全国性的员工发展计划,并成立专家意见中心和举办成果展展示学习技术的成功应用,展示信息技术应用计划的使用成效。他同时还建议成立一个由英国教育通信与技术协会参与的咨询委员会。以上所提的这些讨论和努力的关键还是在于如何促进教育技术的有效使用,但这些讨论和努力确实使得继续教育发展中心等权威机构也对教育技术的使用效果评价产生了兴趣。

以上这些就是为什么要对信息技术的应用进行评价的背景,这其中包含了相关机构和人员对实施这类评价实践的支持。从中也可以看得出对信息通信技术进行评价所能采用的方法和手段有多种多样。以下介绍的是经过实践的卓有成效的一种评价方法,即"环境、互动与成效评价框架"。

1. 理论根据

以下是英国 Open University 的一次评价实践,该评价过程从"环境、互动、成效"(The Context, Interactions and Outcomes(CIAO)framework)三方面下手,比较有特色,从中我们可以获取某些评价信息通信技术的实践经验。该校拥有悠久的计算机辅助教学历史和经验,因此对技术的应用效果进行评价也有相当的经验。表 24 展示的模型基于 Jones 等人于 1996 年设计的信息技术评价框架而建。

表 24　基于"环境、互动与成效"框架的评价模型

	环　境	互　动	效　果
理论根据	为了对计算机辅助学习进行有效评价,评价人员必须对评价目标及评价发生的环境有很好的了解。	观察学生并获取与学生学习过程有关的数据将有助于研究人员了解某些因素如何产生影响,为何能够产生影响以及如何产生影响。	要想在一门受多方面要素影响的课程上辨别学生的学习成果是不是因为计算机辅助而产生的是很难的。必须要想办法去获取学生在认知和情感上的学习成果(例如个人见解与态度上发生的变化)非常重要。
数据收集	课程设计者及授课人员的目标、政策性文件和会议记录。	学生互动记录、学生日记、在线学习记录。	对学习成效的衡量、学生个人态度及见解上的变化。
研究方法	对从事计算机辅助学习设计和课程教学的人员进行面试、分析政策性文件。	观察、日记、视频/音频和计算机记录。	面试、问卷调查、测试。

以上表格提供的是一个完整的信息通信技术评价模型,该模型特别关注三个维度:环境、互动以及效果。环境指的是对软件应用理论依据以及软件应用目标理论依据的广泛解释,这其中涉及对某些问题进行考虑,例如计算机辅助学习将如何被融入到课程中?计算机辅助学习在哪实施(是在家里,还是在教室,或是在图书馆等公共场所)?谁应用计算机辅助学习?由个人进行计算机辅助学习,还是在团队中进行?互动指的是评价过程中,为了调查或记录学生与计算机之间的互动情况以及学生之间的互动情况所采用的方法,其中强调对学习过程的关注。通常情况下,通过对这类互动进行记录,研究人员可以对学生的学习过程进行推测。而成效指的是对学生身上发生的变化进行的广泛解释,这一解释将直接影响是否采用被试技术的决定。如果评价只涉及认知方面的成效,这将使成效评价的广度受到质疑,因为仍有其他方面的成效需要进行探讨。这也意味着除了学习成效需要进行衡量之外,研究人员仍需对发生在学生身上的态度变化和观念变化进行评价。但是对成效进行衡量时,仍然存在难以解决的问题,尤其是学生的学习成效到底应该归功于信息通信技术的具体应用还是归功于计算机本身的具体应用。这一问题的存在主要是因为每一门课程都是由多方面体验构成的,而应用信息通信技术只是其中的一种体验。

2. 研究设计

"环境、互动与成效"框架应用于信息通信技术有效性评价实践中应该遵循哪些具体工作原理和程序是值得关注的问题。从以上的讨论中可以得知对信息通信技术进行评价必须在具体的环境中进行,但这也为评价实践设置了不少的障碍。在真实世界中出现的教学与学习情境,是无法像在实验室环境那样进行操纵的,因为要在真实教学情境中建立起相关因果关系很难,毕竟可能导致学生学习发生变化的因素有许许多多。要想对信息通信技术有效性进行评价,必须首先掌握其中的关键变量,这就意味着要建立起与控制试验相似的环境,即设置使用信息通信技术的实验组与不使用技术的对照组。虽然这种做法也并非最合适的方法,但是这种在各种条件限制下实施的评价试验,可以让我们清楚地认识到谁会是本次评价过程中见证

实验发现的人。根据已有经验与相关文献,就信息通信技术的具体应用进行评价时,确立评价目标或理论根据是关键。同时评价必须要将学习者和环境考虑进来。此外必须要强调的一点是,在实施评价过程中可能会出现一些事先无法预计的问题,这些问题的出现将给评价结果的解释设置不少障碍。

3. 数据分析

从以上评价模型中可以看出数据收集这一环节特别强调对各种类别的数据进行收集,因为这些数据的收集有助于研究人员更多地了解评价可能涉及到的内容,而研究方法这一环节则告诉研究人员具体应该如何实施评价。许多研究方法在这里都可应用得上,例如对教学人员进行面试,以此来了解环境;在实验开始之前进行试验前问卷调查;试验后问卷调查;计算机使用情况记录等等。这一研究框架尤其适用于信息通信技术在远程学习课程的应用效果评价。在这种评价中,问卷调查可以在数量很大的实验对象中进行,而在数量较小的实验对象中进行评价时则适合使用观察和访问。

第十一节　对综合性学习工具(课程管理系统)的评价

课程管理系统(course management system, CMS)是基于网络构建的,能支持和管理教学过程,并提供共享学习资源和各种学习工具的软件系统。它既可用于实施远程网络教学,也可用于支持校园内教学。根据维基百科全书(Wikipedia),CMS 具有评价、交流、上传资料、同伴互评、学生小组管理、收集与管理学生的成绩、问卷调查、跟踪学生的学习进展等功能,Blackboard、WebCT、LeanringSpace、eCollege 等都是当前全球最流行的 CMS。从所提供的工具来看,CMS 既有供老师向学生传送大纲、作业、阅读材料、通知等信息的静态工具,也有供生-生之间、师-生之间进行即时和非即时交流的互动性工具(Malikowski et al., 2007)。借助 CMS 提供的各种工具与资源,既可满足教师各种教学目标,也可满足不同学习者的学习目标(Malikowski et al., 2007)。因此,CMS 被各高校大量用于实施网络教学及管理学生的学习。

但随着 CMS 在高校的普及,教学管理人员和教师也面临着很大的挑战:商家开发的 CMS 品种数量不断增多而学校预算又有限的情况下,难于从中选择适合本校或者本系部的系统;随着 CMS 功能的不断增多、增强,难于对系统各种功能的使用和部署进行取舍,以实现系统的各种工具和资源的有效利用。这些问题的解决尤其需要对所选 CMS 的有效性进行评价,这就需要一套能够评价 CMS 有效性的工具,对系统进行全面评价,以了解系统对学生的学习是否具有积极的影响(Malikowski et al, 2007)。本研究基于学生是学习过程的主体,CMS 的最终目的是服务于学生的学习(Sahin & Shelley,2008)的事实,尝试以学习主体使用 CMS 后的经验与体会来对 CMS 的有效性进行评价。

1. 理论根据

该研究计划以技术接受模型(Technology Acceptance Model)为理论根据。技术接受模型是预测与解释一项新技术的使用和被接受程度的最具影响力的模型之一(Tsai, 2008),可用于不同环境、不同控制因素、不同研究对象下,对各种技术的可接受性进行评价(Lee et al., 2005)。它可用于描述系统的设计功能、系统的使用便利性、系统的有用性、用户使用系统的态度和实际使用行为五者之间的因果关系,因此能够说明系统特性对使用系统的行为的影响(Davis,1993)。Davis(1989)认为,用户对系统所具有的有用性及使用便利性的感知,是影响他们是否能够接受该系统的两个主要因素。他把用户感知的某一系统的有用性定义为"用户个人认为使用某一系统对提高其工作表现的程度",而把用户能感知的该系统的使用便利性定义为"用户个人认为使用某一系统能够减轻其体力和脑力劳动的程度"。他还认为(1989),用户之所以接受并使用某一系统,首要的原因是他看中了该系统所具有的功能,其次是看中该系统能使他们较轻便地完成学习任务。研究表明(Carr, 2000),学生对技术的使用熟练程度,以及技术对他们的学习的支持程度,会影响他们对在线学习的满意程度。因此,一套 CMS 系统能否提高学生的知识技能,即该系统的有用性,以及该系统的使用是否足够便利,将是评价该系统的两项根本指标。

学生是学习的主体,CMS 最终是为学生的学习服务的(Malikowski et al., 2007)。Davis(1993)认为,学生对 CMS 的评价将是系统的有效性和使用便利性的重要指标,他们是否能够接受系统也成为该系统成败的关键性因素。对在线学习进行评价时,关注的主要是学习主体、学习过程和学习结果,而学习主体的在线语言学习活动又涉及如何以网络资源、网络应用、网络工具来实现语言技能的发展,因此本研究对 CMS 的评价主要借鉴 Sun(2003)设计的基于学习主体评价(learner-directed assessment,LDA)的问卷调查量表。该量表基于学习主体的观念,融合了系统的技术特性和基于该系统的学习两个主要的在线学习要素(Malikowski et al., 2007),包含系统界面设计(system interface design)、促进语言学习的特征(features fostering language learning)、知识技能发展(perceived progress)和学习动机(learner motivation)四个模块,是一套专门用于评价在线学习系统有效性的工具。

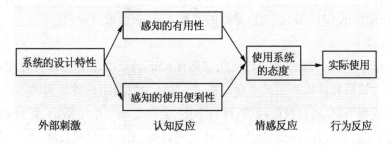

图 8 技术接受模型(Davis, 1993)

Sun 量表中的"系统界面设计"模块可用于了解学生对系统人机功效的反馈,探讨学习主体使用系统后对系统舒适度、便利度的看法;"系统促进语言学习的特征"能够了解学生认为该系统的工具、资源对其语言技能有多大的促进作用。该模块为该问卷调查的核心模块,拥有最多的问卷项。CMS 基本上都具有 Malikowski 等人(2007)提到的五种类型的功能,而对一

CMS 系统的评价应该主要从其提供的工具、资源的功能下手,因此对某一系统进行评价时应先提炼出该系统的工具、资源,并针对这些工具、资源的主要功能特征进行优劣评定;"语言技能的发展"指学生使用系统后对自己所取得的语言技能发展的反馈;而"学习动机"则用于探讨学生使用该系统过程中表现出来的情感体验。该评价模型的四个类别有效覆盖了学习主体利用 CMS 进行在线语言学习的各个构成成分,可用于调查系统的技术特性、学生的学习体验与学习效果以及学生的情感体验,既能够评价系统的成功与否,又能够体现学生的学习进展,能够全面反映被试系统的优劣及学生的满意程度,因此被用作该研究制作问卷调查表的理论依据。

2. 研究设计

2.1　研究对象

本研究计划以两个外语教学班为实验对象,实验长度可持续一年至两年的时间。两个班的学生在研究期间使用 CMS 进行的在线学习包含以下内容:单元测试、操练(在线写作、对话、听力、快速阅读)、班级论坛、小组活动、使用课本的配套辅导材料、使用与下载在线资源(使用或下载授课讲义、课文讲解与答案、参考资料、Mp3 听力材料)、做在线笔记、完成老师布置的在线作业、查看班级通知和作业通知等。

2.2　研究问题

本研究旨在探讨如何对 CMS 有效性进行评价。研究基于学生用户使用被试 CMS 后的反馈,以问卷调查的形式分别对该系统所提供的环境与资源、基于该系统的学生在线学习体验、学生的认知技能发展和学生的情感体验进行探讨。本研究需要解决的问题有:

- 学生使用被试 CMS 后,将如何评价该系统的界面设计?
- 学生使用被试 CMS 后,将如何评价该系统促进外语学习的特征?
- 学生使用被试 CMS 后,将如何评价自己外语知识技能的发展?
- 学生使用被试 CMS 后,将如何评价该系统对自己学习动机的促进作用?
- 学生使用被试 CMS 后,认为该系统的那些工具、资源最有价值?

2.3　研究工具

诸如 Blackboard、WebCT 或其它任何能够具有 CMS 特征的综合性课程管理系统或学习管理系统均可成为该研究计划的工具平台。被试 CMS(含教师用户界面和学生用户界面)应该能够提供教学资源下载、语言技能操练、评价学生、全班论坛与小组活动、评价教师与教学、教师在线备课等功能,并可自动记录学生的具体上网时间、上网的时间长度、上网频率、个人与全班学习进程、上交作业次数、个人与全班测试记录、个人与全班测试表现、参与班级论坛的程度与表现、小组活动记录等功能。

2.4　数据收集工具

本研究的数据收集将基于学习主体——学生用户使用被试 CMS 后的经验与感受。根据本实验的研究问题,本研究收集的数据包含学生用户对被试 CMS 的技术特性(含功能特性和界面特性)与资源特性的评价、学生使用被试 CMS 的在线学习体验、学习效果与学习动机。本研究以实验后问卷调查为数据收集工具,这一工具包含五等级莱克特量表(单选题)与不定项选择题两个部分。

设计问卷项前,先提炼出被试 CMS 的主要技术特性(即主要工具和资源的功能)。由于本研究是基于学生观念的实验,因此只以学生用户界面提供的各种工具、资源作为评价的对象,而教师用户界面所具有的工具、资源不涉及其中。根据 Malikowski 等人对 CMS 主要功能的描述,本研究将被试 CMS 的工具、资源划分为几大类(一般包含课程资源与信息、学习工具与资源、评价工具、交流工具、个人档案工具、系统支持工具等几类),每一类下都有具体的工具、资源。

根据 Davis(1989)对感知便利性与有用性的描述,学生对被试 CMS 以上工具、资源的评价将被归入 Sun 评价模型的"系统界面设计"模块和"系统促进语言学习的特征"模块,尤其是后者。其中像"课程资源与信息"类别下的各种信息学生接触较频繁,这一类别中的日程安排、班级通知、学校通知、面授约课等涉及教学管理层面都是为学习活动做准备及提供便利的信息,学生只阅读其中的内容,并不直接将其用于学习目的,因此将其主要功能纳入问卷调查的"系统界面设计"模块中。而课程介绍、课程教学大纲、考核标准等资源对学生的语言学习活动具有指导意义,因此将对其主要功能的评价纳入"系统促进语言学习的特征"这一模块。

系统内可直接用于语言学习目的的工具和资源是该研究主要关注的对象,问卷量表中的"系统促进语言学习的特征"模块也成为该量表的核心。系统内的各项交流工具、评价工具、学习工具与资源所提供的功能都具有促进语言学习的特征,因此对这些工具、资源的主要功能的评价将成为"系统促进语言学习的特征"这一问卷模块的主要问卷项。

"个人档案工具"虽不具有直接服务于语言学习的功能,却是学生学习进程与效果的一面镜子,因此也被纳入"系统促进语言学习的特征"这一问卷模块。各种"系统支持工具"则因为具有典型的"系统界面设计"特征而被纳入该模块。

试验后问卷调查的第二部分是不定项选择题,用于了解学生对各种工具、资源的偏好及如何评判系统内各种工具、资源的价值高低。

表 25　基于学习主体观念的 CMS 有效性调查问卷

第一部分：五等级量表

类 别	项 目	评 分
系统界面设计	使用该系统进行外语学习很方便。	1. ( )；2. ( )；3. ( )；4. ( )；5. ( )
	我无须具备很好的计算机网络技能，就能较好地使用该系统。	1. ( )；2. ( )；3. ( )；4. ( )；5. ( )
	该系统主界面的设计合理(主界面简洁明了，突显主要信息、工具)。	1. ( )；2. ( )；3. ( )；4. ( )；5. ( )
	该系统提供了有效的内部链接，使我能够快速进入系统内的不同功能区。	1. ( )；2. ( )；3. ( )；4. ( )；5. ( )
	一登陆系统主界面，就可立即知道老师给自己发布的信息(任务、作业、通知等)。	1. ( )；2. ( )；3. ( )；4. ( )；5. ( )
	我没有费很大工夫就学会使用该系统了(学会使用该系统的各种工具、资源)。	1. ( )；2. ( )；3. ( )；4. ( )；5. ( )
	系统内为我提供了有效的使用指南。	1. ( )；2. ( )；3. ( )；4. ( )；5. ( )
	与纸质的测验和考试相比，使用该系统进行在线测验与考试更方便快捷。	1. ( )；2. ( )；3. ( )；4. ( )；5. ( )
	该系统的各种工具经常得到升级新。	1. ( )；2. ( )；3. ( )；4. ( )；5. ( )
促进语言学习的特征	该系统内的学习工具、资源能满足不同学生的不同需求(满足学生的个性化需求)。	1. ( )；2. ( )；3. ( )；4. ( )；5. ( )
	该系统是一个有效的自主学习平台。	1. ( )；2. ( )；3. ( )；4. ( )；5. ( )
	使用该系统进行在线测试，能够提高我的外语水平(听说读写能力)。	1. ( )；2. ( )；3. ( )；4. ( )；5. ( )
	该系统能有效协助我理解课堂上没能理解的授课内容。	1. ( )；2. ( )；3. ( )；4. ( )；5. ( )
	该系统为我的外语学习提供了有用的资源。	1. ( )；2. ( )；3. ( )；4. ( )；5. ( )
	该系统提供的测试工具能够对我的各阶段学习进展进行有效测试。	1. ( )；2. ( )；3. ( )；4. ( )；5. ( )
促进语言学习的特征	系统内为各个单元提供的测试题难度适中。	1. ( )；2. ( )；3. ( )；4. ( )；5. ( )
	该系统提供的测试内容能够反映我所学的课程内容，因此能够检验我学习课程内容的效果。	1. ( )；2. ( )；3. ( )；4. ( )；5. ( )
	做完测试或练习后，系统提供的反馈很有用。	1. ( )；2. ( )；3. ( )；4. ( )；5. ( )
	该系统为评价我的外语水平提供了多样化的评价形式(自评、两两互评、教师评价、系统自动评价)。	1. ( )；2. ( )；3. ( )；4. ( )；5. ( )
	该系统为评价我的外语水平提供了多样化的评价工具(单元与学期测试、在线写作、快速阅读等)。	1. ( )；2. ( )；3. ( )；4. ( )；5. ( )
	该系统为评价我的英语水平提供了多样化的测试题型(短对话听力、长对话听力、完型填空、写作等)。	1. ( )；2. ( )；3. ( )；4. ( )；5. ( )
	系统内为我的在线测试提供了明确的评价标准。	1. ( )；2. ( )；3. ( )；4. ( )；5. ( )
	该系统为我提供了实时了解自己学习进展的学习进程记录工具。	1. ( )；2. ( )；3. ( )；4. ( )；5. ( )
	系统为我提供了有用的读书笔记工具。	1. ( )；2. ( )；3. ( )；4. ( )；5. ( )
	系统的个人信息工具能够有效记录我的学习进程和个人信息。	1. ( )；2. ( )；3. ( )；4. ( )；5. ( )
	该系统的互动英语词典与词汇学习系统为我的课文阅读提供了很多便利。	1. ( )；2. ( )；3. ( )；4. ( )；5. ( )
	该系统的互动英语词典与词汇学习系统是一种有效的词汇学习工具。	1. ( )；2. ( )；3. ( )；4. ( )；5. ( )
	借用该系统的班级讨论工具，我能够很好地与班上的同学进行交流。	1. ( )；2. ( )；3. ( )；4. ( )；5. ( )
	该系统的班级论坛工具使我接触到同学们对某个问题的不同看法、观点。	1. ( )；2. ( )；3. ( )；4. ( )；5. ( )
	该系统的班级讨论功能营造了一个很好的在线学习社区。	1. ( )；2. ( )；3. ( )；4. ( )；5. ( )

续表

促进语言学习的特征	该系统的班级讨论功能有助于学生进行合作学习(通过共同讨论一起解决学习中遇到的问题)。	1.(　);2.(　);3.(　);4.(　);5.(　)
	该系统的班级论坛是一个有效的写作训练平台。	1.(　);2.(　);3.(　);4.(　);5.(　)
	该系统的快速阅读工具可有效提高我的外语阅读水平。	1.(　);2.(　);3.(　);4.(　);5.(　)
	该系统的在线口语操练工具可有效提高我的口头交际技能。	1.(　);2.(　);3.(　);4.(　);5.(　)
	该系统的在线口语操练工具可有效提高我的书面交际技能。	1.(　);2.(　);3.(　);4.(　);5.(　)
	该系统的在线写作工具为我的写作提供了有用的指导。	1.(　);2.(　);3.(　);4.(　);5.(　)
	该系统的广播台工具可促进我听力水平的提高。	1.(　);2.(　);3.(　);4.(　);5.(　)
	该系统的广播台工具可以增进我对异国文化的了解。	1.(　);2.(　);3.(　);4.(　);5.(　)
	该系统的英语广播台是一个不错的休闲娱乐平台。	1.(　);2.(　);3.(　);4.(　);5.(　)
	系统内提供的资源使我能够自主学习读写教程。	1.(　);2.(　);3.(　);4.(　);5.(　)
	系统内提供的资源使我能够自主学习听说教程。	1.(　);2.(　);3.(　);4.(　);5.(　)
	系统内提供的授课讲义对我学好这门课程有帮助。	1.(　);2.(　);3.(　);4.(　);5.(　)
	该系统内的读写教程资源(在线版读写教程)对我学习该课程有帮助。	1.(　);2.(　);3.(　);4.(　);5.(　)
	该系统内的听说教程资源(在线版听说教程)对我学习该课程有帮助。	1.(　);2.(　);3.(　);4.(　);5.(　)
	该系统提供了有效的互动性学习工具(班级讨论、小组活动等)。	1.(　);2.(　);3.(　);4.(　);5.(　)
知识技能的发展	通过使用该系统,我养成了较强的自主学习能力。	1.(　);2.(　);3.(　);4.(　);5.(　)
	通过使用该系统,我养成了合作学习的习惯。	1.(　);2.(　);3.(　);4.(　);5.(　)
	通过使用该系统,我的外语整体水平得到了提高。	1.(　);2.(　);3.(　);4.(　);5.(　)
	通过使用该系统,我的听力水平得到了提高。	1.(　);2.(　);3.(　);4.(　);5.(　)
	通过使用该系统,我用英语与别人进行口头交际的能力得到了提高。	1.(　);2.(　);3.(　);4.(　);5.(　)
	通过使用该系统,我用英语与别人进行书面交流的能力得到了提高。	1.(　);2.(　);3.(　);4.(　);5.(　)
	借用该系统进行的互动工具,使我能够倾听甚至接纳同一问题的不同意见、主张或回答。	1.(　);2.(　);3.(　);4.(　);5.(　)
	通过使用该系统,我的英语学习目标变得更实际(更符合我的个人实际情况)。	1.(　);2.(　);3.(　);4.(　);5.(　)
	使用该系统进行测试的经历提高了我的外语考试能力。	1.(　);2.(　);3.(　);4.(　);5.(　)
学习动机	使用该系统学习英语比在课堂上的外语学习压力要小。	1.(　);2.(　);3.(　);4.(　);5.(　)
	与传统课堂相比,我更喜欢使用该系统进行外语学习。	1.(　);2.(　);3.(　);4.(　);5.(　)
	借助该系统,我学好外语的信心得到了增强。	1.(　);2.(　);3.(　);4.(　);5.(　)
	使用该系统,可提高我学习外语的兴趣。	1.(　);2.(　);3.(　);4.(　);5.(　)
	使用该系统,可提高我的外语学习积极性。	1.(　);2.(　);3.(　);4.(　);5.(　)
	有了该系统的协助,我对自己的外语自主学习能力充满了信心。	1.(　);2.(　);3.(　);4.(　);5.(　)
	我愿意向我的朋友推荐这套系统,用于英语学习。	1.(　);2.(　);3.(　);4.(　);5.(　)

第二部分:不定项选择题

1.(　　)在该系统中,我喜欢的工具有:A. 在线班级讨论; B. 在线口语练习; C. 电子邮箱; D. 在线测试; E. 完成并上缴老师布置的作业(作业系统); F. 在线写作;G. 人机聊天系统;H. 快速阅读;I. 广播电台;J. 在线笔记; K. 小组活动;

L. 在线提问

2.（　　）在该系统中,我不喜欢的工具是:A. 在线班级讨论;B. 在线口语练习;C. 电子邮箱;D. 在线测试;E. 完成并上缴老师布置的作业(作业系统);F. 在线写作;G. 人机聊天系统;H. 快速阅读;I. 广播电台;J. 在线笔记;K. 小组活动;L. 在线提问

3.（　　）在该系统中,我觉得有用的资源是:A. 读写教程的在线辅导材料;B. 听说教程的在线辅导材料;C. 授课讲义;D. 教材 Mp3 下载;E. 大学英语课程教学要求;;F. 学习策略参考;G. 非规则动词列表;H. 非规则复数名词;I. 学生英语能力自评表;J. 学生英语能力互评表。

4.（　　）在该系统中,我觉得没有太大用途的资源是:A. 读写教程的在线辅导材料;B. 听说教程的在线辅导材料;C. 授课讲义;D. 教材 Mp3 下载;E. 大学英语课程教学要求;;F. 学习策略参考;G. 非规则动词列表;H. 非规则复数名词;I. 学生英语能力自评表;J. 学生英语能力互评表。

3. 数据分析

为了提高整个问卷调查表的表面效度和内容效度,该表制作完毕后,首先送由至少三位具有使用被试 CMS 经历的老师进行评价。根据老师的反馈删除莱克特等级量表中重复或与对应类别相关性不高的项,或将某些项进行融合,并对量表的某些项进行表述上的修饰。不定项选择题也根据老师的反馈做类似的修改。

拿修改过后的问卷调查到两个班上作调查,回收数据,对问卷调查表中的五等级莱克特量表进行个别—总体相关性分析和比较分析,以检验并提高其信度和效度,为进一步的描述性分析和相关分析创造条件;对问卷调查表的不定项选择题所获数据则进行描述性分析。

第十二节　对师资培训项目的评价——行动研究

尽管在线语言教学能够提供丰富的教学资源,而且老师和各种教学机构也都愿意实施,但是在线语言教学的实施过程中依然面临着很大的困境,那就是仍然缺乏高质量的在线教师培训(Stickler & Hampel,2006)。随着有创新性的语言教学方法和语言学习方法不断涌现,尤其是因技术变革而出现的新方法,彻底的、持续性的培训计划就显得格外有必要。

1. 实施该研究主题的目的

实施该研究主题的主要目的在于探讨教师培训计划对教师专业技能的提高有多大促进作用。

2. 该研究主题的研究问题:

（1）研究者本人所在的教学单位为老师提供了何种专业技能培训?

（2）该专业技能培训的有效性如何?

3. 采取适切的研究方法和实验步骤

3.1　实验设置

该研究计划必须基于这样的设想,即研究者所在单位为了老师能够进行网络教学,而为老师提供教师培训。培训形式可以是在传统课堂上采用多媒体技术的混合辅导形式,也可以是完全的在线辅导形式(含校园里的和远程的两种形式)。

3.2 研究对象

研究对象既包含负责老师专业技能培训的人员,也包含接受该项师资培训的老师。

3.3 研究设计

对于这样一个研究计划,最适合的研究方法莫过于定性分析方法。但是如果参与该培训项目的老师有不下十人的话,研究人员应该考虑采用定量方法对定性方法进行补充。

3.4 数据收集

研究人员应收集其所在单位所提供的有关这一培训计划的各种信息,以探讨老师在线技能的提高程度。这一培训计划可能是课程前培训,也可能是以教职人员继续教育的形式出现。如果研究人员本身并不是负责提供该项培训计划的人员,可以对该计划的负责人进行面谈,以了解该培训计划的目的以及该计划是如何实施的。观察该培训项目的某些培训过程,并收集书面证据,例如在论坛上发的帖子或同伴相互辅导的文件。对其中至少三位老师进行面谈,以了解他们是否认为该培训项目有用,有用在哪。研究人员可以分两次来实施该项面谈:一次是在该培训计划的具体步骤实施完之前,一次是在参加培训的老师已经上岗实施在线教学的过程。

3.5 数据分析

研究人员须对培训计划进行分析,这涉及到分析该培训计划所提供的是什么水平的培训?是仅仅限于让老师掌握某些技术的应用,还是帮助他们获取教学技能?该培训计划为老师提供的支持仅仅是入门的培训还是会持续进行下去?该计划是否会鼓励老师之间相互分享经验,并成为反思实践者?老师如何评价该培训计划?老师是否觉得这一计划有用,还是他们认为该培训计划有些地方有待提高?

3.6 资源

由于该项研究属于行动研究计划,预计将来的进一步研究将着重关注该培训计划如何被改善。

第十三节 对学习者身份的评价——个案研究

基于计算机辅助通信的语言学习不但对学生之间的协作学习模式产生影响,也对在线社群的社会身份产生影响,因此也引发了在线学习者个人身份的问题。在虚拟世界,所有参与在线活动(尤其是具有互动性的)的学习者都被赋予了某种化身,因此在网络世界里每个学习者都具有一种与之对应的虚拟的图示性存在(graphical presence),这个图示性存在可以是一种相对真实的人类形象,也可以是一种幻想的形象。

1. 实施该研究主题的目的

一种新的带有文化性质的工具的诞生和应用,必然会对使用该工具的用户所从事的生产作业产生转型性的影响。该研究主题的主要目的是为了了解在线学习背景下使用虚拟化身所造成的影响,以及这一角色性功能如何在语言教学中被充分而有效地应用。

2. 该研究主题下可能探讨的研究问题

（1）在虚拟世界里,学习者是如何应用虚拟化身的?

（2）他们是否会在虚拟化身的基础上发展出一种人物身份来? 如果会,如何实现?

（3）虚拟化身能够提供什么好处?

（4）在线与他人进行互动过程中,这种虚拟化身意味着什么?

3. 采取适切的研究方法和实验步骤

3.1　实验设置

该项研究应该如何操作取决于研究人员所使用的研究环境。他可以使用一个封闭的环境,以实现对用户的限制,即只允许一群固定的用户进入该环境(往往是要付一定的使用费才能登录使用的系统或工具);也可使用一个自由的、完全开放式的平台(例如使用近几年吸引了大量教学从业人员的 Second Life 系统)。

3.2　任务设计

无论选择以上哪一种虚拟环境,研究人员必须设计出与其选择的环境相适应的教学任务。如果要安排参与该计划的学生与一群封闭环境下的固定群体进行互动,研究人员可以考虑使用基于角色扮演的在线讨论形式。但如果选择的是一种完全开放式的环境,研究人员可以要求学生就某一文化主题进行调查。

3.3　研究对象

该研究项目采用个案研究的形式,关注的是某个学生在项目实施过程中的发展。这样的研究形式既可允许研究人员将收集数据的规模限制在可操作的范围内,又能够获取所需的研究发现。

3.4　研究方法

诸如学习者身份这类主题的研究宜采用人种学的定性分析方法,这样有利于解释与被研究对象身份有关的丰富的数据内容。

3.5　数据收集

由于身份的形成与发展是一个随着时间的推移而发生的过程,研究人员可以记录最初一次任务活动过程,以及研究计划行将结束时的最后一次任务活动过程,并采用视频截取软件来截取所需片段,然后进行分析。研究人员也可收集实验进程中产生的一系列材料,将其作为分析的数据。如果研究人员记录的是学习者在任务实施过程发生的一次关键事件,而且是以回顾的形式记录的,只需选取记录中一两个典型的片段,就可以对学习者的在线虚拟身份进行有效的定性。选择一次合适的任务过程,鼓励学生反思自己在任务过程中实施的行为,并记录下他们对这段任务过程所做的评论。最后再对学生进行一次面试,这将有助于研究人员将研究计划中不同的线索串起来,即将学生最原始的在线任务过程以及学生通过有声思维(think-aloud)提供的反馈串起来。

3.6　数据分析

在研究过程中,学生是否已经选择了某种化身? 研究人员应该研究学生所选化身的特征是否影响了他们与别人在虚拟世界里的互动,以及这种互动受到多大程度的影响。有声思维协议(think-aloud protocol)使研究人员能够发现更多有关学生为何在虚拟环境中要以某种方式行事,以及学生所选择的某种化身的功能为学生在这种环境中带来了什么东西。话语分析或对话分析有助于研究人员对这些数据进行分析。通过面试和有声思维协议获取的数据,以及研究人员对被试对象在虚拟世界中的表现的观察,实际上有三个部分的数据供研究人员分析。

3.7　所用的技术设备

如果学生对所用技术并不熟悉,研究人员有必要腾出专门的时间给学生进行技术应用的培训。至于技术资源,研究人员必须配备一种视窗截取工具来记录学生的在线活动,并且要有足够的服务器空间来储存所记录下来的文件。为了记录下关键的事件,研究人员还需要有摄像设备来拍摄下坐在计算机显示屏前的学生,因为这些学生负责对所记录的在线活动进行评论。

第十四节　对网络课程的评价(一)
——对校园网络课程的评价

该评价主题旨在对技术应用与学生对课程有效性之间的关系进行评价。随着计算机网络技术使用成本的大众化,技术对教育的影响比之前任何时候都大。计算机人均拥有量和使用程度方面的数据统计表明,计算机已成为了我们生活环境的重要组成部分。据2008年互联网世界数据(Internet World Stats)统计,美国拥有多达两亿一千万互联网用户,相当于该国总人口的69.7%。在教育领域,2003年美国在学校接受正式教育(从学前到十二年级)的学生中有91%是计算机用户,59%是互联网用户。2008年的互联网世界数据还显示,加拿大共有两千二百万互联网用户,占该国总人口的68%。这些数据足于表明,计算机和互联网在当今信息时代占据着举足轻重的地位,而将其用于教学和学习则是当前各国政府都十分热衷的一件大事。

Jacobson(1998)曾经就应用于教学和学习的技术进行了总结,所得结论是这些技术的应用不但改变了原有语言学习和教学的模式,也使教师的角色从"讲台上的圣人"转变为"身边的指导者",让学生能够进行更积极而有意义的学习。他所总结的技术包括:计算机辅助教学(computer-assisted instruction, CAI)、基于计算机的教学(computer-based instruction, CBI)、智能辅导系统(intelligent tutoring system)、视屏会议(video conferencing)、互动多媒体(interactive muti-media)、基于网络的教学(Web-based instruction)和电子学习(e-learning)。近年来,动态性更强而且更能突出学习者控制的工具(如 Wikis 和 Blog)的应用正在渐渐的改变着学习者与信息的互动模式,同时也改变了学习者之间的互动模式。其中最根本的变化就是学生构建知识的模式,新的知识构建模式更强调知识的外化、知识的共享,并且以经过强化的理解和协商来对已有知识进行修改。基于计算机网络技术所带来的这些巨大变化,教育机构和教育从业人员在设计学习环境时,应该先深入了解这些技术的应用和学生对这些技术的态度之间的关系,同时也要深入了解他们如何评价所设计的基于计算机网络技术的课程的有效性。

1. 理论技术

1.1　基于计算机网络技术的学习

长期以来,许多教育机构和教育从业人员都将技术视为是无所不能的"魔术弹",并尽其所能地在教学实践中应用各种技术,提高技术的使用效率,降低其使用成本。许多从事计算机辅助教学研究的人员都认为,技术已经改变了高校的教学班级,使学生与老师的接触和交流变得更加方便,教学内容的演示也更方便,学生也因为技术的应用而有机会使用更有效的学习方法。学生作为知识的编辑者、设计者和构建者,也会因为技术的应用而获得评判性思维技能的提高(Jonassen & Reeves, 1996)。学生可以更快更方便地获取所需信息更是技术的应用所带来的显而易见的好处。作为协作学习环境下的认知工具,计算机网络技术有助于学生呈现自己的知识,提高自己协作学习的参与程度,并最终提高自己的评判性思维技能 (Kirschner & Erkens, 2006)。

大量研究表明,计算机网络技术的应用能够对学生的学习和成绩产生积极的影响。还在互联网尚未正式诞生的 1994 年,Kulik 的研究就得出结论,应用计算机技术的教学班级上,学生能够在更短的时间内学到更多的东西。此外,他的研究还显示,学生都喜欢上计算机技术辅助的课程,并且能够从同龄人群或跨龄辅导活动中学到更多东西。Kimble (1999)则声称,如果将计算机软件应用于解决真实世界中遇到的问题,学生的学习和自信水平往往会获得提高。Pisapia 等人 (1999)的研究发现,如果能够将计算机技术合理地融入到教学实践,学生的学业成绩将受到积极的影响。随着电子邮件等通信技术的应用,老师和学生之间的关系将会得到增强,学生也会因此对老师的教学给予更积极的评价。

近期的原分析研究表明,学生在计算机辅助语言教学环境中学到的东西要比在传统课堂上学到的多(Timmerman & Kruepke, 2006)。但是也有研究人员对计算机技术的应用持批评态度(Clark, 2001),认为计算机在教学领域的应用并没有使教学发生什么重大变化。当然也有形成共识的地方,例如研究人员都一致认为技术只是一种实现目的的手段,其本身并不是目的(Ringstaff & Kelly, 2002)。因此有人强调计算机技术的有效性应该受到教学设计、学习者的特征以及学习任务的性质所影响(Laurillard, 2002)。此外,以学习者为中心的教学方法能够营造一种让计算机技术发挥最大功效的环境。这种观点也获得了 Jonassen 等人(1994)的支持,他们同样认为计算机辅助语言教学应该强调以学生为中心,避免出现教学中心论或媒体中心论,老师也应该把主要注意力集中到如何最有效地应用计算机技术,以支持以学习者为中心的教学环境。

1.2　以学习者为中心的教学方法(Learner-Centered Approach)

美国心理学协会把以学习者为中心的教学方法视为是一种关注心理要素的教学方法,并且认为这些心理要素受学习者控制(APA, 1997)。这些心理学要素包括:认知与原认知要素、动机与情感要素、发展与交际要素以及学生的个性差异要素。以学习者为中心的教学方法通过强调学习者在教学环境中的角色来支持学习者的学习。在这种情境下,教学的重心放在学习上,而不仅仅是把知识从老师那里传达给学生。更具体地说,积极学习是由老师和学生共同参与知识构建来实现,能够实现学生积极的学习结果。

1.3　学生的观念(Students' Perceptions)

学生始终是学习过程的中心。在任何教学框架环境下,学生的观念始终是计算机技术是否能够被有效应用的重要指标(Shuell & Farber, 2001)。也有许多研究将学生观念用作判断教学有效性的重要指标。不少高校甚至将学生评价当做评价学校管理层制定的决策是否有效的重要参考。Cohen 在 1981 年进行的一项元分析研究就发现,学生对一门课程有效性的评价与学生的学习之间存在着很大的相关。

2. 研究工具

评价校园网络课程有效性的工具,可以美国心理学协会研究团队设计的 14 条"习者中心论原则"为理论背景进行设计(Lowerison et al., 2005),并根据先前的研究对这一工具实施修改。最终的问卷调查工具共有七个类别,问卷项可以采用莱克特五等级制(备选项包含从完全不同意到完全同意分五个等级)制作。这七个类别分别为:

(1)课程结构:该类别的问卷项涉及学生如何评价课程的结构设置;

(2)积极学习:该类别包括"我觉得我很积极地进行学习了"、"我充分利用了补充学习材料或学习活动"等涉及课程是否具有鼓励学生积极学习的问卷项;

(3)可供完成任务的时间:该类别包含诸如"在每一堂课之前我都完成了所要求的阅读材料和问题,为上新课做准备"等涉及学生如何应用完成任务的时间的问卷项;

(4)以技术支持学习:设计者可以为这一类别设计如何应用计算机技术以及应用计算机技术的频率两方面的问卷项;

(5)对计算机技术在课内与课外的应用效率的评价:可以为本类别设计诸如"在这门课程上应用计算机技术可以促使我更积极地进行学习"等与计算机技术的使用效果直接相关的问题;

(6)计算机技术的应用环境:这一个类别实际上可以分为三个子类别,涉及学生对课程作业、考试和论文的反馈;

(7)对该课程的整体评价:要求学生就课程的整体有效性进行评价,特别是教师的效率、学生所习得的知识技能总量、学生对课程内容的兴趣提高程度等。

以下是基于学习者观念设计的问卷项,供评价网络课程时参考:

- 计算机网络技术的应用使课程内容更能够适应我个人的需求。
- 计算机网络技术的应用使我学好有关材料的信心得到提高。
- 计算机网络技术的应用可以提高我学习这门课程内容的兴趣。
- 计算机网络技术的应用使我能够从新的角度来思考课程内容。

- 计算机网络技术的应用能够迎合我的需求和理解水平。
- 计算机网络技术的应用使我更积极地投入到学习中。
- 计算机网络技术的应用使学习环境更具灵活性,可以满足不同学生的学习需求。
- 计算机网络技术的应用有助于学习材料的组织,并以一种有意义的方式对这些材料进行整合。
- 计算机网络技术的应用有助于我设定现实的学习目标。
- 计算机网络技术的应用有助于我复习课堂上不能理解的内容。
- 计算机网络技术的应用可方便我参与讨论,并发表个人意见。
- 计算机网络技术的应用可以促进我与老师或其他同学的互动。
- 该课程授课老师较好地顾及了不同学生的不同学习兴趣。
- 该课程授课老师鼓励学生的个人兴趣和创造性.。
- 该课程授课老师鼓励我们倾听并思考不同同学的不同观点。
- 该课程授课老师能够顾及学生的不同个性和学习特征。
- 该课程授课老师鼓励学生进行协作学习或团队活动。
- 这门基于计算机网络技术的课程为我的学习提出了很适切的挑战。
- 这门课程的操作模式以老师的讲授为主,并没有为学生提供太多的讨论机会。
- 这门课程的教学内容都是有意义而且相互关联的材料。
- 这门课程的学习过程中,我可以将不理解的地方记录下来,以待上课时问老师。
- 我在课外仍然有许多时间学习这门课程的内容。
- 老师为我的任务和作业提供的评语,我都仔细地回顾和反思了。
- 我把课程上遇到的概念或观点编列成图表、概念图或主题。
- 课后我都复习课堂上做的笔记,以确保对课程材料的理解。
- 每次上交作业前,我都要打几份草稿或进行几遍修改。
- 为了能够在上课时有所准备,我在每一堂课前都要读完所有要求阅读的材料并解决所有要求解决的问题。
- 我使用了做笔记、写学习日志等学习策略来记录我的学习目标和学习进度。
- 我充分利用了补充材料或学习活动。

第十五节　对网络课程的评价(二)
——对远程网络课程的评价

　　各级各类学校(包含高等院校)将大量的资金和其他各种资源都用在了学习工具的完善上,尤其是用在互联网建设上,因为互联网已经是全世界公认的有效的教学和学习工具。随着互联网在教育领域的普及,教育领域(尤其是远程教育领域)在整体上发生了巨大的变化。如今,互联网被融入到教育背景下之后,学习活动的范围得到大大的扩展,已经超出了传统课堂上原有的空间和时间限制。事实上,在时间和空间上具有很大的灵活性是网络教学最重要的特征。远程教育提供互动、反思、协作的学习环境的同时,也在挑战着网络教学研究人员和设计人员的智慧,迫使他们不断开发有效的教学软件,并探索最适合网络学习环境的教学方法(Green, 2006),以最大限度地满足学生的各种需求。研究人员也在尝试用多种方法来实现将网络工具应用于支持语言教学和学习(Zhang, et al., 2005)。远程教育对学习者个人的贡献有(White, 2005):(1)扩展受教育的途径,为学习者提供新的学习环境;(2)个人发展,促进具体环境下的学习者知识和学习者意识;(3)了解远程教育环境下的学习者的重要性。

与此同时,过去的几十年里,教学设计者、心理学家、研究人员以及有见识的教师都非常重视对各种模式的教学资源进行设计、呈现和评价。由互联网技术带来的革命性变化,又引发人们关注在线课程内容、呈现和评价的有效性。虽然经过许多软件公司的努力,使教学内容的教授达到了"现货供应"的程度,但有关如何为在线课程内容制定评价标准以及制定怎样的标准的问题,依然是有待解决的棘手问题。

受新教学潮流的影响,各高校总是急冲冲地将课程基于互联网而建,出现了诸如传统课堂授课与在线授课相结合的混合式课程(Blended courses)和纯粹的网络课程(Web-based courses)等多种教学形式。这就引发了一系列有关这些课程的质量和价值方面的问题。在线课程的最初形式是以文本形式在线传送教学内容,而且这些课程的内容大部分都是教师讲课的讲义稿。但是随着超文本标记语言编程、高级浏览器和多媒体制作模板(template authorware)的出现,网络课程也呈现出许多新的变化,资源整合也取得了重大发展。尽管技术的进步创造了以上所提的诸多可能性,但是很少有教育领域的领导或研究人员认真考虑如何对在线课程的设计、开发和评价制定相关指标或标准。

因此对在线课程的设计、开发和评价制定相关标准已成为当前计算机辅助语言教学面对的一个重大课题,以下是制定有效性评价机制时可能考虑到的要素(Little, 1999):

(1) 教学设计标准;

(2) 多媒体应用;

(3) 版权问题;

(4) 著作权;

(5) 多媒体课件制作模块的规格;

(6) 满足学生需求的标准,例如:

- 自定步调
- 反馈
- 学生对学习成果的控制
- 交流
- 同班辅导

- 评价—修改—同伴输入与学生输入:掌握内容
- 测试的结构和验证

以下是基于上述要素制定的一套远程网络课程有效性评价标准(Little,1999):

(1) 逻辑层面(编写前标准):

- 以学生的背景和学习风格为取向
- 以学生的需求或需要完成的任务为取向
- 任务认知分析的深度

(2) 逻辑层面(编写标准):

- 对策略进行定义的标准
  - ➢ 对辅导目标的定义
  - ➢ 对前提关系的定义
  - ➢ 对起点的定义

(3) 设计前测的标准:

- 与起点内容的一致性
- 潜在学习者的表现所具有的多样性
- 测试要包含足够的任务或问题

(4) 前测程序的标准:

(灵活性、适应性、学习者的自由度、学习者的自主程度、系统的智能化程度)

- 学习者的自我引导:
  - ➢ 不受限制
  - ➢ 受系统的控制
- 由著作者预先定义:
  - ➢ 线性排序
  - ➢ 文稿排序
- 由系统动态性生成(Generated dynamically):
  - ➢ 任意排序
  - ➢ 根据学习者表现设计的适应性排序
  - ➢ 根据学习者认知模型设计的智能排序

(5) 学习材料的设计标准:

- 不同类型的学习者都能应用
- 学习路径的差异性
- 预先设定学习者学习路径的数量
- 与学习目标的定义保持一致

(6) 任务设计和问题设计的标准:

- 不同类型的学习者都能应用
- 学习表现的差异性
- 预先设定学习者学习成绩的数量
- 与学习目标的定义保持一致

（7）辅导程序的标准：

（灵活性、适应性、学习者的限制、学习者的自主程度、智能化程度）

- 由编写人预先设定：
  - ➤ 线性排序（所有学习者都一样）
  - ➤ 按文稿排序（由先前的历史决定）
- 学习者的自我引导：
  - ➤ 不受限制
  - ➤ 受系统的控制
- 由系统动态生成：
  - ➤ 根据学习者表现设计的适应性排序
  - ➤ 根据学习者认知模型设计的智能排序

（8）后测设计标准：

- 测试任务与真实任务的一致性
- 学习者学习表现的多样性
- 预先设定学习者学习成绩的数量
- 与学习目标的定义保持一致
- 测试中拥有足够量的任务或问题
- 程序设计标准：

（灵活性、适应性、学习者的限制、学习者的自主程度、智能化程度）

  - ➤ 学习者的自我引导：
    - ◇ 不受限制
    - ◇ 受系统的控制
  - ➤ 由编写人预先设定：
    - ◇ 线性排序
    - ◇ 按文稿排序
  - ➤ 由系统动态生成：
    - ◇ 任意排序
    - ◇ 适应性排序
    - ◇ 智能排序

（9）媒体内容层面，即仿真标准：

- 演示标准:与真实世界里的情境有多少相似之处;
- 互动标准:与真实工作空间里的控制有多少相似之处。

(10) 技术层面,即内容传送标准:

- 内容演示的质量;
- 声音质量;
- 学习者等候的时间长短:
    - 下载的等候时间;
    - 系统回应所用的时间。

1. 研究目的

网络教育具有为学习者提供高质量学习经验的潜能。如果在设计课程内容时能够将学生的机制体系以及他们的社会和文化背景因素考虑在内,学习发生的可能性就更大(Levin & Wadmany, 2006)。

相关文献批评了这样一种想法,即认为在教育背景下大部分的学生都具有使用信息和通信技术设备的能力(Jones, et al., 2004)。有关文献还提到,许多大学新生的互联网使用经历还相对有限,也没有太多的信息技术使用经验(Arif, 2001)。事实上有许多学生对远程教育工具并不熟悉,或者说是很难掌握这些工具的使用,他们参与在线活动的热情可能也并不高(Xie et al., 2006)。因此,为了让学生能够对自己远程在线学习保持控制,他们是很有必要事先掌握基本的计算机技能的。

迄今为止针对远程教育进行的研究不在少数(如 Hagel & Shaw, 2006; Liao, 2006 等)。相关文献都强调对学生的在线学习进行研究,尤其是研究他们出于职业需求而进行的学习;同时文献也强调增加学生远程学习经历的重要性(White, 2005)。在设计、开发、传送远程教育课程时,学生的需求和观念应该是重点考虑的要素。一门无法满足学生期待和需求的远程网络课程是无法指望学生会积极参与的(Hall, 2001)。事先没有弄清楚是什么因素让学生对远程教育课程满意,就急忙开设课程是很难满足学生的需求的,也无法对他们的学习具有促进作用。毕竟学生从技术的应用里获得的满足感及其学习成效有着必然的联系,而学生在学习中获得的快乐与他们参与学习的积极性也有着必然的联系,并且同时影响着学生学习成效的高低。除此之外,远程教育还涉及到以学习者为中心的教学问题。基于这种理念,老师在远程教学实施过程中充当的是促进者的角色,而学生则积极参与同侪学习(Maor, 2003)。

2. 理论依据

毫无疑问,基于习者中心论的网络学习环境应该考虑学生的满足感。从整体来看,相关文献都提倡深入了解到底是什么变量在影响着学生对远程教育课程的满足感,或弄清楚在远程学习环境下,学生的满足感由哪些指标决定。对网络远程课程的有效性进行评价时,技术接受模型(Technology Acceptance Model, TAM)对变量的选择和衡量都有很大的指示作用。Sahin & Shelley(2008)曾建议,学生的满足感可以用以下指标来衡量:学生对"以学生为中心"的教学所做的评价、堂课内容、真实生活相关性、向别人推荐这门课程、对与课程内容相关的问题进行回复有没有时间上的限制等。

作为最经常被引用的模型之一,技术接受模型还可以了解学生用户对信息系统是否能够接受(Davis et al., 1989)。对于使用某项技术过程中学生表现出来的信念、态度、意图等,该模型都为这些变量的解释提供了很有力的理论基础。根据技术接受模型,计算机技术的应用是由行为意图决定的,而学生的行为意图则建立在该技术可感知的有用性和学生的态度这些基础之上。Davis(1989)把感知有用性描述成"用户个人认为使用某一系统对提高其工作表现的程度"。传统的技术接受模型只评测感知有用性和感知使用便利性,但实践操作中可以采纳Davis 对感知有用性下的定义,然后结合研究实践,探讨对信息技术的满足感会具有什么作用。

用户使用互联网一般都是出于两种动因,即外部动因(感知有用性)和内部动因(感知满足感)(Cheung & Huang, 2005)。事实上,相关文献指出感知有用性和感知满足感会直接影响大学生使用基于互联网的学习资源(Lee et al., 2005)。此外 Straub 在 1994 年又提出了两种可能影响学生使用互联网的动因,即社会临场感(social presence)和资讯丰富性(information richness)。对远程网络课程进行评价时,有必要了解学生对远程教育持何种态度,社会临场感可通过远程教育所具有的灵活性来体现,资讯的丰富性则可通过计算机知识来体现。在远程网络课程评价实践中,可利用技术接受模型理论和相关文献来构建相关变量(因子),如计算机知识、远程网络教育的灵活性、远程网络教育的有用性和远程网络教育满足感。这些变量之间的关系可借用结构方程模型来检验。

3. 数据收集工具

要对远程网络课程的有效性进行评价,可以通过问卷调查来对学生自我报告式的观点和看法进行分析。问卷调查中可包含调查对象的人种学特征,即性别、年龄、计算机的拥有情况等。进行人种学特征的调查后,继续对学生进行最具针对性的调查,即在学生中进行基于莱克特等级制设计的问卷调查,设置从"最不赞成"到"最赞成"五个备选项。以下是对正式调查问卷所用因子的详细叙述:

(1)计算机技能

该调查问卷第一个类别的项目涉及在线课程的角色,即网络远程课程是否能够提高学生的计算机技能和使用网络的水平。学生所给的高分意味着他们的计算机知识和使用技能获得了提高。

(2)远程网络课程的灵活性

该类别可用于评价学生对远程网络课程所具有的灵活性特征有何看法。各项目上的得分很高则意味着学生认为网络远程课程具有适应性。

(3)远程网络课程的有用性

该类别包含的问卷项涉及学生对远程网络课程有用性的态度。高分意味着学生对远程网络课程持有积极肯定的态度。

（4）远程网络课程的满足感

该类别可用于衡量学生对远程网络课程的满意度有多高。高分表明学生对该课程的满意程度很高。

4. 数据分析

正式问卷调查表经过回收整理后,采用以下步骤对所获得的数据进行分析:1. 探索性因子分析(Exploratory Factor Analysis, EFA);2. 结构方程式分析(structural equation analysis, SEA)。表 26 可供设计调查问卷时参考。

表 26　学生对远程网络课程的态度调查表

类　别	项　目	Factor loadings	KMO and Bartlet	Standardized item Alpha
计算机技能	该课程有助于我更有效地应用互联网资源。			
	上这门课让我有更多机会使用计算机。			
	这门课程可以促进我利用网络进行检索的技能。			
	该课程设置的作业和活动项目可以增进我的计算机知识。			
远程网络课程的灵活性	这门网络课程有利于我合理分配时间。			
	就时间和空间的利用而言,这门网络课程具有很大的灵活性。			
	这门网络课程可以适应学生的不同学习能力。			
	这门网络课程可以让我在家舒适地学习。			
远程网络课程的有用性	我相信远程网络课程是有用的。			
	通过这门网络教育获得的学位与通过传统教育获得的学位同样有价值。			
	这门网络课程为我提供了很有价值的学习经历。			
	这门网络课程能够将教育的不平等性降到最低。			
	这门网络课程对成功的评价是很客观的。			
远程网络课程满足感	这门网络课程所采用的以学生为中心的教学模式充满了乐趣。			
	这门网络课程设置的教学内容能够满足我的期待。			
	我很喜欢这门网络课程所采用的具有真实性的内容。			
	我建议其他学生也学习这门网络课程。			
	针对课程内容所提的问题我都可以获得及时的答复,这一点我很满意。			

小结

所有以上十五个研究主题模板的设计制作都是在教学法与技术相结合的基础之上产生的,因此每个模板的应用都会涉及到应用计算机网络技术的技能和语言教学技能的结合。但是语言教师除了参考这些研究模板之外,还可根据自己的实际研究环境扩展自己的研究范围,寻找新的研究主题。以下是几条可延伸、扩展这十五项研究进行参考的思路:

（1）将其中的两项或多项主题模板进行结合。例如,可以其中的一个模板为主,然后将另一个模板下的研究设计(如任务设计或课程设计等)融入到该模板下;或变换一下该主题模板下的研究对象(例如将该模板下的研究对象由学生变为老师)。

(2) 研究人员可以先从非计算机辅助语言教学任务和学习任务下手,然后逐渐将计算机网络技术融入到这些任务中。Samuda & Bygate (2007) 在 Tasks in Second Language Learning 一书中提供了许多语言教学与学习的任务设计,这些都是可以被引用到计算机网络环境下的任务。一旦将非计算机网络技术环境下的教学设计应用到计算机网络辅助环境下,实践者将发现其实计算机辅助语言教学评价有许许多多可供实施的研究主题。当然,这一切的实现必须具备一个很重要的条件,那就是在该项目或任务由非技术辅助环境转变成技术辅助的环境时,是否能够引出所需的研究问题,是否能够说明新环境下的教学和学习是有技术辅助的,即技术和原有项目、计划是否真的整合在一起了?

(3) 虽然这十五个研究主题都提供了相关的研究计划,并提供了研究实施过程中各个步骤上的具体做法,但如果研究人员还想获取更多有关该研究主题的成果和数据,可以照着所提供的研究思路,通过设计不同的教学或学习任务、使用不同的研究对象等措施,也可实现扩大再研究的目的。

(4) 每当研究人员或语言教师将某一新生技术应用于语言教学时,为了评判该项技术的有效性,总需要对其进行相关评价。在这种研究背景下,技术接受模型将是评价研究的有力理论基础。应用该模型时,应该尽可能把该模型的所有五个构成要素的关系用于解析被试新技术,至少要分析被试新技术所具有的有用性和使用便利性。

(5) 每当研究人员或语言教师设计一种基于计算机网络技术之上的活动或任务时,要想弄清楚所设计的活动是否有效,这时候活动理论可以帮上忙。活动理论能够用于解析各种环境下的学习过程与学习成果,尤其是解释学习者如何通过活动或任务来实现学习目标。

第四部分
CALI 的未来发展

第九章　技术变革与教学改革

今天看来,计算机网络技术对人类历史进程具有不可估量的作用这种说法已是陈腔滥调。这种影响显然已渗透到社会的各行各业,教育领域当然也不例外。由于教育几乎在每个人的生活中都占据着近乎主导的位置,因此教育也自然成为应用计算机网络技术最多的领域之一,它的发展变革也深受这类技术的影响。

就计算机网络技术对未来教育可能带来的影响而言,它首先有助于我们摆脱传统思维模式的束缚。但并不是所有计算机网络技术所带来的影响都那么容易预见得到。就拿工厂装配流水线的工人来说,原先技术并不精通的工人每天都在工厂里拼命地重复着一些操作,这种做法延续好几个世纪,可当有一天这一切被计算机化的自动程序所取代时,其中所发生的变化是一般人都能够轻易看得出来的。但是咱们对人类一直以来都采用的由老师将知识传授给学生的教育模式已非常熟悉,毕竟这种模式已经持续使用了几千年,如果让一种全新的教学模式进入课堂并且一夜之间就挤掉延续几千年的传统教学模式,或者让咱们去预见未来计算机网络技术对教育领域所带来的影响,咱们可就不那么容易看得出来了。导致这种结果的原因其实很简单,想要让老师轻易地就被计算机网络技术所取代,这是很难想象的,甚至有许多人会有"愤怒"的反应。

当然教育工作者已经看到计算机网络技术在社会其它领域被广泛应用并表现出强大的力量,他们同样也愿意将这些技术应用到教学领域来。然而,有许多教育工作者仍旧害怕激进的变革。他们只是简单的把计算机应用到一直以来都在重复的教学程序中,使原有的教学套路沾上一点"技术气息"。其结果是,相关管理人员能够继续高枕无忧,因为自己所在学校的教学明显"带有"计算机辅助教学的味道,而学校教学从根本上依然未变。老师也可以继续轻松地教他们的书,因为学校和他们的教学在根本上依旧保持不变。这种局面所导致的可悲结果是,各个学校都大量地将计算机应用于教学,却没有收到任何明显的教学效果,其中一个明显的迹象就是学生的考试成绩并没有像样地提高。这一切充其量不过是种事倍功半的做法。对于这种做法,许多信息技术工程行业的专家指出,如果计算机网络技术在今天商业机构的应用所取得的进步也跟学校所取得的一样,他们宁愿永远用羽毛笔写字,而不是文字处理器。

当然教育领域里的这种有限而失败的应用局面可以得到改观,这主要是因为两方面因素的影响所致。其一,如果能够获得合适软件的激活,计算机的相关能力将会获得大大增强,最终计算机甚至能够比老师教得更好。其二,全世界都有促进教育的需求,这种需求来自于全世界原有教育体系所存在的弱点,这种弱点导致许多人都处在一种文盲或半文盲状态。同时这也是来自辍学孩子的需求,他们仍要进入处处讲究技能、讲究技术的社会,在这样的社会上他们不但无法获得诸如生产装配类的工作,甚至几乎所有其它对技能要求不是很高的工作他们也很难获得。对于文盲、半文盲,过去是因为没有人指导他们如何用有效的方法来消除他们的文盲、半文盲状态,可如今,即便是在最落后的国家也可以借助计算机来实现消除文盲半文盲,而且这种措施已在普遍的实施中。

孩子们踏入这个科技世界之前,确实有必要提升他们的受教育水平。在工业化水平很高的发达国家早已实施这项工程,如今这一趋势正逐步向第三世界国家转移。计算机引发的变革正迅速在这些欠发达国家蔓延,毕竟这些国家仍旧靠人力劳动来维持其生产。由于计算机引发的变革,在不久的将来,所有国家的工人都会获得比今天更全面的教育。但要看到这种局面出现,首先教学方法和教学模式必须要发生变革。单靠计算机所具有的潜能,无论多强大,也不可能达到目的。

大量事实已证明,计算机可以教得非常好,而且孩子们对基于计算机的学习也很感兴趣。要想解决当前教育领域遇到的困难其实很简单,把计算机当作个人辅导的工具,在没有老师介于机器和孩子间的情况下,让计算机指导孩子们(今天市场上大量的学习机都是基于这一理念产生的)。有了计算机作为孩子们的导师,学校就能够把对学生的学习要求提高到一个今天的教育工作者想象不到的水平,一个在计算机时代之前想都不敢想的水平。这种变化将有助于学习能力很差或很一般的学生在学习上取得长足进展,同时也有助于聪明学生取得一些无法想象的收获。这样,学校就会充满活力和生机,学生又快、又好、又快活地学习时,还能够充满干劲。教育将从一种永世不变的艺术转变成为一门真正的科学,一门不断发展进步的科学。

学校教学从这场技术革命中获得的益处显而易见:每一个学生都将拥有自己的私人教师——计算机;质量低劣的教学将成为历史,因为机器所具有的教学指导能力总是在不断提高;教学将更有个性化,每个学生都能根据自己的能力、以适合自己的步调进行学习,而不再根据全班几十个同学的平均需求来进行学习;教学将获得持续性的升级,因为由计算机网络技术辅助的教学项目时刻都在发生变化,而且是很迅速的变化。这一切,都是技术变革及其在教学领域的应用所带来的。

有些人虽然对计算机化教育的潜能有深刻意识,但总是担心这种潜能一旦被完全发挥后,年轻人相互之间的人际关系会被大大削弱,而这样的人际关系是学生成长过程中所必须具备的,是一个人社会化过程中所必需的一大要素。他们还会认为,如果学生能够从计算机网络上学到东西,他们为什么不呆在家里插上电脑就可以学习,何必费劲花那么多钱到学校去学呢?事实是,学生仍旧需要学校提供的社群生活。虽然在理论上可以做到让机器在家里教孩子,但这种家庭教育式的教育模式不会出现,因为与同龄人和真人老师之间的互动一直以来、也永远都是教育过程中不可或缺的环节。教师不会因为机器能够更好地行使他们现有的某些职能而消失,他们在教育领域所进行的某些活动依然极其重要,仍然需要保存下来,当然可以用另一种形式出现。因此,虽然可以用计算机来教孩子们,但是教师的施教不会因此而被削弱;相反,由于老师能够有更多时间去把他们应做的事情做得更好,他们的作用会显得更有价值。计算机只会教人知识,但只有人才能够教育人。未来的教师还得继续扮演两种基本的角色:第一是充当"带头教师",即孩子们接受计算机化教学的同时,老师还要为他们提供个性化指导;第二是老师依然要组织开展研讨小组、讲座和其他的合作性学习活动,在这些活动中他们要发挥协助、指导、鼓励学生的作用,这样有助于学生共同完成教育项目。

以上谈论的未来技术与教学、教师之间的关系,是所有各类教育机构在未来都要面临的。在高校,计算机网络技术比大部分老师更能有效地将信息传达给学生。但是高校教师会面对另一项挑战,学生从小学到高中的十二年里已经经历了计算机网络技术对教学模式的影响,经过长达十二年的计算机化教学模式的熏陶之后,不可能再让他们又再回到那种在课堂上听老师讲授或由教授向他们填充信息的教学模式。这意味着高校教学唯有在教学过程中加入互动的成分,才能够引起学生的兴趣与注意力。此外,比起今天的大学新生,未来刚进入大学的新生将具有更扎实的基础知识储备,这是由计算机网络技术所固有的教学潜能带来的。基于计算机网络技术这种潜能的教育模式能够充分利用人类与生俱有的学习欲望,并提供愉快、适宜的方式来满足学生这种与生俱有的学习欲望,但这需要外界因素的干预,否则他们的这种欲望是很难得到满足的。其结果是,借助技术的力量,学校教育可以除去许多本身固有的障碍,使学生更乐于学习,以增加自己的知识。同时,计算机与学生之间的这种学习上的互动可以避免他们做白日梦,这样他们所浪费掉的时间将远远比采用传统教学模式的要少。计算机所教授的材料是无限的,只有学生的学习能力能够构成他们摄入的障碍,即只有学生学不了的,没有计算机提供不了的。可以设想,如果未来的学生还像今天这样要在进入大学前学上十二年的话,他们完全有可能在入学前把大学四年所学的许多知识(甚至是大部分知识)都已学过了。

随着高校计算机化对教学进程的加速作用,教学中对研讨班和讲座的需求将会剧增。同时,如同中小学教师所具有的职责一样,大学教师有责任以带头教师的角色指导、带领学生开展活动,对老师的这种要求在高校里显得更为重要。此前已有这种指导性学习的先例,那就是今天常见的要求教授以学生身份写论文的做法。我们有理由相信这种做法将成为高等教育中最重要的要素之一,这不仅仅是因为学生想达到博士的水平。

有人会认为预测教育领域里将发生如此巨变是很荒唐的做法,但事实上这样的巨变在今天已经开始。让咱们把目光放回到一个世纪以前的那一场以汽车为代表的革命。当时很少人能够预计汽车工业将会给人类社会带来怎样的巨变,总认为这种巨变还为时尚早,许多人对那场革命更是持怀疑态度。这些人主要是马车鞭制造商、马贩子、铁匠或其他与"马时代"有紧密联系的人,他们似乎有充足的理由说明汽车不能够给社会带来很大的影响,因为这种变革实在是太巨大了。要想这种巨变成为现实,有许多问题需要解决,例如要建设强大而复杂的公路系统供汽车行驶,要花大量的时间金钱对公路进行保养维护等等,而所有这些当时都没有任何的基础;同时当时的机动车可靠性还远不如今天,汽车的修理维护需要培养大量的技师,但当时并没有提供这种培训的机构和培训人员,也没有加油站、炼油厂等等使汽车能够正常运行的必备设施。既然如此,巨大的变革在当时看来几乎无法实现,因此当时的马鞭制造商也就继续高枕无忧地过着。

再把眼光放回今天,我们会发现当时数量众多的马鞭制造商在今天已然消逝,这是注定要发生的事情,因为技术革命的力量是任何人都无法阻挡的。我们也可以预计,在不久的将来,越来越多的人也会看到旧的教育体系将渐渐消失,而造成这一结局的就是计算机网络技术的发展、革新。

高等教育的未来将是怎样的? 华中师大或华南师大是否有机会超越清华、北大而成为中国最优秀的高校? 我们在未来看到的高校会不会成为全球性的、联网的、没有地域界限的? 其课程设置能不能像汽车点火塞一样可变换? 我们是否依然需要关注各种技能与技巧? 我们是否会关注价值观? 如果关注的话,应该关注谁的价值观? 我们是否会把从数学到哲学等标准课程的教授看成是演戏一般,由专业演员借助相关学者修改过的剧本向学生呈现? 我们是否依然把动画卡通看成是只有迪士尼制作室的著名大师才能制作,才能向大众传播? 我们是否仍然把大型高校看成是雇佣者在学校的一头进行监控、管理,而实施教学的二级机构又在学校的另一头开展自己的教学活动? 这些都是我们在未来高等教育领域里必须要面对并且要合理解决的问题,而这些问题的出现在很大程度上是由技术引起的。毫无疑问,未来的教育和教学模式将会发生巨大的变化,因为技术发展的步伐正在以难以想象的速度不断提速着。当咱们准备将技术大规模引入未来的高校教育时,以上都是教育工作者和教学人员必须关注的问题。为了对未来计算机网络技术给高校教学的冲击有一个预设性的印象,可以从更贴近教育和教学的方式将以上问题归纳为以下几个方面:

(1) 在传统的高等院校里,教职人员将要承担什么样的新角色?

(2) 在教学内容的设置和教授过程中,教职人员将面临什么样的新挑战?

(3) 随着技术的不断变革,未来的大学会是怎样的?

(4) 传统的物理型校园将面临怎样的命运? 而虚拟的网络教育机构又会是怎样的?

(5) 虚拟校园将具有怎样的结构? 虚拟校园的"场地管理员"会不会是网站管理员? 这样的虚拟学校有自己的物理场地和固定教学人员吗? 这样的虚拟学校有自己设置的课程吗?

(6) 技术所引发的这场变革什么时候到来? 是否有个时间表供我们参考?

技术变革将会导致高等教育在角色和模式上的变化。虽然有人会认为技术实际上可能对教育造成伤害,但是更多人更倾向于认为技术的诞生及其在教育领域的应用并没有错,错只错在应用这些技术的方式上。曾经发生过技术对教育造成损害而非促进的情况,这只能说明咱们过去做得还不够,还需要更深入探讨各种能够将技术有效融入到教育环境的路径。因此,教学和学习是否能够成功,关键就在于如何合理地应用技术或如何将各种技术进行结合而后应用,并关注技术用在谁的身上,技术本身并不是关键。如今看来,绝大多数人对这种看法已形成共识。此外,人们害怕技术带来不良后果的情况并不是时时刻刻都有的,都是出现在有重大变化的时候。苏格拉底曾经在与菲得洛斯进行辩论时严厉谴责写作的意义,就如同今天我们谴责技术的影响一样。但是苏格拉底谴责的只是写作的消极影响,同样我们在谴责技术时,也应该针对技术的不利影响或不合理使用,而不是一概地全盘否定,更何况导致人们对技术产生恐惧感的还有许多其他原因。同时我们必须意识到,未来再虚拟的环境,也离不开人与人的互动,因为这种互动正是网络虚拟世界服务的对象,也是其存在的意义所在。应用和实践技术的教育工作者不应该隐藏在理论、推测、假设、主张或其他安全地带背后,更不能未曾接触过技术就对技术的作用妄下定论。

各种新教育模式已经诞生,或行将诞生,以回应如何有效应用技术于教学与学习这一问题,并满足教学与学习过程中的各种需求,因此教育领域也应该对新教育模式永远敞开大门。例如,许多虚拟大学开设的课程是呈开放式的,即课文、授课、学生作业和其他各种材料由教师群体来设置,授课以及师生之间的互动将由他人来执行,对教学效果的评价也有第三方来实施。在这种新环境下,任何存在不足的教学、教育或培训的方法都必须进行修改调整,以适应新的环境,减少技术的负面影响,同时充分发挥其正面效应。

第十章 CALI 的发展趋势

计算机辅助语言教学的未来将由许多因素来决定,例如应用语言学研究、语言和语言学习的地位变化、学校与教育的社会学变化等等。其中最重要的因素之一就是技术革新。为了有效讨论技术变化对计算机辅助语言教学的影响,首先需弄清楚技术革新与其他变化之间的关系。

技术决定论(Technological determination)指的是技术的引进和应用将会自动产生某种教学效果。这种对技术作用的描述在许多涉及教育技术的理念里都有踪影可寻。例如经常有些人在未曾考虑计算机是如何被应用的情况下,就声称计算机能够对学习产生影响。Dede(1997)把这种论断描述成"有火自然就能够产生热"式的推理。

技术决定论的存在自然有一定道理,因为有些时候技术的出现或应用确实与某些成效有关联,但是相关关系并不等于绝对的因果关系。因此,Levinson(1997)提出了硬式技术决定论和软式技术决定论。前者说明技术的应用与学习成效之间有完全的因果关系,是大部分学者都拒绝的观念。而后者则是一种更为明智的论断,即尽管技术的发展并不能自动产生成效,但却有助于促进新的过程和成果的产生。例如今天的教学和学习实践中,有各种类型由计算机和互联网协助产生的课堂(或远程)互动,可这些互动形式是计算机网络技术应用之前未曾存在的。

此外,在思考新技术引发教学法变革这一问题时,有必要把眼光放宽一些,不能仅局限于课堂教学上,毕竟技术能够创造许多对学习模式具有重大影响的新交际环境。举几个世纪前发生在欧洲的印刷机发明和应用为例。自从印刷机被应用之后,原有的许多教学和学习理念都发生了巨大变化。就印刷机自身所能引发的变化而言,称不上是"冲击",但是有了印刷机技术和其他社会因素的共同作用,为当时的欧洲提供了一种成熟的环境,成为当时促进欧洲社会变革的主要因素之一。正如 Postman(1993)所说的,印刷机发明和应用 50 年后,产生了广泛的生态效应,欧洲发生的变化不只是简单的欧洲加印刷机,而是发生了重大变化的欧洲。与当年印刷机一样,今天的信息和通信技术也对当今社会产生了深刻的生态效应,这种效应甚至可以象 Castells(1998)所预言一样,"信息技术以及应用和顺应信息技术的能力是我们这个时代创造和获取财富、权利、知识的关键性因素"。

但是在讨论信息技术对社会变革的促进时,必须同时讨论信息技术对个人变化的促进作用。Vygotsky(1962)曾经就技术或工具对人类活动的协调功能进行了阐述,认为技术或工具可以改造人类的交际模式,甚至是思维模式。Ong(1982)在研究口头性技能和书写性技能两者的关系时,同样也提到了技术与人类意识之间存在关联。

谈论以上技术与人类社会、教学、学习者个人发展之间的关系这一背景之后,再来看一看未来的技术将要发生的变化,当然有些变化显然已开始出现,并以很快的速度普及开来。以下是 Warschauer 在 2004 年归纳的未来信息通信技术以及计算机网络技术上的十项变革(其中有些变革已经出现),以及这些技术变革对计算机辅助语言教学的影响。

第一节　CALI 技术的发展变革

由于技术的发展,尤其是电话-因特网中继设备的出现和应用,信息通信技术上出现的重大变革之一就是原来的有线通信转变为无线通信。从上世纪七十年代至今,人类应用通信卫星作为支持无线通信的中继平台已经有将近四十年历史。还有人甚至提出用重量很轻的太阳能驱动电力飞机来做通信的中继平台(即使不使用太阳能动力飞机,人类已经研制出长航时无人驾驶飞机,如美国的"全球鹰"无人侦察机就具有 36 至 45 小时的续航时间),使低成本无线通信能够覆盖全世界各个角落。新兴技术对人类的信息技术产业将具有重大的促进作用。

另一技术上的重大变革是网络连接技术由原先的拨号上网转变为即时直接的在线连接。国际远程通信研究协会(Tele-communication Research International)就曾经估计美国的电缆调制解调器用户在二十一世纪的前二十五年内仅会增长 44%,而使用家用电话线直接上网的高速数字化上网用户将会增长 183%。

未来技术上发生的第三种重大变化是从当前使用个人台式电脑转变为使用便携式电脑或在线设施。这一转变过程的一个重要步骤就是笔记本电脑、联网个人数字助手(或称为掌上电脑、掌中宝)、手机等融为一体,成为更强有力的、兼有电脑功能和远程通信功能的设备。

第四项技术变革体现在窄带(Narrowband,指的是信息在通信线路上的传播速度、容量)到宽带(Broadband)的变更上。前几年使用的电缆调制解调器的传播速度是每秒 10 兆位,可支持较多用户同时使用互联网。下一代的宽带(确切的说应该是更宽的宽带,即 Broaderband),将能够为每位互联网用户提供速度高达 40 兆位的网络运行速度,或者是速度比当前许多高校使用的 T1 连接器(速度为每秒 1.5 兆位)快 26 倍,这将大大提高信息的下载和传播速度。

即将出现的第五项变革体现在价格成本上,即价格上能够被绝大多数用户接受的电脑或其它硬件将取代昂贵的个人计算系统(personal computing system),这种趋势将首先出现在发达国家,然后渐渐向发展中国家蔓延。例如在埃及,这几年来个人电脑的价格下降达一半以上,互联网甚至是免费使用的。

基于以上计算机设备价格的大众化这种趋势,计算机网络技术所呈现的第六种变革将是互联网从一种排外或独有的通信和信息形式(这种形式多半只限于发达国家)转变成为一种大众化的信息通信形式,遍及地球每个角落的用户都能够用得上。截止 2008 年年底,全世界互联网络用户已达到 15 亿,这一数字是全球 67 亿人口的 22%;另据 2008 年 6 月的统计数字显示,作为世界上最大的发展中国家,中国的互联网民达到 2.53 亿,已超过美国,跃居世界第一,但互联网普及率只有 19.1% ,略低于全球平均值,仍有很大的发展弹性。

即将出现的计算机网络技术领域的第七项变革是原有的基于文本模式的信息和通信向视听模式转变。典型的例子之一就是由于新技术的应用和普及,数码相片和家庭影视产品在数量上大大增加。受这种趋势的影响,互联网上的新闻网站所能提供的多媒体信息(以照片、音频、视频等媒体携载)在数量和品种上大大增加。

第八项变革是网络语言从原先的以英语为主要在线语言转变为以各种不同语言为在线交流语言。到 2005 年为止,以英语为运作语言的网页在数量上已下降到全球网页总量 41% 。但有一个因素仍然保持着原样,那就是以英语为操作语言的商业网站依然占据着较大比例,毕竟在互联网上用英语宣传自己的产品和服务更有可能被全球范围内的潜在用户所接受,广告效果更好。这一不变因素的另一种表现是,大量地使用英语有助于确保网络商业领域的服务器的有效运行。但这也有可能导致网络领域出现高低双语现象(diglossia),即互联网用户进行本地交流或地区性交流时使用自己的母语,而进行国际交流和网络商务时就使用英语。

第九项变化是在互联网领域出现的信息技术用户从"非本土"向"本土"转变。这一概念指的不是语言使用上的,而是指使用计算机过程中的舒适和技巧。在计算机、互联网十分普及的年代出生的年青人将以一种近似于"本土化"的流畅性与娴熟性去获取信息和进行网络通信;这一代将明显与上一代人不同,对许多上一代人来说,即使是从印刷品到显示屏的转变也会遇到不小的障碍,更不用说适应信息技术的高速发展。

在计算机网络领域可以预见的第十项重大变革将直接发生在语言教学中,即计算机辅助语言教学的应用将从语言实验室或电脑机房向传统教室过渡。计算机和其他网络设施已经渐渐进入传统教室,这一趋势不仅出现在发达国家,象中国这样的发展中国家的学校里(尤其是高校)已经大规模呈现这种趋势。学校都在为自己原来没有多媒体设备的教室安装计算机化讲台、投影仪,并接通互联网,这将对传统教学模式产生巨大冲击。而在美国等发达国家,无论是高校,还是其他各级学校,传统教室基本上都已经计算机化、网络化。

第二节　技术变革与未来语言教学

伴随着技术变革的计算机辅助语言教学也将发生各种变化,这些变化可概括成五个方面:新的语言应用环境、新的读写技能、新的语言学习者特征以及新的语言教学方法。

1. 新的语言应用环境

未来出现的计算机网络技术变革将对语言教学的环境产生深远影响。这主要是因为外语(尤其是英语)在新的全球化媒体中被应用的程度不断增加,而商业领域对外语的应用更进一步加深,尤其是对全世界范围内以英语为外语或二语的人而言。据估计,当前全世界以英语为母语的人有大约 3.75 亿人(主要指美国、英国、澳大利亚、加拿大等以英语为母语的"内圈国家"),另外有大约相同数量的人是把英语当成第二语言(如印度、尼日利亚等"外圈国家"),还有大约7.5亿人是把英语当成是外语来学习(如中国、日本、埃及、以色列等国家的外语学习者)。这些数据一方面说明以英语为非母语的学习者和应用者在数量上不断攀升,另一方面也说明以英语为母语的人和以英语为非母语的人之间的关系正在发生着根本性的变化。从 Graddol 在 1999 年的调查发现可以获知,一个世纪前以英语为母语的人与英语用得非常娴熟的非母语者之间的比例是三比一。然而一个世纪后的今天,这一比例彻底的颠倒过来了,变成了一比三。事实上,随着全世界数以亿计的人用英语进行全球性交流和获取信息,原有的以英语为母语者、以英语为第二语言者和以英语为外语者这三者之间的区别也会发生改变。例如,根据 Warschauer 等人在 2002 年的一项调查结果显示,在埃及,人们在大部分非正式电子邮件中习惯使用具有口语风格的阿拉伯语,而在几乎所有的正式电子邮件中,即便是埃及人之间的邮件,几乎用的都是英文。

进一步了解信息通信技术变革所造成的影响以及英语使用环境发生的变化后,就会发现,即使是在美国这样的超级大国,大部分企业都是用电子邮件进行通信,电子邮件已经成为取代面对面交际和电话交际的首要交流工具。这一事实使人们不得不重新审视计算机网络与二语教学和外语教学之间的关系。例如,就在十几年前的九十年代中后期,应用计算机技术辅助语言教学的老师还经常说计算机不过是一种工具,它本身只是学习英语的一种手段,不是英语学习的最终目标。如今这些老师会说,英语本身不是学习的最终目标,英语只是实现计算机应用并在互联网上获取信息的工具。这两种对计算机辅助语言教学截然不同的观点说明了老师对英语教学和对互联网的概念正在发生演变,将来还可能发生更大的变动。有效的计算机辅助语言教学不再局限于使用电子邮件或互联网协助语言教学,而是渐渐演变成为了帮助人们学会写电子邮件和使用互联网而教英语。这就是技术变革所导致的语言教学环境变化,对未来计算机辅助语言教学的教学目标设置具有重要的指导作用。

2. 新的阅读能力

技术的变革还可能导致新的阅读行为和阅读技能的出现。在印刷品时代,阅读行为涉及如何理解某一个作者的意思。与此相反,在网络时代,在线阅读行为已经变成试图从不同的信息源中解读信息并创造知识。虽然在图书馆阅读的行为与在线研读行为都包含选择适当的问题、选择适当的工具、找到信息、建档并保存信息、解读信息以及使用和应用信息等过程,但是两者存在着根本性的区别:前者是建立在认定书本里提供的信息是可靠的这一前提之下,因为这种阅读过程经过了两次"诊断"—— 一次是由图书出版商审查,另一次则由采购这本书的图书馆员工进行审查;而在线研读则要求读者对阅读行为的每一个步骤都要做出评判性决定。在线阅读的读者必须经常在是否翻到下一页、是否进行一次内部链接、是否尝试一次外部链接或是否放弃某一页转而进行新的搜索等等问题上做出决定。过去将评判性阅读识字能力视为是语言教育的一个特殊类别,然而在未来的网络世界里,几乎所有的阅读识字都要求进行评判性判断。

3. 新的写作能力

写作领域也会发生类似的变化,学生写的文章将渐渐成为一种带有标示性的形式。尽管人们依然将写作视为一种文学艺术形式来进行研究,但已经有人提出未来以手写产生的作品将越来越少,因为手写作品将由呈现概念的多媒体形式所取代(Faigley, 1997),即使用多种技术来呈现作品。这将对未来的英语写作方式产生巨大影响。例如,未来的写作教学中,老师可能评价的不再是学生交上来的纸质写作作业,而可能是由学生借用 Thinkquest(由 Oracle Education Foundation 开发)等平台创作的教育网站。通过这些由学生自己创作的网站,学生不但可以向老师展示使用多媒体的技能,还可以展示自己所掌握的电子交际能力,这可能代表着写作教学的未来发展方向。

未来写作教学中,使学生具备创作基于电子交际的新写作技能有极其重要的作用,其重要性也可以通过以下发生在 ESL 写作课程中的情况来说明。有一个中国研究生先前与瑞典的合作者合作进行了一项研究,双方就发表所收集到的数据的著作权问题达成了协议。然而一封来自瑞典合作伙伴的电子邮件让这位研究生感到非常吃惊,因为他被告知瑞典那边的合作人将以自己的名义发表实验获得的数据。接着这位研究生给对方写了一封电子邮件,向对方的做法表示抗议。他的这封邮件内容是:

Dear Svet,

How about your decision for your mother treatment? I am sorry I cannot give advice… Zhongshan hospital has special wards for foreign guests. If you can tell me and Hengjin in detail, we can supply more information about hospital and doctors…

很明显,他的第一封邮件根本无法表达自己的意图,因为这封邮件只关注对方的母亲的身体状况,只在邮件的结尾处以一种非常含糊的方式表达了他不赞成对方先前私自发表数据的做法。与自己的老师商量过后,他又再给对方发了封邮件,直到清楚地把意图和用意表达给对方:

Dear Svet,

When I received your email message of Nov. 4, I was very surprised to see that you went ahead with your paper on maternal health care. As you must be aware after your discussion in Shanghai last September-October, when we distributed all the topics among us, the topic of maternal health care was incumbent on me for analysis and publication…

In conclusion, I am afraid the only satisfactory solution I can see is to publish my paper with me as the first author.

这位研究生的问题最终因电子交际的快速和一种被称为"基于需求的协作写作教学方式"而得到圆满的解决。

虽然大部分以英语为二语和外语的学生不会有机会与国际学者开展社会学研究的合作,但是作为他们工作和社群活动的组成部分,还是有许多学生需要进行一些具有协作性质的远程咨询和问题解决。因此从事 ESL 和 EFL 教学的老师有责任帮助这些学生培养在线写作技能,以便搜寻资讯和解决问题等任务得到有效开展。这类教学任务既包含教会学生进行在线写作互动所需的语用学知识,也包含培养学生的超媒体著作技能和出版技能,使他们能够有效地展示自己创作的材料(Shetzer & Warschauer,2000)。

4. 新的语言学习者特征

在线交际的重要性日益提升将导致语言学习者出现新的特征。举来自中国香港地区的美国移民 Almon 为例。加入美国国籍几年之后,Almon 的英语水平依然很差,几乎是英语班上成绩最差的,他对自己的英语学业能力很没有信心。但是,自从他创立自己的网站"J-Pop"(Japanese Pop,一个介绍日本流行歌手的网站)之后,他每天都登陆这一网站好几个小时的时间,给其他来自世界各地的日本流行音乐粉丝发邮件,用英语与他们进行电子邮件和谈话交流。虽然这些粉丝大部分都是中国人和日本人,但是由于所有的交流都是用英语进行,甚至网站本身也是英文网站,渐渐地,Almon 对自己的英语交际能力有了信心。Almon 的例子可视为是应用英语和新媒体于思想交流的全球性青年运动之一。这一案例并非说明老师应该降低学生读写技能在教学中的地位,反而却说明了使用新生多媒体技术的学生能够培养起范围很广的技能和新特征,也说明了老师在教学实践中应该考虑这些技能的重要性。

5. 新的语言教学方法

在未来的新环境中,老师不得不考虑技术发展所引发的教学方法变革这一问题。计算机辅助语言教学的发展一直都是建立在技术发展这一基础之上的,这种技术发展也经历了最初的大型电脑到个人电脑,再到联网的多媒体电脑,因此基于计算机网络技术的教学法也发生了相应的变化。表 27 中列出了自 1960 年代以来,在计算机辅助语言教学领域已经发生和正在发生的变化。虽然各个变化阶段并没有严格而明显的先后顺序关系,同时还会出现将不同阶段的计算机辅助语言教学措施搭配着使用的情况,但有一点却是明确的,那就是最初并不完善的计算机辅助语言教学正在向更加完善的方向发展。从总体来看,计算机辅助语言教学在过去近五十年的时间里确实发生了重大变革,伴随着新技术的出现,许多新的教学思想和计算机的新用途也不断被引进语言教学领域。

表 27　计算机辅助语言教学的三个发展阶段

发展阶段	1970 年代至 1980 年代:结构主义阶段的 CALI	1980 年代至 1990 年代:交际主义阶段的 CALI	21 世纪:整合式 CALI
技术	大型计算机	个人电脑	多媒体和互联网
英语教学范畴	语法翻译和视听	交际语言教学	基于内容的特殊用途英语教学
语言观	将语言视为一种有结构的形式(一种形式上的结构体系)	将语言视为一种认知体系(一种由大脑来构建的体系)	将语言视为一种社会认知体系(一种通过交际互动来构建的体系)
计算机的主要用途	练习和训练	交际练习	创造真实语境下的会话
主要目标	准确性	流利性	能动性

从上表的总结中可以看出,计算机辅助语言教学的第一阶段是结构主义阶段的 CALI,是一种上世纪六七十年代被普遍应用的计算机辅助语言教学模式,深受当时占主导地位的结构语言学教学技巧的影响。这个阶段的计算机辅助语言教学项目主要采用练习和训练的形式。但是到了七十年代末,这种行为主义式的教学方法便让位于交际主义式的教学方法,后者更强调语言的意义,而不像前者那样强调语言的形式,两者的区别也体现在计算机辅助语言教学活动已发生变化的本质中。

认知主义语言学习观认为学习者的语言学习过程是一种构建内在智力体系的过程,这一过程主要是通过互动来实现的。因此受认知主义理论影响的交际式 CALI 采用交际练习作为实践英语的方法。这个阶段的 CALI 并没有把互动的内容看成很重要的东西,同样也没有太关注学习者本人的言语和输出。相反,这种 CALI 更关注向学生提供必要的输入,并把这种输入视为是促进语言学习者心理语言体系形成的关键所在。今天的整合式 CALI 是以社会认知语言学习观为理论基础。从这种语言学习观来看,学习者学习一门二语或外语将涉及如何使自己融入到新的话语社群里去。在这里,互动被视为是为了帮助学生融入到这些新的社群里去,并使自己熟悉新的风格和新的话语形式,因此互动的内容和社群的特征极其重要。对这一阶段的 CALI 而言,融入社群只是"为了操练语言技能"的做法已远远不能满足学习者的学习需求了。

以下例子可有效说明交际主义式 CALI 与整合式 CALI 之间的根本区别。有一位英语老师遇到了件让他非常头疼的事,本来他想让学生每个礼拜都上一次网去实践一下英语,但是这些学生在上网时都把时间耗在用母语聊天去了,从未真正进行过有意义的英语交际。这一情况将交际式的 CALI 所具有的主要缺陷给暴露出来了,即仅把互联网视为是支持简单的或无目的的交际实践的媒体。但事实上学生应该在互联网上以社群的形式完成真实生活中的任务,或解决真实生活中的问题。例如学生可以就自己感兴趣的东西开展国际性的项目研究(Warschauer et al., 2000),或为社区提供一些诸如给某个团体机构创建一个英语网站等这样的服务(Warschauer & Cook, 1999)。这种情况下,用英语进行交际只是主要任务完成过程中的一种附带性的或偶然性的学习行为,但是作为任务完成过程中出现的一种结果,学生会从中学到许多重要的英语知识,并且有机会参与新的英语会话。

在线进行有意义的活动是整合式 CALI 的目标之一,同时也是二语学习和外语学习的总体性目标,因为这两种学习的重心已经从关注语言准确性演变成为同时关注准确性和流利性。但是二十一世纪的计算机辅助语言教学必须有新的教学和学习目标,即同时关注准确性、流利性和学习者的能动性。能动性被定义为一种能够让学习者进行有意义活动,并且又能够看到自己的决定和抉择所带来的结果的积极动力(Murray, 1997),或定义为一种能够构建、呈现现实,记录历史,并且能够使他人接受这一历史现实的力量(Kramsch et al., 2000)。把提高学习者能动性当成整合式 CALI 的教学目标将使计算机网络技术真正成为学生手中的一种有力工具,一种可以使自己在全世界出名的工具。为了说明这一事实,先来分析一下写一篇上交给老师去改的文章与在互联网上创造一份多媒体文档之间的区别。在创作后者的过程中,学生必须要很有创意地将多种媒体结合起来使用,以便能够与来自世界各地的读者(浏览该学生创造的多媒体文档的人)分享;同时考虑到当前网络世界里有许多很有创意的网络用语,网络多媒体文档创作甚至还可以使学生参与制定有关多媒体创作方面的规则。通过协助自己的学生进行这类在线编辑——为满足真实读者需求而实现有意义的目标,老师可以帮助学生锻炼他们的能动性。因此学习英语的目标就不仅仅只是为了将其作为一种内在系统来习得,而且还要做到有能力用英语来对世界施与影响。

小结

在上世纪七十年代后期,人们将计算机用于辅助教学是因为这种做法能够实现彻底远离真实生活的教学。在这种教学思想的影响下,学生无需参与真实世界的活动就能够学会英语(当然,他们最终还是要回到真实世界去才能够应用他们所学的英语技能)。

与七十年代那种做法相反的是,今天计算机在教学领域的价值已经有了新的诠释。今天应用 CALI 的老师,其主要任务不能够仅仅是教会学生如何去进行网上冲浪,还应该教会他们如何制造浪花。因此,如果老师能够鼓励学生在网上实施尽可能贴近生活的任务活动,并充分应用现代信息通信技术所具有的潜能去试图改变世界,将其改变成能够迎合自己价值观和人类利益的样子,这样老师才算是充分地利用了计算机网络技术的力量。当然,这也不是什么新鲜的做法,因为早在 1987 年 Freire & Macedo 就提到了同样的想法。他们提到读书识字能力不仅仅是会读书和识字,而且还涉及到"读懂世界",同时不但要做到"读懂世界",还要做到"写世界"和"重写世界"。这些概念在整个二十世纪都可视为是一种极其重要的教学法则,但是二十年后的今天,随着新的信息通信技术形式不断出现,实现这些概念又有了新的途径。

由此可见,计算机网络技术和信息通信技术的变革使学生能够在英语课堂上读、写、重写世界,这是以前未曾有过的。但是要实现这一切,首先要满足一个条件,那就是让学生学会充分使用并发挥这些技术所具有的力量。正如 Pimienta (2002) 所建议的那样,我们应该把学生视为处在"键盘之前",而不是"显示屏之后"的学习者。最后需要强调的是,发生在计算机辅助语言教学领域的最重要的变革不是出现在计算机领域的那些变革,而是发生在教学观念和学习观念上的变革。

第十一章　CALI 对未来语言教师的要求

在未来,ESL 教学和 EFL 教学的实施无疑将受到技术发展的冲击,而作为实施这些教学的语言教师,应具备怎样的技能才能将技术有效地融入到语言教学中? 许多高校已经尝试在设置课程时,将技术融入到课程内容的设计中,这样语言教师从一开始就对语言教学中的技术应用有所意识。这一章将对计算机辅助语言教学有重大影响的应用语言学和技术应用两个角度来谈论未来 L2 和 EFL 教师应该具备的技能。

第一节　教师应具备的应用语言学技能

作为语言教师,不应受限于大纲或教材,也不应逆来顺受地接受指定的教学内容,语言教师应该能够辨别怎样的内容值得教,并且具有设计有效教学活动的能力,才能确保教学获得成功。但要设计出有效的教学活动,老师必须具备扎实的应用语言学知识,毕竟应用语言学对外语教学的实施有着重大影响。例如哪些网站能够为学生提供合适的语言输入? 如何把网站上的语言具体化到预设的语境中,以创造出对语言学习者有益的经验? 如何设计基于计算机网络技术的教学任务? 等等。这些问题都是应用语言学领域的问题,也是语言教师必须要解答的问题。作为教学任务的设计者,语言教师尤其需要掌握与语言学习者和语言学习任务有关的应用语言学知识(Chapelle & Hegelheimer, 2004)。

1. 了解语言学习者的技能

教师进行计算机辅助语言教学设计时,首先需要关注学习任务的执行者——学习者,毕竟在实施学习任务过程中,这些学习者将应用所有已掌握的策略来应对要求掌握的学习材料,或与技术进行人机互动。换句话说,语言教师可以为学生创造各种实现输入、互动和协作的机会,但这些机会是否能够得到充分应用则取决于学生的意愿和已有知识经验。语言教师除了要掌握语言学习和教学的基本原理之外,随着技术的不断革新,还必须了解哪些策略是学生已掌握的,哪些策略又是他们应用技术于学习时可能会选择的。Hubbard(2004)认为对学习者进行技术应用技能培训是有效实施计算机辅助语言教学的先决条件之一,因此教师培训项目中必须包含指导教师如何教会学生用技术进行学习。他还指出,作为应用语言学构成要素,互动、动机、策略、学习者控制、交际的真实性等在 CALL 中具有极其重要的地位和作用。

通过研究电子邮件交流这种基于技术的学习活动,Fotos(2004)提出了语言学习者应具备的角色。她认为基于技术的任务可以激发学生学习语言的动机,是促使学习者发展其语言技能的积极动力。也有研究(如 Dornyei & Schmitt, 2001)指出学习任务的具体特征对刺激学生学习动机具有重要影响,因此语言教师在设计教学活动时既要考虑如何根据特定话题寻找学生感兴趣的材料,也要进一步考虑引入活动和开展活动的模式是如何刺激学习者的动机。

2. 设计语言学习任务的技能

明确学生在语言学习任务中应该掌握哪些东西之后,语言教师才能着手设计学习任务。要设计和实施这样的学习任务,老师既要具备包含文化知识在内的交际技能观,也要清楚任务类型与目标文化概念的学习之间的关系,即老师要具有新的语言学习观。

2.1 教师的交际技能观

应用语言学家已经将交际技能的结构进行了概念化,并对其进行了定义,为语言教师提供可以应用的语言观,使他们在教什么和评价什么这类问题上能够做出合理的判断和决定(Bachman,1990)。虽然这些概念已经构成了交际技能最基本、最必要的知识,但与此同时,在计算机网络辅助的教学环境下,当今的语言教师还要重新对交际技能的这些基本概念有新的认识,才能确保新环境下语言教学、语言学习和语言应用能够有效实施(Rassool,1999)。

语言和网络的结合构成了语言学习者应用外语的最合理同时也是最容易获取的环境(Warschauer, 2004),语言教师必须关注学生的交际技能发展情况,因为这种技能是聊天室、公告栏、电子邮件清单(e-mail lists)或其它必须应用语言进行交流的在线交流工具所必须依赖的。这些新的语言应用环境很能够吸引学生的兴趣,因为"计算机辅助通信(CMC)所应用的语言具有其独特的特点,而基于互联网的言语社群必须以独特的方式成功地把互联网与他们的语言应用技能有机地结合起来"(Murray,2000),同时言语社群的语言使用风格都是根据他们谈论的话题、对象和交际模式来决定的。社群成员的这种语言选择可以是总体层面上的,例如特定的言语社群就一系列话题进行交流;也可以是非常具体层面上的选择,例如 Roberta 向 Jackie 表达她个人的情绪时,选择了这样的表达:"I was SOOO bored!"。互联网的这种语言选择现象使教学领域里常见的以下区别也延伸到虚拟环境中:在口语和休闲语中被认为是很适切的东西与书面语和正式语中被认为很适切的东西是有很大差别的。

为了讨论这种复杂的在线语言使用现象,有必要对语言的某些方面进行深入探讨,使老师能够将语言应用环境和学习者的语言抉择两者之间的联系概念化。这种概念建设一般都是应用语言学关注的对象(Halliday & Hasan,1989),同时近期出现的教师培训材料也都有助于加强教师对这些方面的关注,这些材料对语言教师而言是很有用的,而且也容易获得。例如许多外语教学都接受了让学生借助虚拟空间进行学习的挑战,这种教学一般都是基于在线言语社群进行的。在这种教学模式中,要想所有老师和学生都能够理解、选择,并最终对他们的言语社群进行扩展(以实现将各种语言变体融入到互联网环境中),则所有老师和学习者都必须能够理解各种对言语社群、注册、风格类型等方面有影响的因素。

2.2 教师的语言学习观

教师的交际技能观解决了语言教学要教什么的问题,而语言学习观则是要解决如何学和为什么而学的问题,即教师还要面对类似于以下的问题:除了所参与的互动和产出的语言输出之外,学生是如何在语言输入和显性教学中习得二语的? 为什么这些过程能够促进学生的语言技能发展? 语言教师在选择和设计新教学任务前,必须要具备相关的心理语言学和社会文化这两个对二语习得有重大影响的领域的知识。首先大量心理语言学研究表明输入和互动在二语习得过程中起到极其重要的作用(Long,1996)。语言教师在实施计算机辅助语言教学过程中,需要关注心理语言学研究所发现的与语言学习活动相关的因素,使设计的语言学习活动能够为学生提供有效的语言经历。心理语言学的许多原理都可以在计算机辅助语言教学任务中起到指导作用(Chapelle,1998)。例如,有些心理语言学研究结果指出,对第一次不能够听懂的听力材料,应该为学生提供反复听的机会,并为他们提供所听材料的语言切片以助其理解所听内容。这是一条许多语言教师设计听力教学任务时常用的心理语言学原理。

社会文化方面的原理(尤其是基于维果茨基研究成果的原理)对语言学习任务的交际内容设计提供了很重要的指导,因为这方面的原理很强调互动参与者在互动中的作用(Lantolf,2000)。社会文化理论强调,互动为参与者提供了很好的脚手架作用,这种脚手架作用能够有效地呈现和扩展学习者在交际环境中的技能。同时,社会文化理论也指出,学习者的身份能够影响到他本人进行交际的愿望,因为他的身份已受到这种互动情境的影响。这些与学习有关的社会文化原理对计算机辅助语言教学活动,尤其是基于 CMC 的活动具有很大的指导意义。例如,老师在设计听力教学任务时,就可以考虑让多位学生相互协作来听出很难听懂的听力材料。

3. 评价 CALL 的技能

CALL 评价(主要是针对教学软件和学习任务的评价)必须要综合考虑任务的性质和学习者的特征。实施评价过程中,教师手里不能只有一份判断学习产出物是否优劣的标准。Susser & Robb(2004)认为评价计算机辅助语言教学材料时,可以从以下四个方面去考虑评价的标准:a. 可提供外语课本优劣评价标准的文献;b. 与计算机辅助语言教学评价相关的文献;c. 针对远程学习和在线培训的评价;d. 以网络可用性理论、界面设计、规则和其他参数来评价网站。这几个方面成功地融合了评判性和实证性两方面的证据,而这两种证据是研究者针对某一CALI 活动是否适合目标学习者做评价性定论时不得不参考的因素。

与此同时,Chapelle(2001)提出一种评价 CALL 教学任务的方法。这种方法涵盖了理论和实践上都可确认为对教学任务质量有影响的因素:语言学习潜能、学习者适应性(例如学习者应具备一定的中介语发展水平)、意义聚焦(meaning focus)、真实性(与学习者应用语言的语域相关的情境)、影响(对诸如动机等因素的影响)和可行性。有了这些标准,语言教师和研究人员就可以对专为特定学习者设计的某项任务进行评价,并且能够识别实证数据在哪些地方最能够说明评价结果。这里所说的实证数据包含对学习者表现的记录、有声思维记录以及对动机和语言产出的评价结果。在计算机辅助语言教学中,由于许多定量和定性数据分析方法都可用于对数据进行有效分析,因此掌握这些研究方法将是 21 世纪语言教师的主要知识构成之一。

　　应用语言学的这些构成因素——交际技能、学习任务和评价——都是未来语言教师应具备的知识的核心构成。当然,在 21 世纪应用技术辅助教学的语言教师可能倾向于关注更广范围上的某些方面,而不是所有各个方面,并使所关注的方面得到深化。随着老师对技术应用技能这一需求不断提高,这种需要关注最核心要素的做法将显得更具有意义。

第二节　教师应具备的技术应用技能

　　正如 Fotos & Browne (2004)所述,如今从事 ESL 和 EFL 教学的语言教师需要掌握的计算机技能越来越多,这样才能够跟上时代对本职业的要求。因此,给未来语言教师进行计算机技能培训时,应该至少包含以下方面的培训:电子表格程序应用(如 MS Excel 的应用)、数据库应用(如 MS Access 和 FileMaker Pro)以及教学和研究应用(如数据库索引、截屏软件的应用)。根据以上可应用于课堂活动设计的技术培训内容,可以将未来语言教师需要掌握的技术,尤其是具有核心作用的技术归入以下三个领域:万维网(World Wide Web)、交际工具和语言实验室。

1. 应用互联网的技能

　　未来所有语言教师都必须掌握互联网的应用,把它当作最重要的资讯来源,提供各种具有真实性,并且以文字、音频或视频等媒体格式为载体的语言材料;同时,具备应用万维网查找所需语言材料或其他参考材料的技能。这一层面的网络应用能力,即网络资讯应用能力,将有助于老师进一步培养一系列可用于开发网络材料的更高水平的网络应用能力。

1.1　使用互联网材料

　　使用互联网的能力不仅仅局限于在线寻找信息和材料,或对来自互联网的材料进行评价,同时也包含对来自互联网的材料进行修改、利用,使其更适合自己的语言教学环境。这种能力无疑是未来语言教师需要具备,同时也是极其难以掌握的能力之一。应用互联网的另一项能力则是解决网络应用实践中遇到的各种问题的能力,以确保网络能够顺畅的运行。

　　随着互联网上的信息日益剧增,语言教师要找到合适的、可用于教学目的的材料会越来越难,而事实上在线搜索信息本身就是一件比较复杂的工作。老师和学生所面临的不仅是信息量不断增多的困扰,还同时面对着各种信息质量参差不齐的局面。确实,正如某些学者所说的(如 Reeder et al.,2004),在线获取的能够辅助课堂教学或供学生进行实践的材料,在量上似乎已达到无限度的程度。然而,查找适切的材料无论是对稍微有经验的教师,还是对完全是新手的学生,都将是一项极具挑战性的任务。因此,掌握如何使用搜索引擎、如何实施搜索以及如何让学生参与定型搜索(如已经实施并已对结果进行过分析的搜索)的技能将是未来教师必须要具备的。在线搜索的技能水平至少要达到能够将搜索范围缩小到完全可以操控的程度,但老师的这种信息检索技能并非自动生成的,因此对未来语言教师进行师资培训时,应将信息检索列为其中的项目之一,或为他们提供一些含有信息检索策略的网站(如 http://www. searchenginewatch. com)。

一旦在线检索信息的技能获得提升之后,老师和学生就更有可能检索出在量上可操控的信息。但仍有另外一个问题需要面对,那就是任何人都可以在互联网上建设自己的网站,其结果是在互联网上获得的信息在质量上千差万别。要想具备能够辨别有价值的在线资源的能力,或是具备为学生推荐搜索资源的网站的能力,老师必须同时学会如何对网络资源的质量、有用性和适切性进行评价的能力。因此,评价网络信息价值的技能将是未来语言教师应该具备的另一项技能。建立在权威基础之上的可信度可以成为评价某一网站优劣的一种好途径,也是值得老师向学生推荐的一种方法。例如,学生利用互联网检索有关某一主题的文章时(比如有关"美国外交政策"这一主题的文章),为了获取高质量的文章,老师可以推荐学生到一些有良好信誉的报纸或杂志的网站上去检索所需文章,如 The New York Times (http://www. nytimes. com)、The Guardian (http://www. guardian. co. uk/guardian)或 Time Magazine (http://www. time. com/time)等。需要在网络上获取听力材料的老师则需要再多做一步的工作,即必须事先听一遍所检索到的材料,以免里头含有不合适的内容。大部分与网络评价有关的指导都应涉及在线信息内容的准确性、内容提供者的权威性、信息的客观性以及信息的新鲜度这几个维度。Cornell 大学参考咨询服务分部的网页就是一个专门关注这类网络评价问题的网页,其网址是 http://www. library. cornell. edu/okuref/webcrit. html。

一旦在网络上检索到所要的材料,并对其进行了评价,一般情况下老师仍需对其进行相关修改,才能使其适合教学或供学生使用。如 Pennington(2004)所述,在网络世界里,很难找到未经任何变动就可达到直接供学生应用的材料。即便在线获取所需材料后,仍需老师设计学习任务、学习进度表或其它材料,才能够完成一堂课的教学目标。而 Taylor & Gitaski(2004)则指出,语言教师所面临的真正挑战在于如何让学生接触这些原本与语言学习大纲并不十分吻合的在线材料。例如某位语言教师通过 Randall's Cyber Listening Lab(http://www. esllab. com)网站找到了许多听力材料,都是一些长度和难度各不一样的篇章听力材料。尽管这些篇章听力材料为学生提供了一些具有教学作用的材料,如听力文字稿,甚至是音频和视频材料,但是这位语言教师很快就会发现这些材料并不都适合学生的水平,他还得制作可供学生下载的学习进度表,供学生听这些听力材料时参考,这样才能使听力活动符合教学的目标。当然,Randall's Cyber Listening Lab 确实是外语学习者值得光顾的网站,毕竟该网站建立的初衷就是为了满足外语学习者的听力学习需求。只是在许多情况下,语言教师将不得不提供远远多于学习进度表要求的听力材料,才能够做到有效利用网络资源的目的。

尽管网络辅助语言教学的有效实施要求语言教师具备各种各样的技能,掌握各种各样的使用方法,但是以上所提到的三样技能——检索、评价以及对网络资源进行修改——对语言教师来说总是最重要的。此外还有一样技能也是未来语言教师在应用网络技术时不得不掌握的技能,这种技能对确保课堂教学的顺利进行十分重要,那就是语言教师需要掌握的第四项技能——排除技术故障的技能。

　　如果语言教师想要好好地应用各种从网络上获取的资源,必须能够排除互联网上遇到的各种障碍,尤其是解决最基本的浏览器障碍。由于几乎所有的在线资源都是通过浏览器界面获取的,因此未来在教学中应用互联网的教师都应该关注浏览器出现的各种问题。应用互联网过程中经常出现的问题之一来自于使用带有插件的多媒体的过程中。如果相关插件没有安装,许多媒体是无法在电脑上显现的。例如,许多网站要求用户使用 RealAudio 实时音频格式(http://www. real. com)、Flash 动画格式(http://www. macromedia. com/flash)、QuickTime 视屏播放格式(http://www. apple. com)或 Authorware 多媒体制作等格式的媒体流才能够打开或下载该网站上的资源。要想充分应用多媒体以及基于这些多媒体的互动,网络浏览器必须要有合理的配置。美国网景通信公司(Netscape)一直经营着一个专门提供插件信息的网站(http://wp. netscape. com/plugins/? cp = dowdep2),可为语言教师提供有关网络浏览器应用方面的重要资源。

　　1.2　创造网络材料

　　未来的语言教师除了应用互联网上获取的材料之外,还应该具备开发制作网络材料的技能,这意味着老师还得学会其它的技术应用技能,这其中涵盖了从创建基础网页到编写一门在线课程的各项技能。如果语言教师能够具备这些技能,自己就可以为学生设计制作一页听力网页或一整个网站,里头除了学生可以直接使用的听力材料之外,还可为学生提供获取其他听力材料的链接。其中两个用于制作网页的最基本的方法是:采用诸如 BBedit(http://www. barebones. com)这样的在线 html 来编写应用软件制作网页,或使用诸如网页编修与管理(Macromedia Dreamweaver, http://macromedia. com/dreamweaver)这样的 WYSIWYG(即 What you see is what you get,所见即所得)编写应用软件来设计制作自己的网站。但无论采用何种方法,都必须具备一个先决条件,即掌握如何设计网页和如何获取网络服务器的知识。

　　在谈到如何设计和操作计算机辅助语言教学实验室时,Browne & Gerrity(2004)建议教师设计者应该关注一些网页设计方面的重要问题,如网站提供的向导必须要明确、醒目,版面布置要合理等。关于网页设计这方面的知识,可查阅相关电子计算机方面的书籍,或上网检索与网页设计制作有关的咨询。设计制作完网页之后,下一步就到了如何将网页上传到互联网上,使之成为人人都可游览的网页,这就意味着语言教师还要学会获取、使用网络服务器。一旦网页设计、制作完成后,获取网络服务器将是下一个必不可少的步骤,这样才能让别人通过网络浏览器浏览你设计制作的网页。要想对已经上传到服务器的网页进行修改,老师还得学会如何下载网页,学会如何对已有网页进行修改,以及像图9最后一步所示那样再次将修改过的网页上传到互联网。

　　最起码语言教师应该懂得网页设计、制作的一些基本知识,如在网页上插入超链接,并提供通往其他媒体文档的链接。这些链接都是一些基本向导中用得上的,例如用于某些可引导学习者通往不同主题的目录,或引导学习者通往其它参考资料。除此之外,网页设计制作还涉

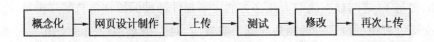

图9　设计网页设计制作的简单步骤流程图

及如何对网站进行维护和升级的问题,这也是未来语言教师应该掌握的技能之一。例如,某位语言教师设计制作并上传了一个网页,在网页里也提供了通往事先找好的其他网站上的听力材料链接,但后来他又在其它网站上发现了一些很有价值的听力材料,这时候他又不得不又再回到网站上去增加其它链接,并检查一下原有的链接是否仍然正常工作。这就是一个简单的网页修改和维护过程。

　　未来语言教师需要掌握的更高级的网页设计制作技能则是如何编辑具有各种互动成分的在线材料。网络或课件上所提供的互动可以通过一系列的软件工具来实现,例如脚本语言(JavaScript)、小程序(Applets)、通用网关接口文稿(Common Gateway Interface scripts)、动画(Flash)或震荡波(Shockwave)等。Language Interactive 是 Bob Goodwin-Jones 为设计制作具有互动性成分的网页所提供的向导,语言教师可通过以下网站下载:http://www.fln.vcu.edu/cgi/interact.html。该向导可为语言教师提供制作互动性网站的基本技巧,Doug Mills 在自己的网站(http://www.iei.uiuc.edu/JS4LL)为语言教师收集了大量这方面的案例,里面都是通过脚本语言展示网络互动性的案例。掌握制作带有互动性成分的网页的技巧后,语言教师就可以设计各种形式的互动,以促进学生的语言学习。

　　O'Connor & Gatton(2004)提出了未来语言教师应该具备的更高层面的技能,即系统的计算机网络知识,这种技能在老师创建教学辅助专用网站(companion website)或独立创建个人的在线课程时尤其需要。这两样目标的实现都要求老师具备计算机网络方面的高级技能,这不仅包含网页设计制作技能以及编辑、设计互动性成分的技能,还包含管理学生在线学习记录的技能。至于如何实施互动和对学生进行管理,Heine & Pena(2001)提供了一些可供选择的建议,或可通过以下网猴(Webmonkey,一种很受大众欢迎的在线辅导网站,站内包含各种有关如何以"后端向前端"的方式建立网页的文章)网站获得:http://hotwired.lycos.com/webmonkey。能够提供以上建议或向导的还有课程管理系统(course management system),例如WebCT 和 Blackboard。这两种系统都能够满足各种不同技能水平的用户的大部分要求。

2. 应用通信工具的技能

　　对于需要借助计算机辅助通信(CMC)来提高学习者交际技能的老师而言,首先他们自己必须掌握通信工具的使用,如聊天室、公告栏、电子邮件和电子邮件列表等。研究人员将这类CMC 通信工具应用于课堂教学时,获得了一些很有价值的发现。首先,Pennington(2004)发现,基于文本形式的 CMC 工具(如公告栏和电子邮件)能够促使学生进行反思,使他们能够好好地计划自己的语言使用,因此也能够促使一些在传统课堂上默默无闻的学生积极参与在线交流。其次,Fotos(2004)也发现学生应用电子邮件进行交流的过程中,能够用二语写出更多的东西来,并因此获得二语技能的提高。通过应用电子邮件进行交流,尤其是有二语水平较高的学习者的参与下,这时候交流双方或多方的文字邮件都被保留在各自的邮箱里,这实际上也相当于在交流过程中创设了一种额外的脚手架效应,对二语水平较低的交流一方来说是一种很有效的语言促进。今天的语言教师都在或多或少地应用着这类 CMC 工具。但是未来的语言教师到底需要掌握多少种 CMC 工具?应用这些工具又需要达到何种程度?以下是一些未来语言教师在进行语言教学或研究时有可能用到的工具。

最常用的 CMC 工具有 ICQ(即"I seek you",一种个人通信工具,可从 http://www.icq.com 获取)、QQ(由中国腾讯公司开发的一种目前最受中国人喜爱的网聊工具,可从 http://www.qq.com 获取)、多人同时网聊(Internet Relay Chat,IRC,http://www.irhelp.com)、聊天室(Java Chat,可从 http://www.parachat.com 或 http://chat.yahoo.com 获取)、多用户目标指向域(MOOs 或 MUDs 可从 http://www.topmudsites.com 获取)等。此外,诸如 MSN Instant Messenger(http://messenger.msn.com)或美国在线即时信息服务(America On Line/AOL Instant Messenger,可在 http://www.aim.com/index.adp 获取)等即时信息应用工具也是十分普及的 CMC 工具。在这些 CMC 工具上,用户还可获取丰富的在线资源。例如,Chatting on the Net 这一网站(http://www.newircusers.com)虽然是一个专门提供多人同时网聊的网站,但也可记录用户在聊天室和即时信息聊天(Instant Messenger Chat)发生的交流。语言教师如果想获取有关 IRC 方面的使用帮助,可登陆美国杜克大学(Duke University)的网站 http://www.irchelp.com。这是一家综合性的网站,里头提供有关 IRC 方面的信息、帮助、常问问题(即 fluently asked question,FAQ)文档以及一份与通信研究相关的索引目录,这些多数是语言教师和研究人员感兴趣的东西。以上都是用户可在互联网上免费获取的工具,而且都是基于不同平台运行的,有些(如 AOL Instant Messenger)甚至可以接受音频模式的通信。

要想在教学实践中用好这些 CMC 工具,其关键是设计合适的任务、提供相关的指导、仔细协调交际并充分利用各种交流工具的技术潜能。学生在实践操作中可以通过相互指导,最大限度地探讨各种可能性,例如他们可以采用一对一、多对多或一对多等不同形式进行角色扮演,或者使用文本、超链接、语音等媒体形式来实施角色扮演(语音模式的角色扮演只适用于一对多的角色扮演)。久而久之,学生就会清楚老师设计的任务对他们在线交际的成功实现是十分必要的;同时也会意识到,对于某一种交际工具,某些任务比较适合采用,而有些任务则并不适合。例如,某位语言教师为了让学生参与角色扮演,采用了由他自己本人和四五位英语水平中等的学生一同在聊天室进行在线交际的做法。这一过程中,这位老师需要使学生始终关注手头的任务(例如一起讨论一篇阅读文章),同时又不控制学生的讨论。这种做法可实现学生相互讨论各自的经验和发现,渐渐地,他们对这些交际工具的使用就有了更深入的认识。Donaldson & Kotter(1999)的研究发现,在以上这类讨论过程中,学生希望获得独立操作的机会,并且希望老师只是以观察者的身份待在幕后,不要引起他们的过分注意。另一种任务是老师与某位只具有初级英语水平的学生进行的一对一交流,其目的是让这位初学者学会用英语做自我介绍或预订机票,实施交流过程中可使用文本或语音为交流媒介。

学生很快就会明白,通过在线聊天室,他们可以自由地使用 ESL 或 EFL 进行对话。例如,AOL 即时信息服务可以提供多达 60 个社群聊天室,而且这些聊天室可以针对不同的话题进行交流。与此同时,学生也会渐渐意识到加入聊天室后他们可能会遇到一些未经修饰甚至是存在错误的语言。此外,经验表明在这种公共社群聊天室里,遇到一些污秽的语言也是在所难免的。因此,老师有必要采取相应措施,为学生创造一种更为"受庇护"的环境,例如使用多用户目标指向域(MOO)。Donaldson & Kotter(1999)就曾经成功地为学生使用了这种环境,这些实验对象都是具有高级德语水平的美国人或具有高级英语水平的德国人。他们得出的结论是,有组织的、结构化的 MOO 环境既能够有效促使学生相互交流,也有利于他们共同完成任务,比电子邮件交流和聊天室更具有优势。

学生也可直接领略到老师为其设置的任务以及提供的引导都是非常重要的,这两样东西实际上有助于促进学生的行为,而学生的这些在线行为实际上就相当于一种对他们的语言学习具有很大促进作用的脚手架。学生同时还可领略到能够有选择地应用各种交际工具,使各种工具的应用达到最优化程度所具有的重要性。要想实现这一点,需要老师为他们提供各种可供选择的 CMC 工具,同时也需要老师为学生的在线交流对话(尤其是基于文本的对话)建立存档,以便将来使用。

各种类型的在线交流工具一般都可记录学生输入的语言,这对教学和研究都是很有价值的。通过分析学生参与任务过程中产出的各种语言输出,老师可从中获得有价值的证据,说明学生是否已经习得某些概念或词汇。老师应该为学生进行相关培训,使其具备分析、检查自己语言的能力,并且帮助他们应用能够凸显潜在问题的常用工具,这样子他们就能够识别自己所犯的错误并自行对其进行更正。例如,老师和学生都可以将学生的输出复制、粘贴到某一微软 Word 文档上去,让 Word 软件上的语法与拼写检查工具对其进行自动检查,然后对其进行修改。专门研究各种语言特征的研究人员也可充分应用 CMC 工具这种自动记录学生语言输出的功能。

3. 应用语音实验室的技能

语言教师在应用语言实验室的过程中往往会遇到这些问题:实验室里有没有所需的插件?谁负责语音实验室的管理? 实验室管理员是否应该知道语言教师将使用只有 RealPlayer 播放器才能运行的软件? 等等。不幸的是,语言教师不能总是指望实验室管理人员,也不能指望监控器会一直都在有效地运作着,因此语言教师本人应该学会一些解决技术应用问题的基本技能,以防不时之需。其他有可能影响语音实验室使用的问题可能出现在计算机组装、软件安装以及实验室维护等方面。因此,语言教师也有必要学会电脑组装与维护,掌握如何将软件应用于语言学习方面的研究,并在涉及语言实验室应用问题上积极参与制定决策。二十一世纪的语言教师必须至少了解、掌握以下几个方面的知识、技能:(1) 学会使用所需软硬件;(2) 语音实验室的人员配备;(3) 教学材料的设计、展示和交流;(4) 研究与发展的可行性。

有关软硬件的配置与应用的问题,须由老师与学生共同协商才能解决。首先就硬件的配置来说,首要考虑的第一个因素是该硬件的可扩展性,即无需更换机器设备的情况下,该硬件是否有足够的升级空间。第二个要考虑的因素是该硬件是否已陈旧过时,即所用计算机是否能够满足联网和未来应用的需求。就软件而言,必须要关注的问题一般有:什么软件可以满足学生的需求? 获取有关该软件最新版本发行的信息和该软件升级政策的信息是否方便? 未来语言教师要想有效解决以上问题,需尽可能为其配备较新的计算机设备,同时鼓励他们多多试用计算机和相关软件。虽然有许多学校都认为对计算机进行设置是保证实验室安全的一种重要途径,因为这样可以避免有人私自对系统进行修改,但是教师有机会"玩一下"计算机其实也同样重要,即使有时这种做法会导致实验室出现故障。也可鼓励学生下载软件的试用版本到语音实验室安装;同时开发一套系统,以满足自行维护软件的需求。

除了设备之外,未来语音实验室的必备要素还包括员工和相关支出。如 Browne & Gerrity (2004)所述,学校一般都是在语音实验室的技术设备上进行投入,却往往忽略人员、软件和培训项目的重要性。由于许多学校都忽略语音实验室人员配置的问题,语言教师有必要向自己的学生强调这一问题的重要性,毕竟良好的维护和支持是有效使用语音实验室的先决条件。事实上,计算机实验室维护的关键在于引进既负责,同时又能够贯彻语音教师教学想法的管理人员。他们能够帮助老师收集与学生的表现有关的数据(供老师分析学生的表现),因此在教学和实验的连接中起到极其重要的作用。同时这些管理人员对帮助老师应用所设计的教学材料方面也具有重要的作用,毕竟在语音室设备的使用上,这些实验室管理人员有些时候比老师更在行。

Bickton(1999)指出,由某些商家开发的软件很难持续使用很长时间。未来语音实验室需要扭转这类软件所导致的不利局势,这不但要有老师参与软件开发的决策过程,同时还需多多鼓励协作开发软件、材料,并邀请其他老师一同使用这些软件、材料。这种做法的实施需要集中化的储存设备,同时需要为获取这些软件和材料提供相关便利,例如配备网络服务器、让老师能够将个人材料上传到网络上、获取其他老师上传的材料等。这样有助于材料的经常性、持续性开发,也可对其可用性进行检验,并对其进行必要的修改。首先,让其他老师用户使用这些材料,则材料的设计者也能够从这些用户那里获得相关的反馈。另一方面,随着这些材料越来越多的上传到互联网上,未来的语音实验室实质上也有助于学校的成功运行,并赢得更大的市场,这反过来也可为语音室材料的持续开发提供所需资金,并将更多的学生吸引过来。实现这一切的途径就是开发出色的材料,并将其上传到网上,以提高该语音实验室在网上的"可视性"和点击率。Lingua Center(http://www.iei.uiuc.edu/free.html)就是一个很好的例子,该实验室是美国伊利诺伊州立大学英语精读项目的一个组成部分。

Liddell & Garret(2004)指出,为了支持老师的教学理念,未来的语音实验室必须持续不断地发展、升级。实验室里的这种持续变化也会因为计算机技术的持续发展而继续下去,实验室的配置也会发生重大变化,尤其是在布局和技术的应用上,具体则体现在无线通信技术和台式电脑在实验室的应用上。实验室的发展变化还受到教师需求的影响,尤其是受他们在 ESL 教学研究上的需求所影响,例如语音实验室为可用性测试与研究提供了理想的环境。此外,实验室的发展变化还受基于技术的学习所具有的效率和基于互联网的职业发展等因素的影响。因此,Liddell & Garret(2004)建议,未来的语音实验室不应该仅仅是供学生使用的计算机实验室,而且还是为研究提供各种软硬件设施的环境。例如截屏软件(如 TechSmith 开发的Camtasia,http://www.techsmith.com)通过记录每一个互动步骤,可帮助老师对学习者与电脑之间的互动进行系统的研究。

　　未来的语言教师必须参与语言实验室的设计、建设和操作,这样可对将来建设语音实验室或对现有实验室进行扩展有所准备。O'Connor & Gatton(2004)指出,将计算机辅助语言教学引进大学对所有参与语音教学的教师都具有促进作用。在语音实验室的创建和计算机辅助语言教学的运作过程中,Browne & Gerrity(2004)也有同 O'Connor & Gatton(2004)一样的发现。为了让老师对整个教育体系有个清楚的认识,同时也让他们在教授自己班级之外的事情上能够做出明智的抉择,对语言教学发展的本质进行研究确实是一种值得他们进行的应用语言学研究。

小结

　　二十一世纪初叶,技术的发展变革将为语言教师带来许多新的机会,但这也意味着老师必须对语言教学的原理有更加深入的理解,他们所需掌握的技能和教学实践也将比以往任何时候都更为宽广。技术所创造的这些机遇并不意味着老师在教学实践中已有可遵循的现成教学套路,直接就可用于学生身上。技术的发展变革带来的更重要的是,供老师设计任务的机会和选择在范围上变得更为宽广。一旦老师理解了技术在教学中所具有的潜能与局限性,并且有责任地、批判地去选择所用技术,他们将比以往任何时候都更需要基本的技术应用技能。

　　随着技术的影响不断加深,未来与应用语言学相关的学术出版物也会越来越多,这也使语言教师有更多机会接触、了解技术对语言教学的影响。例如,TESOL 季刊有一期专门针对未来英语教学的特刊,上面刊登了 Conrad(2000)的文章。他认为未来对语法的理解和教学都将受到计算机所辅助的语料语言学取得的进步所影响。同样是在这一期特刊上,Gribb(2000)、Cumins(2000)、Warschauer & Kern(2000)分别就技术给语言教学将带来何种影响发表了自己的看法。Cumins 认为技术的发展变革将大大扩展批判性教学法的机遇;Cribb 认为,鉴于人们对翻译技术的依赖不断加深,二语翻译教学将发生重大变化;针对技术发展变革导致的全球化趋势,Warschauer & Kern 为语言教师勾画了一幅截然不同的未来语言教学世界。至于未来的语言教学将具体呈现何种变化,我们只有拭目以待,但至少就当前而言,技术为语言学习者和语言教师所提供的资源是一种很有价值的资源,他们可借此重新思考,甚至重新创造二十一世纪外语教师的知识基础。

参 考 书 目

Abdullah, M. H. (1998). Problem-based learning in language instruction: A constructivist model. Bloomington, IN: ERIC Clearinghouse on Reading, English, and Communication.

Abrams, Z. (2006). From Theory to Practice: Intracultural CMC in the L2 Classroom. Book chapter, forthcoming in Ducate, Lara & Nike Arnold (Eds.), *Calling on CALL: From Theory and Research to New Directions in Foreign Language Teaching.*

American Psychological Association [APA]. (1997). Learner-centered psychology principles: A framework for school redesign and reform. Retrieved 25 March, 2009, from http://www. apa. org/ed/lcp. html.

Althauser, R., & Matuga, J. M. (1998). On the pedagogy of electronic instruction. In C. J. Bonk & K. S. King (Eds.), *Electronic collaboration: Learner-centered techonologies for literacy, apprenticeship, and discourse* (pp. 183-208). Mahwah, NJ and London: Lawrence Erlbaum.

Anderson-Hsieh, J. (1992) "Using electronic visual feedback to teach suprasegmentals". *System*, 20: 51-62.

Anderson-Hsieh, J. (1998) "Considerations in selecting and using pronunciation technology", TCIS Colloquium on the Uses and Limitations of Pronunciation Technology. 32nd Annual TESOL Convention, Seattle, March 1998.

Arif, A. (2001). Learning from the web: Are students ready or not? *Educational Technology & Society*, 4(4), 32-38.

Atwell, E. (1999). The language machine: The impact of speech and language technologies on English language teaching. In British Council [On-line]. Available: http://www. britishcouncil. org/english/pdf/languagemachine. pdf.

Aust, R., Kelley, M. J., & Roby, W. (1993). The use of hyper-reference and conventional dictionaries. *Educational Technology Research & Development*, 41(4), 63-73.

Bachman, L. F. (1990). *Fundamental considerations in language testing.* Oxford, England: Oxford University Press.

Bangert-Drowns, R. L. (1993). The word processor as an instructional tool : A meta-analysis of word processing in writing instruction. *Review of Educational Research*, 63, 69-93.

Barker, P. (2002). On being an online tutor. *Innovations in Education and Teaching International*, 39 (1), 3-13.

Beacham, N., Elliott, A., Alty, L., & Al-Sharrah, A. (2002). Media combinations and Learning Styles: A Dual coding Approach. Word Conference on Educational Multimedia, Hypermedia & Telecommunications. Denver, Colorado.

Behrens, M., Johnson, K., MacDonald, S., & Mathezer, S. (2000). Hypertext, hypermedia and multimedia applications [Online]. Available: http://ksi. cpsc. ucalgary. ca/courses/547-95/mathezer/hypertex. html.

Bennett, S., & Marsh, D. (2002). Are we expecting online tutors to run before they can walk? *Innovations in Education and Teaching International*, 39(1), 14-20.

Bereiter, C., & Scardamalia, M. (2000). "Beyound Bloom's taxonomy: rethinking knowledge for the knowledge age," Ontario Institute for Studies in Education, University of Toronto. Available: http://www. csile. oisc. utoronto. ca/abstracts/Piaget. html.

Blohm, P. J. (1982). Computer-aided glossing and facilitated learning in prose recall. In J. A. Niles & L. A. Harris (Eds.), New inquiries in reading research and instruction: Thirty-first yearbook of the National Reading Conference (pp. 24-28). Rochester, NY: National Reading Conference.

Bloom, B. S. (Ed.). (1956). *Taxonomy of Educational Objectives*, *the classification of educational goals Handbook I: Cognitive Domain*. New York: McKay.

Borders, A., Earleywine, M., & Huey, S. (2004). Predicting problem behaviors with multiple expectancies: Expanding Expectancy Value Theory. *Adolescence*,39, 539-551.

Borgh, K., & Dickson, W. P. (1992). The e. ects on children's writing of adding speech synthesis to a word processor. *Journal of Research on Computing in Education*, 24, 533-544.

Bridwell, L. (1989). Designing research on computer-assisted writing. Computers and Composition, 7(1), 79-91.

Brooks, D. W., Nolan, D. E. & Gallagher, S. M. (2001). *A Guide to Designing Interactive Teaching for the World Wide Web*. Hingham, MA, USA: Kluwer Academic Publishers.

Brown, J. S., Collins, A. & Duguid, P. (1989). Situated cognition and the culture of learning. *Educational Researcher*, 18(1), 32-42.

Browne, C. & Gerrity, S. (2004). Setting Up and Maintaining a CALL Laboratory. In Fotos, S. & Browne, C. (Eds), *New perspectives on CALL for Second Language Classrooms*. Mahwah, NJ, USA: Lawrence Erlbaum Associates, Incorporated.

Burley, H. (1994, January). Postsecondary novice and better than novice writers: Effects of word processing and a very special computer assisted writing lab. Presented at the conference of the Southwestern Educational Research Association, San Antonio, TX.

Cabrero, J. (2006). Bases Pedagogicas del E-learning. Revista de Universidad y Sociedad del Conocimiento, 3 (1), retrieved September 1, 2009, from http://www. uoc. edu/rusc/3/1/dt/esp/cabero. pdf.

Calkins, L. M. (1991). *Living between the lines*. Portsmouth, NH: Heinemann.

Canale, M., & Swain, M. (1980). Theoretical bases of communicative approaches to second language teaching and testing. *Applied Linguistics*, 1(1), 1-47.

Cabero, J. (2006). Bases Pedagogicas del E-learning. *Revista de Universidad y Sociedad del Conocimiento*, 3 (1), retrieved September 1, 2009, from http://www. uoc. edu/rusc/3/1/dt/esp/cabero. pdf.

Carr, S. (2000). As distance education comes of age, the challenge is keeping the students. *Chronicle of Higher Education*, 46 (23), A39-A41.

Carver, C. A., Howard, R. A., & Lane, W. D. (1999). Enhancing Student Learning Through Hypermedia Courseware and Incorporation of Student Learning Styles. *IEEE Transactions on Education*, 2 (3), 33-38.

Cassanova, J. (1996). Computers in the classroom - What works and what doesn't. *Computers in Chemical Education Newsletter* (Spring), 5-9.

Castells, M. (1998). *End of Millennium*. Malden, MA: Blackwell. Cabero, J. (2006). Bases Pedagogicas del E-learning. *Revista de Universidad y Sociedad del Conocimiento*, 3(1), retrieved September 10, 2009, from http://www. uoc. edu/rusc/3/1/dt/esp/cabero. pdf.

Chandler, D. (1994). *Why do People Watch Television?* Retrieved November, 8, 2009, from http://www. aber. ac. uk/media/Documents/short/usegrat. html.

Chapelle, C. A. (1998). Multimedia CALL: Lessons to be learned from research on instructed SLA. *Language Learning and Technology*, 2(1), 22-34.

Chapelle, C. A. (2001). *Computer applications in second language acquisition: Foundations for teaching, testing and research*. Cambridge: Cambridge University Press.

Chapelle, C. A. & Hegelheimer, V. (2004). The Language Teacher in the 21st Century. In Fotos, S. & Browne, C. (Eds.), *New perspectives on CALL for Second Language Classrooms*. Mahwah, NJ, USA: Lawrence Erlbaum Associates, Incorporated.

Chapelle, C. A. & Jamieson, J. (1989). Research trends in computer-assisted language learning. In M. Pennington (Ed.), *Teaching languages with computers: The state of the art* (pp. 47-59). La Jolla: Athelstan.

Chatal, A. (2003). Reflexions sur les technologies educatives et les evolutions des usages: le dilemma constructiviste. *Distances et Savoirs*, 1(1):122-147.

Cheung, W., & Huang, W. (2005). Proposing a framework to assess Internet usage in university education: An empirical investigation from a student's perspective. *British Journal of Educational Technology*, 36(2), 237-253.

Chun, D. M. (1994). Using computer networking to facilitate the acquisition of interactive competence. *System: An International Journal of Educational Technology and Applied Linguistics*, 22(1), 17-31.

Clark, R. E. (1982). Antagonism between achievement and enjoyment in ATI studies. *Educational Psychologist*. 17, 92-101.

Clark, R. E., & Salomon, G. (1986). Media in teaching. In M. C. Wittrock (Ed.), *Handbook of Research on Teaching* (pp. 464-478). New York: Macmillan.

Cochran-Smith, M. (1991). Word processing and writing in elementary classrooms: A critical review of related literature. *Review of Educational Research*, 61, 107-155.

Cohen, P. A. (1981). Student ratings of instruction and student achievement: A meta-analysis of multisection validity studies. *Review of Educational Research*, 51, 281-309.

Conrad, S. (2000). Will corpus linguistics revolutionize for the 21st century? TESOL Quarterly, 34(3), 548-560.

Cooley, L. A. (1995). *Evaluating the Effects on Conceptual Understanding and Achievement of Enhancing an Introductory Calculus Course with a Computer Algebra System*. Ph. D. Dissertation, New York University.

Coverdale-Jones, T. (2000). The use of video-conferencing as a communication tool for language learning: Issues and considerations. *IALL Journal*, 32(1), 27-40.

Cuban, L. (1986). *Teachers and machines: The classroom use of technology since 1920*. New York: Teachers College Press.

Cummins, J. (2000). Academic language learning, transformative pedagogy, and infromation technology: Towards a critical balance. *TESOL Quarterly*, 34(3), 537-548.

Dagger, D., Wade, V., & Conlan, O. (2003). An Architecture for Candidacy in Adaptive eLearning Systems to Facilitate the Reuse of Learning Resources. *Proceedings of AACE ELearn'03 Conference*, Chesapeake, VA: AACE,

49-56.

Davis, F. D. (1989). Perceived usefulness, perceived ease of use, and user acceptance of information technology. *MIS Quarterly*, 13 (3), 319-340.

Davis, F. D., Bagozzi, R. P., & Warshaw, P. R. (1989). User acceptance of computer technology: A comparison of two theoretical models. *Management Science*, 35 (8), 982-1003.

Davis, F. D. (1993). User acceptance of information technology: system characteristics, user perceptions and behavioral impacts. *Int. J. Man-Machine Studies*, 38, 475-487.

Dede, C. (1997). Rethinking how to invest in technology. *Educational leadership*, 55(3), 12-16.

Faigley, L. (1997). Literacy after the revolution. *College Composition and Communication*, 48(1), 30-43.

Dervan, S., McCosker, C., MacDaniel, B., & O'Nuallain, C. (2006). Educational multimedia. In A. Méndez-Vilas, A. Solano Martín, J. A. Mesa González & J. Mesa González (Eds.), *Current Developments in Technology-Assisted Education*, Badajoz, Spain: Formatex, 801-805.

Dillon, A., & Gabbard, R. (1998). Hypermedia as an educational technology: A review of the quantitative research literature on learner comprehension, control, and style. *Review of Educational Research*, 68(3), 322-349.

Dodge, B. 1995. "WebQuests: a technique for Internet-based learning". *Distance Educator*, 1(2), 10-13.

Doherty, P. B. (1998). Learner control in asynchronous learning environments. *Asynchronous Learning Networks Magazine*, 2(2).

Donaldson, R. P. & Kotter, M. (1999). Language learning in a MOO: Creating a transoceanic bilingual virtual community. *Literary and linguistic computing*, 14(1), 67-76.

Dunn, R. (1988). Gender Differences in EEG Patterns: Are They Indexes of Different Cognitive Styles? *Paper presented at the Annual Meeting of the American Educational Research Association*, April 5-9, 1988, New Orleans, LA, USA.

Dornyei, Z., & Schmidt, R. (Eds.). (2001). *Motivation and second language acquisition*. Honolulu: University of Hawaii Press.

Doughty, C. J. & Long, M. H. (2003). Optimal Psycholinguistic Environments for distance foreign Language learning. *Language Learning & Technology*, 7(3), 50-80.

Dyson, M. C. & Kipping, G. J. (1998). Exploring the effect of layout on reading from screen. In R. D. Hersch, J. Andre & H. Brown (Eds.), *Electronic documents, artistic imaging and digital typography. EP'98 and RIDT'98 Conferences* (Berlin, Springer-Verlag), 294-304.

Eanes, R. (2001). "Task-oriented question construction wheel based on Bloom's taxonomy," St Edward's University Center of Excellence, available: http://www.stewards.edu/cte/bwheel.htm.

Egbert, Joy L. (Ed.). (2005). *CALL research Perspectives*. Mahwah, NJ, USA: Lawrence Erlbaum Associates, Incorporated.

Eisner, E. (1985). *The Art of Educational Evaluation*, London and Philadelphia: Falmer Press.

Ellis, R. (2003). *Task-based language learning and teaching*. Oxford: Oxford University Press.

Ely, D. & Plomp, T. (1986). The promises of educational technology: A reassessment. *International Review of Education*, 32, 231-250.

Engeström, Y 1987, Learning by expanding An activity-theoretical approach to developmental research, Orienta-Konsultit, Helsinki.

Engeström, Y. (1998). Activity theory and individual and social transformation. In Engeström, Y., Miettinen,

R., & Punamaki, R. L. (Eds.), *Perspectives on activity theory* (pp. 19-38). Cambridge, UK: Cambridge University Press.

English, F. (1978). *Quality Control in Curriculum Development*, Arlington VA: American Association of School Administrators.

Erben, T. (1999) Constructing Learning in a Virtual Immersion Bath: LOTE Teacher Education through Audiographics. WorldCALL, Zwetlinger Press Amsterdam.

Faigley, L. (1997). Literacy after the revolution. *College Composition and Communication*, 48(1), 30-43.

Felder, R. & Silverman, L. (1988). Learning and Teaching Styles in Engineering Education. *Engineering Education*, 78 (7), 674-681.

Felder, R., & Spurlin, J. (2005). Applications, Reliability, and Validity of the Index of Learning Styles. *International Journal of Engineering Education*, 21 (1), 103-112.

Florez, M. A. C. (2001). *Reflective teaching practice in adult ESL settings*, ERIC Digest. Washington, DC: National Center for ESL Literacy Education.

Ford, N., & Chen, S. (2001). Matching/mismatching revisited: an empirical study of learning and teaching styles. *British Journal of Educational Technology*, 32(1), 5-22.

Fotos, S. & Browne, C. (2004). The Development of CALL and Current Options. In Fotos, S. & Browne, C. (Eds), *New perspectives on CALL for Second Language Classrooms*. Mahwah, NJ, USA: Lawrence Erlbaum Associates, Incorporated.

Franzoni, A. L., & Assar, S. (2009). Student Learning Styles Adaptation Method Based on Teaching Strategies and Electronic Media. *Educational Technology & Society*, 12(4), 15-29.

Freire, P., & Macedo, D. (1987). *Reading the word and the world*. Hadley, MA: Bergin and Garvey.

Gagne, R., Briggs, L. & Wager, W. (1992). *Principles of Instructional Design* (Fourth Edition). Fort Worth, TX: HBJ College Publishers.

Gerlach, G. J., Johnson, J. R., & Ouyang, R. (1991). Using an electronic speller to correct misspelled words and verify correctly spelled words. *Reading Improvement*, 28, 188-194.

Gilbert, J., & Han, C. (1999). Adapting instruction in search of a significant difference. *Journal of Network and Computer applications*, 22, 149-160.

Goodear, L. (2001). *Cultural diversity and flexible learning*. Presentation of findings, 2001 Flexible Learning Leaders Professional Development Activity. South West Institute.

Graddol, D. (1999). The decline of the native speaker. In D. Graddol & U. H. Meinhof (Eds.), *English in a changing world: AILA Review* 13(pp. 57-68). Guildford, UK: Biddles Ltd.

Graham, S., & MacArthur, C. (1988). Improving learning disabled students' skills at revising essays produced on a word processor: Self-instructional strategy training. *The Journal of Special Education*, 22, 133-152.

Green, N. C. (2006). Everyday life in distance education: One family's home schooling experience. *Distance Education*, 27(1), 27-44.

Greenagel, F. L. (2002). The illusion of e-learning: why we're missing out on the promise of technology, retrieved July 1, 2009, from http://www. guidedlearning. com/illusions. pdf.

Gribb, V. M. (2000). Machine translation: The alternative for the 21st century *TESOL Quarterly*, 34(3), 548-560.

Grigoriadou, M., Papanikolaou, K., Kornilakis, H., & Magoulas, G. (2001). INSPIRE: an intelligent system for personalized instruction in a remote environment. *Paper presented at the 3rd Workshop on Adaptive Hypertext and Hypermedia*, Sonthofen, Germany.

Gunasekaran, A., McNeil, R. D., & Shaul, D. (2002). E-learning: research and applications. *Industrial and Commercial Training*, 34(2), 44-53.

Hagel, P., & Shaw, R. N. (2006). Students' perceptions of study modes. *Distance Education*, 27(3), 283-302.

Hair, J. F., Black, W. C., Babin, B. J., Anderson, R. E., & Tatham, R. L. (2006). *Multivariate Data Analysis* (Sixth Edition), Upper Saddle River, N. J. : Pearson Prentice Hall.

Hall, J. C. (2001). Retention and wastage in FE and HE. *The Scottish Council for Research in Education*, Retrieved June 25, 2009, from http://www. ulster. ac. uk/star/resources/retention%20and%20wastage_hall. pdf.

Hall, S., & Hall, P. (1991, April). Between schools: Inter-classroom collaboration. Paper presented at the annual conference on computers and English, Old Westbury, NY.

Halliday, M. A. K., & Hasan, R. (1989). *Language, context, and text: Aspects of language in a social semiotic perspective*. Oxford, England: Oxford University Press.

Hamilton, N. T. (1998). Uses and Gratifications. *Theories of Persuasive Communication and Consumer Decision Making*, Retrieved April 15, 2009 from http://www. ciadvertising. org/studies/student/98_fall/theory/hamilton/leckenby/theory/elements. htm.

Hampel, R. & Stickler, U. (2005). New Skills for New Classrooms: Training tutors to teach languages online. *Computer Assisted Language Learning*, 18(4), 311-326.

Harmer, J. (1991). The principles of English language teaching. London: Longman.

Harrell, W. (1999). Effective monitor display design. *International Journal of Instructional Media*, 26(4), 447-458.

Hartman, K., Neuwirth, C., Kiesler, S., Sproull, L., Cochran, C., Palmquist, M., & Zubrow, D. (1991). Patterns of social interaction and learning to write: Some effects of network technologies. Written Communication, 8(1),79-113.

Heinich, R., Molenda, M., Russell, J. D., & Smaldino, S. E. (1996). *Instructional Media and Technologies for Learning* (Fifth Ediction). Englewood Cliffs: Prentice-Hall.

Higginson, G. (1996). *Report of the Learning and Technology Committee*. London: FEFC.

Hiltz, S. R. (2004). *Learning Together Online: Research on Asynchronous Learning*. Mahwah, NJ, USA: Lawrence Erlbaum Associates, Incorporated.

Hong, H., & Kinshuk (2004). Adaptation to Student Learning Styles in Web Based Educational Systems. *Proceedings of EDMEDIA* 2004, Chesapeake, VA: AACE, 21-26.

Hubbard, P. (2004). Learner Training for Effective Use of CALL. In Fotos, S. & Browne, C. (Eds.), *New perspectives on CALL for Second Language Classrooms*. Mahwah, NJ, USA: Lawrence Erlbaum Associates, Incorporated.

Jack, Z., & Curt, U. (2001). Why blended will win. *Training and Development*, 55 (8), 54-60.

Jacobson, M. (1998). Adoption patterns of faculty who integrate computer technology for teaching and learning in higher education. Retrieved March 15th 2009, from http://www. ucalgary. ca/~dmjacobs/phd/phd-results. html.

Jonassen, D. H., Campbell, J., & Davidson, M. (1994). Learning with media: Restructuring the debate. *Educational Technology Research and Development*, 42(2), 7-19.

Jonassen, D. H., & Carr, C. S. (2000). Mindtools: Affording multiple knowledge representations for learning. In S. P. Lajoie (Ed.), *Computers as Mindtools: No more walls* (pp. 165-196). NJ: Lawrence Erlbaum Associates.

Jonassen, D., & Reeves, T. C. (1996). Learning with technology: Using computers as cognitive tools. In D. Jonassen (Ed.), *Handbook of Research for Educational Communications and Technology*. New York: Macmillan.

Jones, A., Scanlon, E., Butcher, P., Greenberg, J., Ross, S., Murphy, P & Tosunoglu, C. (1996). Evaluation of computer assisted learning at the Open University—fifteen years on. *Computers and Education*, 26(1-3), 5-15.

Jones, P., Packham, G., Miller, C., & Jones, A. (2004). An initial evaluation of student withdrawals within an e-learning environment: The case of e-college Wales. *Electronic Journal on e-Learning*, 2(1), 113-120.

Jonita, S. G. (2002). "Students perceptions on language learning in a technological environment: Implications for the new millennium". *Language Learning and Technology*, 6(1), 165-180.

Kandaswamy, S. (1990). Evaluation of instructional materials: a synthesis of and methods. *Educational Technology*, 20(1), 19-26.

Katz, E., Blumler, J. G., & Gurevitch, M. (1974). *The uses of mass communication*. Beverly Hills, CA: Sage.

Keller, F. S., & Sherman, J. G. (1974). PSI, *the Keller Plan Handbook: Essays on a Personalized System of Instruction*. Menlo Park, CA: Benjamin.

Kemery, E. (2000). Developing online collaboration. In A. K. Aggarwal (Ed.), Web-based learning and teaching technologies: opportunities and challenges. Hershey, PA: Idea Group Publishing.

Kemmis, S., Atkins, R. & Wright, E. (1977). *How do students learn: the UNCAL Evaluation*, occasional publication no 5, Norwich, UK: Centre for Applied Research in Education, University of East Anglia.

Kennedy, S. (2004). The well-constructed WebQuest. *Social Studies and the Young Learner*, 16(4), 17-19.

Kenning, M. -M., & Kenning. M. J. (1990). *Computers and Language Learning: Current Theory and Practice*. New York: Ellis Horwood.

Kern, R. & Warschauer, M. (2000). Theory and practice of network-based language teaching. In Warschauer, M. & Kern, R. (Eds.) Network-based language teaching: Concepts and practice. New York: Cambridge University Press, 1-19.

Warschauer, M. & Kern, R. (Eds.). (2000). Network-based language teaching: Concepts and practice. New York: Cambridge University Press.

Khan, B. H. (2001b). Web-based training: An introduction. In B. H. Khan (Ed.), *Web-based training* (pp. 5-12). Englewood Cliffs, NJ: Educational Technology Publications.

Khan, B. H., Waddill, D. & McDonald, J. (2001). Review of Web-based training sites. In B. Khan (Ed.), *Web-based training* (pp. 367-374). Englewood Cliffs, NJ: Educational Technology Publications.

Khan, B. H. (2005). *Managing E-learning Strategies: Designing, Delivery, Implementation and Evaluation*. Hershey, PA, USA: Information Science Publishing.

Kimble, C. (1999). The impact of technology on learning: Making sense of the research. Retrieved 25 March, 2009, from http://www.mcrel.org/PDF/PolicyBriefs/5983PI_PBImpactTechnology.pdf.

Kirschner, P. A., & Erkens, G. (2006). Cognitive tools and mindtools for collaborative learning. *Journal of Educational Computing Research*, 35(2), 199-209.

Clark, R. E. (2001). *Learning from media: Arguments, analysis evidence*. Greenwich, CT: Information Age Publishers Inc.

Klein, T. J. (1993). *A Comparative Study on the Effectiveness of Differential Equations Instruction With and Without a Computer Algebra System*. Ed. D. Dissertation, Peabody College for Teachers of Vanderbilt University.

Kline, R. B. (1998). *Principles and practice of structural equation modeling*. NY: Guilford Press.

Knight, S. (1994). Dictionary use while reading: The effects on comprehension and vocabulary acquisition for students of different verbal abilities. *The Modern Language Journal*, 78(2), 285-299.

Kohut, G. F., & Gorman, K. J. (1995). The effectiveness of leading grammar/style software packages in analyzing business students' writing. *Journal of Business and Technical Communication*, 9, 341-361.

Kolb D. (1984). *Experimental Learning: Experience as the Source of Learning and Development*, Englewood Cliffs, NJ: Prentice-Hall.

Kramsch, C., A'Ness, F., & Lam, E. (2000). Authenticity and authorship in the computer-mediated acquisition of L2 literacy. *Language Learning & Technology*, 4(2), 78-104.

Kucera, H. & Franc, N. (1967). Computational Analysis of Present Day American English. Providence: Brown University Press.

Künzel, S. (1995). Processor Processing: Learning Theory and CALL. *CALICO Journal*, 12(4), 106-113.

Laborda, J. G. (2009). Using WebQuests for oral communication in English as a foreign language for Tourism Studies. Educational Technology & Society, 12(1), 258-270.

Laurillard, D. (2002). *Rethinking university teaching: A framework for the effective use of educational technology* (Second Ediction). London: Routledge.

Lee, M. K. O., Cheung, C. M. K., & Chen, Z. (2005). Acceptance of Internet-based learning medium: The role of extrinsic and intrinsic motivation [J]. *Information and Management*, 42, 1095-1104.

Levin, T., & Wadmany, R. (2006). Listening to students' voices on learning with information technologies in a rich technology-based classroom. *Journal of Educational Computing Research*, 34(3), 281-317.

Levinson, P. (1997). *The soft edge: A natural history and future of the information revolution*. London: Routledge.

Levy, M. (1997). *Computer-assisted language learning: Context and conceptualization*. New York: Oxford University Press.

Levy, B. A. (2001). Moving the bottom: Improving reading fluency. In M. Wolf (Ed.). D*yslexia, Fluency, and the Brain*. Timonium, Md. : York Press, 367-379.

Liao, Y. (1999). Effects of hypermedia on students' achievement: A meta-analysis. *Journal of Educational Multimedia and Hypermedia*, 8 (3), 255-277.

Liao, L. (2006). A flow theory perspective on learner motivation and behavior in distance education. *Distance Education*, 27(1), 45-62.

Liddell, P. & Garrett, N. (2004). The New Language Centers and the Role of Technology: New Mandates, New Horizons. In Fotos, S. & Browne, C. (Eds.), *New perspectives on CALL for Second Language Classrooms*. Mahwah, NJ, USA: Lawrence Erlbaum Associates, Incorporated.

Lim, C. P., & Chai, C. S. (2004). An activity-theoretical approach to research of ICT integration in Singapore schools: Orienting activities and learner autonomy. Computers and Education, 43(3), 215-236.

Lin, B., & Hsieh, C. (2001). Web-based teaching and learner control: A research review. *Computers &*

Education, 37, 377-386.

Little, D. V. (1999). Development of Standards or Criteria for Effective Online Courses. *Educational Technology & Society*, 2(3), 6-15.

Littlejohn, S. W. (1996). *Theories of human communication*. New York: Wadsworth.

Long, M. H. (1996). The role of the linguistic environment in second language acquisition. In Ritchie, W. C., & Bahtia, T. K. (Eds.), Handbook of second language acquisition (pp. 413-468). New York: Academic Press.

Lomicka, L. L. (1998). To gloss or not to gloss: An investigation of reading comprehension online. *Language Learning & Technology*, 1(2), 41-50.

Lowerison, G., Sclater, J., Schmid, R. F., & Abrami, P. C. (2005). Are we using technology for learning? *Journal of Educational Technology Systems*, 34(4), 401-425.

Lundberg, I. (1995). The computer as a tool of remediation in the education of students with reading disabilities: a theory-based approach. *Learning Disability Quarterly*, 18, 89-99.

Luzón Marco, M. J. (2001). Problem-solving activities: Online research modules. *Teaching English with Technology: A Journal for Teachers of English*, 1(6), retrieved July 5, 2009 from www. iatefl. org. pl/call/j_esp6. htm.

Lynch, M. M. (2002). *Online Educator: A Guide to Creating the Virtual Classroom*. Florence, KY, USA: Routledge.

Ma Victoria FernaÂndez Carballo-Calero. (2001). The EFL Teacher and the Introduction of Multimedia in the Classroom, *Computer Assisted Language Learning*, 14(1), 3-14.

MacArthur, C. A. (1988). The impact of computers on the writing process. *Exceptional Children*, 54, 536-542.

MacArthur, C. A. (1994). Review of grammar checkers for students with learning disabilities. Unpublished raw data.

MacArthur, C., & Graham, S. (1987). Learning disabled students composing under three methods of text production: Handwriting, word processing, and dictation. *Journal of Special Education*, 21, 22-42.

MacArthur, C. A., Graham, S., & Schwartz, S. (1991). Knowledge of revision and revising behavior among learning disabled students. Learning Disability Quarterly, 14, 61-73.

MacArthur, C. A., Graham, S., Schwartz, S. S., & Shafer, W. (1995). Evaluation of a writing instruction model that integrated a process approach, strategy instruction, and word processing. *Learning Disabilities Quarterly*, 18, 278-291.

MacArthur, C. A., Graham, S., Haynes, J. A., & De la Paz, S. (1996). Spelling checkers and students with learning disabilities: Performance comparisons and impact on spelling. *Journal of Special Education*, 30, 35-57.

Malikowski, S. R., Thompson, M. E. & Theis, J. G. (2007). A model for research into course management systems: bridging technology and learning theory. *Journal of Educational Computing Research*, 36(2), 149-173.

Mangenot, F. (2003). Taches et cooperation dans deux dispositifs unversitaires de formation a distance. *Apprentissage des Langues et Systemes d'Information et de Communication*, 6(1), 109-125.

Manning, P. E. (1996). Exploratory teaching of grammar rules and CALL. *ReCALL*, 8(1), 24-30.

Maor, D. (2003). The teacher's role in developing interaction and reflection in an online learning community. *Computer Mediated Communication*, 40(1/2), 127-137.

Markley, P. (1992). Creating independent ESL writers & thinkers: Computer networking for composition. *CAELL Journal*, 3(2), 6-12.

Martin-Chang, S. & Levy, B. A. (2003). Contextual facilitation and fluency of transfer: evidence from good and poor, and average readers, paper presented at *SSSR Conference*, Boulder, CO, June.

Mason, R. (1998). Models of online courses. *Asynchronous Learning Networks Magazine*, 2(2), 1-11.

Mayer, R. E. (1997). Multimedia learning: Are we asking the right questions? *Educational Psychologist*, 32(1), 1-19.

McNaughton, D., Hughes, C., & Ofiesh, N. (1997). Proofreading for students with learning disabilities: Integrating computer use and strategy use. *Learning Disabilities Research and Practice*, 12, 16-28.

Mirenda, P., & Beukelman, D. R. (1990). A comparison of intelligibility among natural speech and seven speech synthesizers with listeners from three age groups. *Augmentative and Alternative Communication*, 6, 61-68.

McLoughlin, C., & Oliver, R. (1999). Pedagogic roles and dynamics in telematics environments. In M. Selinger & J. Pearson (Eds.), *Telematics in education: Trends and issues* (pp. 32-50). Amsterdam: Pergamon.

Mitchell, R. & Myles, F. (1998). *Second Language Learning Theories*. London: Arnold.

Mitton, R. (1987). Spelling checkers, spelling correctors and the misspellings of poor sellers. *Information Processing and Management*, 23, 495-505.

Monahan, B. (1994, November). The Internet in the English language arts. Paper presented at the annual meeting of the National Council of Teachers of English, Orlando, FL.

Moore, M. G., & Kearsley, G. (1996). *Distance education: A systems view*. Belmont, CA: Wadsworth Publishing Company.

MSC (2007). MSC *Malaysia Smart School Flagship Application: Rebranding of the Smart School*, Retrieved July 11, 2009, from http://www.msc.com.my/smartschool/events/rebranding.asp.

Munro, R. A., & Rice-Munro, E. J. (2004). Learning Styles, Teaching Approaches, and Technology. *The Journal for Quality and Participation*, 27 (1), 26-33.

Murray, J. H. (1997). *Hamlet on the holodeck: The future of narrative in Cyberspace*. Cambridge, MA: Cambridge University Press.

Murray, D. (2000). Protean communication: The language of compute-mediated communication. *TESOL*, *Quarterly*, 34(3), 397-421.

Nunan, D. (1989). *Designing tasks for the communicative classroom*. Cambridge: Cambridge University Press.

O'Connor, P. & Gatton, W. (2004). Implementing Multimedia in a University EFL Program: A Case Study in CALL. In Fotos, S. & Browne, C. (Eds.), *New perspectives on CALL for Second Language Classrooms*. Mahwah, NJ, USA: Lawrence Erlbaum Associates, Incorporated.

Oliver, M. (1999). *A framework for the evaluation of learning technology*, ELT Report No 1. London: University of North London.

Ong, W. (1982). *Orality and literacy: The technologizing of the word*. London: Routledge.

Oxford & Shearin (1994). Language learning motivation: Expanding the theoretical framework. *The Modern Language Journal*, 78(4), 512-514.

Paredes, P. & Rodriguez, P. (2002). Considering sensing-intuitive dimension to exposition-exemplification in adaptive sequencing. *Lecture Notes in Computer Science*, 2347, 556-559.

Parlett, M. & Hamilton, D. (1972). Evaluation as illumination: a new approach to the study of innovatory programs. In D. Hamilton（Ed.）*Beyond the numbers game: a reader in evaluation and learning*（pp. 6-22）. London: Macmillan.

Pearce, C., & Barker, R.（1991）. A comparison of business communication quality between computer written and handwritten samples. Journal of Business Communication, 28(2), 141-151.

Pence, H. E.（1993）. Combining cooperative learning and multimedia in general chemistry. *Education*, 113 (3), 375-380.

Pennington, M. C.（1984）. Review of ALA/Regents grammar mastery series. *TESOL CALL-IS Newsletter* 1, 1, 3.

Pennington, M. C.（1986b）. The development of effective CAI: Problems and prospects. *TESOL CALL-IS Newsletter* 3（December）, 6-8.

Pennington, M. C.（1989a）Applications of computers in the development of speaking and listening proficiency. In M. C. Pennington（Ed.）, *Teaching Languages with Computers: The State of the Art*. Houston, TX: Athelstan.

Pennington, M. C.（1998）. The teachability of pronunciation in adulthood: A reconsideration. *International Review of Applied Linguistics*, 36, 323-341.

Pennington, M. C.（1999）Phonology in the context of communication and language learning. *Research Report* （Series 2）. University of Luton.

Pennington, M. C.（2004）. Electronic Media in Second Language Writing: An Overview of Tools and Research Findings. In Fotos, S. & Browne, C.（Eds.）, *New perspectives on CALL for Second Language Classrooms*. Mahwah, NJ, USA: Lawrence Erlbaum Associates, Incorporated.

Pennington, M. C. & Esling, J. H.（1996）. Computer-assisted development of spoken language skills. In M. C. Pennington（Ed.）, *The Power of CALL*. Houston, TX: Athelstan.

Pimienta, D.（2002）. The digital divide: The same division of resources Unpublished paper, Santo Domingo, Dominican Republic.

Pisapia, J. R., Knutson, K., & Coukos, E. D.（1999）. *The impact of computers on student performance and teacher behavior*. Paper presented at the Annual Meeting of The Florida Educational Research Association, Deerfield Beach, Florida.

Plass, J. L., Chun, D. M., Mayer, R. E., & Leutner, D.（1998）. Supporting visual and verbal learning preferences in a second language multimedia learning environment. *Journal of Educational Psychology*, 90(1), 25-36.

Poe, J.（1999）. Virtual office hours. Paper 572 presented at 82nd Canadian Society for Chemistry Conference and Exhibition, Toronto, June 1.

Postman, N.（1993）. *Technology: The surrender of culture to technology*. New York: Vintage Books.

Poteet, H.（1991）. Computers make mark on teaching of writing. Newark, NJ: Essex County College.

Pressley, M. & McCormick, C. B.（1995）. *Advanced Educational Psychology for Educators and Policy Makers*. New York: Harper Collins.

de Quincy, P.（1986）. Stimulating activity: The role of computers in the language classroom. *CALICO Journal*, 4(1), 55-56.

Raskind, M. H., & Higgins, E.（1995）. Effects of speech synthesis on the proofreading efficiency of postsecondary students with learning disabilities. *Learning Disability Quarterly*, 18, 141-158.

Rassool, N.（1999）. *Literacy for sustainable development in the age of information*. Clevedon, England:

Multilingual Matters.

Ravitz, J. (1997). Evaluating learning networks: a special challenge for Web-based instruction. In B. Khan (Ed.), *Web-based Instruction*. Englewood Cliffs NJ: Educational Technology Publications.

Read, C., Buder, E. H. & Kent, R. D. (1992). Speech analysis systems: An evaluation. *Journal of Speech and Hearing Research*, 35, 314-32.

Reed, W., & Wells, J. (1997). Merging the Internet and hypermedia in the English language arts. *Computers in the Schools*, 13(3-4), 75-102.

Reeder, K., Heift, T., Roche, J., Jabyanian, S. & Golz, P. (2004). Toward a theory of evaluation for second language learning media. In Fotos, S. & Browne, C. (Eds.). *New Perspectives on CALL for Second Language Classrooms*. EST & Applied Linguistics Professional Series.

Reiser, R. A. (2001). A History of Instructional Design and Technology: Part II: A History of Instructional Design. *Educational Technology Research and Development*, 49(2), 57-67.

Rice-Lively, M. L. (1994). Wired warp and woof: An ethnographic study of a networking class. *Internet Research*, 4(4), 20-35

Richards, J., & Rodgers, T. (2001). *Approaches and methods in language teaching* (Second Ediction). Cambridge: Cambridge University Press.

Riding, R., & Rayner, S. (1998). *Cognitive Styles and Learning Strategies*, London: David Fulton Publishers.

Ringstaff, C., & Kelly, L. (2002). *The learning return on our educational technology investment: A review of findings from research*. WestEd Regional Technology in Education Consortium in the Southwest.

Roby, W. B. (1991). Glosses and dictionaries in paper and computer formats as adjunct aids to the reading of Spanish texts by university students. Unpublished doctoral dissertation, University of Kansas.

Roby, W. B. (1999). What's in a gloss? *Language Learning & Technology*, 2(2), 94-101.

Rogers, P. L. (Ed.). (2002). *Designing Instruction for Technology-Enhanced Learning*. Hershey, PA, USA: Idea Group Publishing.

Rose, C. (1998). *Accelerated Learning*. New York: Bantam Dell Publishing Group.

Romiszowski, A. (2004). How's the E-learning Baby? Factors Leading to Success or Failure of an Educational Technology Innovation. *Educational Technology*, 44(1), 5-27.

Rouet, J-F., & Levonen, J. J. (1996). Studying and learning with hypertext: Empirical studies and their implications. In J.-F. Rouet, J. J. Levonen, A. Dillon, & R. J. Spiro (Eds.), *Hypertext and cognition* (pp. 9-23). Mahwah, NJ.: Lawrence Erlbaum.

Rounsfell, S., Zucker, S. H., & Roberts, T. G. (1993). Effects of listener training on intelligibility of augmentative and alternative speech in the secondary classroom. *Education and Training in Mental Retardation*, 28, 296-309.

Rubin, A. M. (2002). Media Uses and Effects: A Uses and Gratifications Perspective. In J. Bryant & D. Zillmann (Eds.), *Media Effects: Advances in Theory and Research*. Hillsdale, NJ: Lawrence Erlbaum, 525-544.

Rudestam, K. E., & Schoenholtz-Read, J. (Eds.). (2002). *Handbook of online learning*. Thousand Oaks, CA: Sage Publications.

Runge, A., Spiegel, A., Pytlik Z., L. M., Dunbar, S., Fuller, R., Sowell, G., & Brooks, D., (1999). Hands-on computer use in science classrooms: The Skeptics are still waiting. *Journal of Science Education and Technology*, 8, 33-34.

Russer, B. & Robb, T. N. (2004). Evaluation of ESL/EFL Instructional Web Sites. In Fotos, S. & Browne, C. (Eds.), *New perspectives on CALL for Second Language Classrooms*. Mahwah, NJ, USA: Lawrence Erlbaum Associates, Incorporated.

Sahin, I. & Shelley, M. (2008). Considering students' perceptions: the Distance Education Student Satisfaction Model. *Educational Technology*, 11(3), 216-223.

Sales, G. & Dempsey, J. (Eds). (1993). *Interactive Instruction and Feedback*. Englewood Cliffs, NJ: Educational Technology.

Salomon, G. (1984). TV is 'easy' and print is "tough": The different investment of mental effort in learning as a function of perceptions and attributions. *Journal of Educational Psychology*, 76(4), 647-655.

Salmon, G. (2000). *E-Moderating: The Key to Teaching and Learning Online*. Sterling, VA: Stylus Publishing.

Salmon, G. (2003). *E-moderating: The key to teaching and learning online (Second Ediction)*. London and New York: RoutledgeFalmer.

Samuda, V. & Bygate, M. (2007). *Tasks in Second Language Learning*. Palgrave Macillan.

Sauder, D., Towns, M., Derrick, B., Grushow, A., Kahlow, M., Long, G., Miles, D., Shallows, G., Stout, R., Vaksman, M., Pfeiffer, W. F., Gabriela Weaver, G., & Zielinski, T. J. (2000). Physical chemistry online: Maximizing your potential. *Chemical Educator*, 5, 77-82.

Scovell, P. (1991, April). Differences between *computer-* and noncomputer-mediated communication: A preliminary experimental study. Paper presented at the annual meeting of the Eastern Communication Association, Pittsburgh, PA.

Sewall, T. J. (1986). *The Measurement of Learning Style: A Critique of Four Assessment Tools*. Wisconsin, USA: Wisconsin University.

Sharma, P. & Barrett, B. (2007). *Blended Learning: Using technology in and beyond the language classroom*. Oxford: Macmillan Publishers Limited.

Sherry, L., & Gibson, D. (2002). The path to teacher leadership in educational technology. *Contemporary Issues in Technology and Teacher Education*, 2(2). Available: http://www. citejournal. org/vol2/iss2/general/article2. cfm

Shetzer, H., & Warschauer, M. (2000). An electronic literacy approach to network-based language teaching. In M. Warschauer & R. Kern (Eds.), *Network-based language teaching: Concepts and practice* (pp. 171-185). New York: Cambridge University Press.

Shuell, T. J., & Farber, S. L. (2001). Student perceptions of technology use in college courses. *Journal of Educational Computing Research*, 24, 119-138.

Smith, S. G., & Jones, L. L. (1989). Images, imagination, and chemical reality. *Journal of Chemical Education*, 66, 8-11.

Snyder, I. (1994). Writing with word processors: The computer's influence on the classroom context. Journal of Curriculum Studies, 26(2), 143-162.

Soloman, B., & Felder, R. (1993). *Index of Learning Styles (ILS)*, retrieved September 1, 2009, from http://www. ncsu. edu/felderpublic/ILSpage. html.

Spaulding, C. L. & Lake, D. (1991). Interactive effect of computer network and student characteristics in student's writing and collaborating. Paper present at Annual Meeting of the American Educational Research

Association.

Spolsky, B. (1989). *Conditions for Second Language Learning*. Oxford: Oxford University Press.

Stafford, T. F., Stafford, M. R., & Schkade, L. L. (2004). Determining Uses and Gratifications for the Internet. *Decision Sciences*, 35 (2), 259-288.

Stern, M., & Woolf, P. (2000). Adaptive content in an online lecture system. *Proceedings of the International Conference on Adaptive Hypermedia and Adaptive Web-based systems*, Trento, Italy, 291-300.

Stevens, V. (1986). Using LUCY/ELIZA as a means of facilitating communication in ESL. *TESOL Newsletter*, 20(2), 13-14.

Stickler, U. & Hampel, R. (2007). Designing Onine Tutor Training for Language Courses: A Case Study. *Open Learning*, 22(1), 75-85.

Strijbos, J. W., Martens, R. L., & Jochems, W. M. G. (2004). Designing for interaction: Six steps to designing computer-supported group-based learning. *Computers and Education*, 42(4), 403-424.

Strommen, E. F. & Lincoln, B. (1992). Constructivism, technology, and the future of classroom learning. *Education and Urban Society*, 24, 466-476.

Stufflebeam, D. (1971). *Educational evaluation and decision making*, Itasca, IL: F. E. Peacock Publishers.

Sun, Y. C. (2003). Extensive reading online: an overview and evaluation. *Journal of Computer Assisted Learning*, 19, 438-446.

Surry, D. W. & Ensminger, D. (2001). What's wrong with media comparison studies? *Educational Technology*, 31(4), 32-35.

Talbott, L. S. (1995). *The future does not compute: Transcending the machines in our midst*. Sebastopol, CA: O'Reilly & Associates.

Taylor, R. P. & Gitsaki C. (2004). Teaching WELL and Loving IT. In Fotos, S. & Browne, C. (Eds.), *New perspectives on CALL for Second Language Classrooms*. Mahwah, NJ, USA: Lawrence Erlbaum Associates, Incorporated.

Timmerman, C. E., & Kruepke, K. A. (2006). Computer-assisted instruction, media richness, and college student performance. *Communication Education*, 55(1), 73-104.

Triantafillou, E., Pomportsis, A., & Georgiadou, E. (2002). AES-CS: Adaptive Educational System base on cognitive styles. *Proceedings of the AH2002 Workshop*, Malaga, Spain, 10-20.

Tsai, I.-C., Kim, B., Liu, P.-J., Goggins, S. P., Kumalasari, C., & Laffey, J. M. (2008). Building a Model Explaining the Social Nature of Online Learning. *Educational Technology & Society*, 11(3), 198-215.

Tyler, R. (1986). Another paradigm and a rationale. Changing concepts of educational evaluation, 10 (1), International Journal of Educational Research Monograph.

Van Daal, V. H. P. & Reitsma, P. (2000). Computer-assisted learning to read and spell: results from two pilot studies. *Journal of Research in Reading*, 23(2), 181-193.

Vanguri, P. R., Sunal, C. S., Wilson, E. K., & Wright, V. H., (2004). WebQuests in social studies education. *Journal of Interactive Online Learning*, 3(2).

Vygotsky, L. S. (1962). *Thought and language*. Cambridge, MA: MIT Press.

Wagner, N., Hassanein, K., & Head, M. (2008). Who is responsible for E-Learning Success in Higher Education? A Stakeholders' Analysis. *Educational Technology & Society*, 11 (3), 26-36.

Wang, Y. P. (2004). Distance language learning: Interactivity and fourth generation Internet-based *videoconferencing. CALICO Journal*, 21(2), 373-395.

Warschauer, M. 1996a. Comparing Face-to-face and Electronic Discussion in the Second Language Classroom. *CALICO Journal*, 13(2-3), 7-26.

Warschauer, M. (1997). Computer-mediated collaborative learning: Theory and practice. *Modern Language Journal*, 81, 470-481.

Warschauer, M. (1999). *Electronic literacies: Language, culture and power in online education*. Mahwah, NJ: Lawrence Erlbaum Associates.

Warschauer, M. (2004). Technological Change and the Future of CALL. In Fotos, S. & Browne, C. (Eds.), *New perspectives on CALL for Second Language Classrooms*. Mahwah, NJ, USA: Lawrence Erlbaum Associates, Incorporated.

Warschauer, M. (2006). Laptops and literacy: learning in the wireless classroom. Teachers College, Columbia University.

Warschauer, M., & Cook, J. (1999). Service learning and technology in TESOL. *Prospect*, 14(3), 32-39.

Warschauer, M., El Said, G. R., & Zohry, A. (2002). Language choice online: Globalization and identity in Egypt. *Journal of Computer Mediated Communication*, 7(4). Retrieved November 21, 2009 from http://www. ascusc. org/jcmc/vol7/issue4/warschauer. html.

Warschauer, M., & Healey, D. (1998). Computers and language learning: An overview. *Language Teaching*, 31, 57-71.

Warschauer, M., Shetzer, H., & Meloni, C. (2000). *Internet for English Teaching*. Alexandria, VA: TESOL Publications.

Weininger, M. J., & Shield, L. (2003). Promoting oral production in a written channel: An investigation of learner language in MOO. *Computer Assisted Language Learning*, 16(4), 329-349.

White, C. (2005). Contribution of distance education to the development of individual learners. *Distance Education*, 26(2), 165-181.

Wilkins, A. J., Lewis, E., Smith, F., Rowland, E. & Tweedie, W. (2001). Colored overlays and their benefit for reading. *Journal of Reading Research in Reading*, 24(1), 44-64.

Wise, B., Ring, J. & Olson, R. K. (2000). Individual differences in gains from computer-assisted remedial reading. *Journal of Experimental Child Psychology*, 77, 197-235.

Xie, K., Debacker, T. K., & Ferguson, C. (2006). Extending the traditional classroom through online discussion: The role of student motivation. *Journal of Educational Computing Research*, 34 (1), 67-89.

Yeung, A. S., Jin, P., & Sweller, J. (1997). Cognitive load and learner expertise: Split-attention and redundancy effects in reading with explanatory notes. *Contemporary Educational Psychology*, 23, 1-21.

Zapata, G. C. (2002). Teaching assistants' perceptions and use of instructional technology in L2 Spanish classrooms. Unpublished doctoral dissertation, The Pennsylvania State University, University Park, PA.

Zapata, G. C. (2004). Second Language Instructors and CALL: A Multidisciplinary Research Framework. *Computer Assisted Language Learning*, 17(3-4), 339-356.

Zhang, W., Perris, K., & Yeung, L. (2005). Online tutorial support in open and distance learning: Students' perceptions. *British Journal of Educational Technology*, 36(5), 789-804.

Zordell, J. (1990). The use of word prediction and spelling correction software with mildly handicapped students. *Closing the Gap*, 9, 10-11.

附　录

书中所用术语中英文对照表(按汉语拼音顺序)

案例分析　Case study

便携式个人电脑视窗操作系统　Pocket PC Windows

标签式标记　Tag-based markup

表面效度　Face validity

表意式研究方法　Ideographic approach

拨号服务　Dial-in

播客　Podcasting

测量与结构方程建模　Measurement and Structural Equation Modelling

层叠样式表　Cascading style sheets, CSS

插件　Plug-ins

阐明式评鉴方法　Illuminative evaluation dimension

常问问题　Fluently asked question, FAQ

超媒体　Hypermedia

超媒体链接　Hypermedia links

超文本标识语言　Hypertext markup language, HTML

超文本标识语言转换器　HTML converter

超文本链接　Hypertext links

超文本预处理器　Hypertext Preprocessor, PHP

超文件传输协定　Hypertext transmission protocol, HTTP

超文件传输协定服务器　HTTP servers

超文本传输协议守护软件　Hypertext Transfer Protocol Daemon Software

持续性反馈　Continuous feedback

串联学习技术　Tandem-learning technology

单机型办公设备　Stand-alone office machine

单机型个人数字助理　stand-alone PDA

档案传输协定　File transfer protocol, FTP

颠覆性教学　Subversive teaching

点阵式打印技术　Dot-matrix printing

电脑教育游戏　Educational computer Games

电脑恐惧症　Computer-phobic

电子白板　Electronic white board

电子报告　Electronic presentations

电子公告栏　Bulletin board

电子学习　E-learning

调制解调器　Modems

动画　Animation

动态服务器网页　Active server pages, ASP

动态可视媒体　Motion-visual media

动态视听媒体　Audio-motion-visual media

多媒体集成　Multimedia integration

多媒体制作模板　Template Authorware

多模态性　Mutimodal

多人同时网聊　Internet Relay Chat, IRC

多人网络游戏　Massive Multiplayer Online Game, MMOG

多用户目标指向域　Multi-user-domain objective oriented, MOO

多用户网络游戏　Multi-User Dungeon, MUD

多用户域　Multi-user Domains, MUDs

非基于图形的使用者界面　Non-graphical user interface, Non-GUI

方向手柄　Direction pad, D-pad

丰富站点摘要　Rich site summary

服务器端脚本语言　Server side scripting languages

富媒体(或称多元媒体)　Rich media

概念偏好　Conceptual preferrences

感知易用性　Perceived Ease of Use

感知有用性　Perceived Usefulness

高低双语现象　Diglossia

格雷戈尔克心理类型量表　Gregorc's Type Indicator

个别式学习　Individualistic learning

个人计算系统　Personal computing system

个人区域网络　Personal area network

个人数字助理　Personal digital assistant, PDA

关键词居中索引　Key word in context, KWIK

管理代码　Governing codes

管理学习系统　Managed learning system, MLS

光盘驱动器　CD-ROM

国际化资源标识符　Internationalized Resource Identifier

国际远程通信研究协会　Tele-communication Research International

黑板游戏　Board game

互动多媒体　Interactive muti-media

互联网导航工具　Internet navigation tool

互联网服务提供商　Internet service providers, ISPs

互联网工具　Internet tools

互联网世界数据　Internet World Stats

互联网中继聊天　Internet Relay Chat, IRC

户外教学　field trip

会议技术　Conferencing technology

混合式教学　Blending teaching

混合式课程　Blended courses

活动理论　Activity Theory

基于对话的高度结构化活动　Highly structured conversation-based activities

基于会话的非互动性活动　Non-interactional speech-based activies

基于计算机的教学　Computer-based instruction, CBI

基于图形的使用者界面　Graphical User Interface, GUI

基于网络的教学　Web-based instruction

基于学习主体评价　Learner-directed assessment, LDA

即时书写计算机协助通信　Synchronous written computer-mediated communication

即时信息　Instant messaging

即时信息聊天　Instant Messenger Chat

即时计算机协助交际　Synchronous computer-mediated communication, SCMC

集思广益　Brainstorming

计算机辅助发音系统　Computer-aided pronunciation system, GAP system

计算机辅助教学　CAI

计算机辅助课堂讨论　Computer-assisted class discussion, CACD

计算机辅助语言教学　Computer-assisted language instruction, CALI

计算机辅助语言学习　Computer-assisted language learning, CALL

技术接受模型　Technology Acceptance Model, TAM

技术决定论　Technological determination

技术优胜论　Technology preponderance

技术辅助语言学习　Technology-enhanced language learning, TELL

讲授　Lecturing

交际能力综合理论　Integrative theory of communicative competence

交际主义理论　Communicative approaches

焦点话题　Focus topic

焦点小组　Focus group

角色扮演游戏　Multi-User Simulated Hallucination, MUSH

脚本语言　Scripting languages

交叉引用链接　Cross reference link

教学设计　Instructional design

教学系统设计模型　Instructional Systems Design Model, ISD model

教育娱乐游戏　Edutainment

街头电脑游戏　Arcade-style computer games

结构方程建模　Structural Equation Modelling

结构方程式分析　Structural equation analysis, SEA

计算机辅助交际　Computer-mediated communication, CMC

浸入式教育　Immersion education

静态可视媒体　Still-visual media

静态图像　Still images

卡片游戏　Card game

开放性　Open-endedness

坎菲尔德的学习风格量表　Canfield's Learning Style Inventory

科尔布的学习风格量表　Kolb's Learning Style Inventory

课程管理系统　Course management system, CMS

可扩展标识语言　Extensible markup language, XML

可扩展超文本标识语言　Extensible hypertext markup language, XHTML

可扩展样式语言　Extensible stylesheet language, ESL

可听媒体　Audio media

课程管理系统　Course management system, CMS

口头语言档案库　Oral Language Archive

宽带　Broadband

蓝牙　Bluetooth

里尼克斯操作系统　Linux

理性行为理论　Theory of Reasoned Action, TRA

链接与服务供应设备　Connections and service providers

联合项目　Joint roject

聊天室　Java chat

列表服务器　Listserv

流式多媒体　Streaming multimedia

流式视频　Streaming video

流式音频　Streaming audio

律则式研究方法　Nomothetic approach

麦金塔操作系统　Macintosh

麦金塔用户群　Macintosh User Group, MUG

美国在线即时信息服务　America On Line（AOL）Instant Messenger

拇指键盘　Thumb keyboard

内容效度检验　Content validity

排版　Type-setting

拼写表征　Orthographical representation

期待值理论　Expectancy-value Theory

企业资源策划软件　Enterprise resource planning software

前导组织　Advanced organizer

情境化阅读　Contextual reading

情境模拟　Situational simulation

情境认知　Situated cognition

群体支持系统　Group support system

人机界面　Human-computer interface，HCI

软按键　Softkey

三维链接　3-D links

社会临场感　Social presence

社会文化学习方法　socio-cultural approaches to learning

社会综合需求　Social Integrative needs

社交网络　Social networking

声图会议技术　Audio-graphic conferencing

声像技术　Audiographic technology

声音自学系统　Audiotutorial system

实时网上交谈　Internet Relay Chat，IRC

实时音频技术　Real audio

使用与满足感期待　Uses and Gratification Expectancy，UGE

视频/音频会议技术　Video/audio conferencing

视频播放软件　QuickTime

视频流媒体　Video Streaming

视频游戏　Video game

手掌操作系统　Palm operating system

书写会议技术　Written conferencing

数据驱动学习　Data Driven Learning，DDL

数字报纸　Digital newspapers

数字电缆调制解调器　Digital cable modem，DCM

数字键盘　Numeric keypad

数字视频光盘　Digital video disc，DVD

数字用户线路　Digital subscriber line，DSL

数字杂志　Digital magazines

双重编码理论　The Dual Coding Theory

思维适应控制方法　Adaptive control method of thinking, ACT

随机存取记忆体　Random access memory, RAM

探索性因子分析　Exploratory Factor Analysis, EFA

通用网关接口　Common gateway interface, CGI

统一资源标识符　Uniform Resource Identifier

统一资源定位器　Uniform Resource Locators

图示性存在　Graphical presence

图形计算器　Graphing calculator

图形浏览器　Graphical browser

图形路径指示　Graphic path indicator

图形使用者界面　Graphical user interface

图形支持软件　Graphic Support Software, GSS

网关服务提供商　Gateway service providers, GSPs

网络博客　Weblogs

网络博览　RSS

网络课程　Web-based courses

网络礼仪　Netiquette

网上直播　Web cast

网页控制技术　JavaServer pages, JSP

文本调整工具　Text justification tool

文本格式化工具　Text formatting tool

文本会议技术　Text-based conferencing

文本浏览器　Text-based browser

文本重建程序　Text reconstruction programs

文字处理器　Word processor

蜗牛邮件　Snail mail

无线标识语言　Wireless Markup language, WML

无线广域网　Wireless Wide Area Networks, WWANs

无线局域网　Wireless LAN, WLAN

无线网络　Wi-Fi

无线应用协议　Wireless application protocol, WAP

无线个人局域网络　Wireless PAN, WPAN

显性教学　Explicit instruction

向导性控制　Navigational control

项目制作　Project production

小组活动　Group work

新行为主义学习理论　Neobehaviourism

信度检验　Reliability test

信使通　MSN messenger

信息传输教学法　Information transmission approach

信息鸿沟　Information gap

信息日志　Message log

信息通信技术　Information and communication technology, ICT

行为意向　Behavioral Intention

虚拟实境标记语言　Virtual Reality Markup Language

虚拟现实建模语言　Virtual reality modeling language

虚拟学习环境　Virtual learning environment, VLE

虚拟寻宝活动　Virtual treasure hunt

学习风格量表　Learning Styles Inventory, LSI

学习风格指数　Index of Learning Styles, ILS

学习管理系统　Learning management system, LMS

学习合约　learning contract

学习内容管理系统　Learning content management system, LCMS

寻求的满足感　Gratification sought, GS

严肃游戏　Serious game

验证性因素分析　Confirmatory Factor Analysis

一键同步操作　One-button hotsync operation

移动学习　M-learning

以任务为导向的建构转盘　Task-oriented Construction Wheel

意义聚焦　Meaning focus

音频流媒体　Audio Streaming

应用服务提供商　Application service providers, ASPs

英国国家语料库　The British National Corpus

影像地图　Image maps

硬盘驱动器　Hard drives

邮寄清单　Mailing lists

邮件客户端　Mail User agent, MUA

有声思维协议　Think-aloud protocol

语料库索引器　Concordancer

语料库语言学　Corpus linguistics

语言僵化　Fossilization

语音能力　Phonological competence

远程登陆　Telnet

远程访问工具　Remote access tools

在线辅导　Online tutoring

在线搜索引擎　Search engines

在线讨论　Online discussion

在线主题探究活动　WebQuest

窄带　Narrowband

整合服务数字网络　Integrated Services Digital Network, ISDN

整合式评价方法　Integrative evaluation approach

指导讨论　Directed discussion

智能辅导系统　Intelligent tutoring system

主机托管服务提供商　Hosting service provders, HSPs

专题小组讨论　Symposia

资源描述框架　Resource Description Framework, RDF

自由对话　Free conversation

自主学习　Self-directed learning

综合交际能力理论　Integrative Theory of Communicative Competence

座谈会　Seminars

图书在版编目(CIP)数据

基于计算机网络技术的语言教学——设计与评价 / 翁克山,李青著.
—上海:复旦大学出版社,2010.6
ISBN 978-7-309-07505-2

Ⅰ.基… Ⅱ.①翁… ②李… Ⅲ.语言教学:计算机辅助教学 – 教学
研究 Ⅳ.H09–39

中国版本图书馆 CIP 数据核字(2010)第 148539 号

基于计算机网络技术的语言教学——设计与评价
翁克山 李青 著
出品人 / 贺圣遂 责任编辑 / 林骧华

复旦大学出版社有限公司出版发行
上海市国权路 579 号 邮编:200433
网址:fupnet@fudanpress.com http://www.fudanpress.com
门市零售:86-21-65642857 团体订购:86-21-65118853
外埠邮购:86-21-65109143
上海第二教育学院印刷厂

开本 787×1092 1/16 印张 14.5 字数 300 千
2010 年 6 月第 1 版 2010 年 6 月第 1 次印刷

ISBN 978-7-309-07505-2/H·1533
定价:29.00 元